JN294070

よくわかる
電子回路の基礎

堀　桂太郎　著

電気書院

まえがき

　現在，多くの電子回路に関する書籍が発行されています．小生もこれまで数冊の電子回路の入門書を執筆してきました．一方で，読者や教員の方々から「こんな教科書があったらいいのに！」との要望を耳にする機会が後を絶ちません．このため，これまでにお聞きした要望を取り入れて，読者や教員の方々の立場に立った教科書を作ることに挑戦したい思いが抑えられなくなりました．これが本書を執筆することにした最大の動機です．

　本書は，高専や大学の学生または，独学で電子回路を学ぶ技術者を対象として，次の方針で執筆しました．

- 第1章は，電子回路学習のための導入となる内容とする．
- 各章のはじめに，その章で使用する数学などの基礎項目を説明する．
- 簡潔でわかりやすい文章を用いて，初心者であっても読み進んでいけば理解できるように記述する．
- 写真や図版を多く使用して，部品や回路のイメージをつかめるようにする．
- 例題や演習問題，章末問題を配置して，すべての問題についてできるだけ詳しい解答例を示す．
- 各章末に興味をもって読める役立つ内容のコラムを配置する．

　さらに，わかった気分にさせて終わるのではなく，電子回路の"こころ"を理解してもらうことを念頭において執筆に取り組みました．執筆を終えた今，当初の目標をどれだけ達成できたのかについては，

引き続いて皆様のご意見を謙虚に受け止めていきたいと考えています．著者としては，本書が電子回路の理解を深めるためのガイドとしてお役に立つことを心から願っています．

　最後になりましたが，本書の発行について，ご理解を賜った電気書院の田中久米四郎社長，執筆を熱心に勧めて頂いた田中建三郎氏，編集でお世話になった久保田勝信氏ほかの皆様に心より感謝致します．

2009年9月

国立明石工業高等専門学校
電気情報工学科
堀　桂太郎

目次

第1章　電気の基礎　　1

- この章で使う基礎事項 …………………………………… 2
  - 基礎 1-1　指数の計算 ……………………………… 2
  - 基礎 1-2　対数の計算 ……………………………… 2
  - 基礎 1-3　複素数の計算 …………………………… 3
  - 基礎 1-4　複素数の大きさ ………………………… 3
- 1-1　直流と交流 ………………………………………… 4
- 1-2　受動素子 …………………………………………… 10
- 1-3　オームの法則 ……………………………………… 20
- 1-4　キルヒホッフの法則 ……………………………… 27
- 1-5　テブナンの定理 …………………………………… 35
- 1-6　ノートンの定理 …………………………………… 39
- 1-7　電気回路と電子回路 ……………………………… 43
- コラム☆コンデンサは直流を流さない？ …………… 46
- 章末問題1 ………………………………………………… 48

第2章　電子デバイス　　51

- この章で使う基礎事項 …………………………………… 52
  - 基礎 2-1　原子の構造 ……………………………… 52
  - 基礎 2-2　原子の結合 ……………………………… 52
  - 基礎 2-3　物質の抵抗率 …………………………… 53
  - 基礎 2-4　基礎用語 ………………………………… 54
- 2-1　半導体 ……………………………………………… 55
- 2-2　ダイオード ………………………………………… 58
- 2-3　トランジスタ ……………………………………… 62

目次

2-4　FET……68
2-5　IC……74
　コラム☆電子回路シミュレータ PSpice……81
　章末問題 2……84

第 3 章　トランジスタ増幅回路　　85

この章で使う基礎事項……86
　　基礎 3-1　増幅とは……86
　　基礎 3-2　増幅度と利得……87
　　基礎 3-3　定電流源……87
3-1　トランジスタ増幅回路の基礎……88
3-2　トランジスタのバイアス回路……92
3-3　トランジスタの等価回路……100
3-4　エミッタ接地増幅回路……104
3-5　トランジスタ負帰還増幅回路……119
　コラム☆ダイオードでトランジスタを作る？……124
　章末問題 3……126

第 4 章　FET 増幅回路　　127

この章で使う基礎事項……128
　　基礎 4-1　FET の特徴……128
　　基礎 4-2　FET の 3 定数……128
　　基礎 4-3　FET の等価回路……129
4-1　FET のバイアス回路……130
4-2　FET の等価回路……134
4-3　FET 負帰還増幅回路……141
　コラム☆真空管……147
　章末問題 4……149

第5章　各種の増幅回路　　151

- この章で使う基礎事項 ･････････････････････････････････････ 152
  - 基礎 5-1　トランスの巻数比 ････････････････････････ 152
  - 基礎 5-2　共振回路 ･･････････････････････････････････ 152
  - 基礎 5-3　交流ブリッジ回路の平衡条件 ･････････････ 153
- 5-1　増幅回路の結合 ･････････････････････････････････････ 154
- 5-2　差動増幅回路 ･･････････････････････････････････････ 157
- 5-3　電圧ホロワ回路 ････････････････････････････････････ 164
- 5-4　トランジスタの複数接続回路 ･････････････････････ 170
- 5-5　電力増幅回路 ･･････････････････････････････････････ 175
- 5-6　高周波増幅回路 ････････････････････････････････････ 184
- コラム☆ラジオ受信機の構成 ･･････････････････････････ 192
- 章末問題 5 ･･･ 193

第6章　オペアンプ回路　　195

- この章で使う基礎事項 ･････････････････････････････････････ 196
  - 基礎 6-1　差動増幅回路の特徴 ･･････････････････････ 196
  - 基礎 6-2　負帰還増幅回路 ･･･････････････････････････ 196
  - 基礎 6-3　低域遮断周波数など ･･････････････････････ 197
- 6-1　オペアンプ基本増幅回路 ･･････････････････････････ 198
- 6-2　オペアンプ応用回路 ･･････････････････････････････ 210
- コラム☆ダイオードを用いた電圧降下法 ･･･････････････ 219
- 章末問題 6 ･･･ 221

第7章　発振回路　　223

- この章で使う基礎事項 ･････････････････････････････････････ 224
  - 基礎 7-1　RC 直列回路における入出力電圧の位相 ･･･ 224
  - 基礎 7-2　クラメールの公式を用いた連立方程式の解法 ･･････ 224
  - 基礎 7-3　可変容量ダイオード ･･････････････････････ 225
- 7-1　RC 発振回路 ･････････････････････････････････････ 226

目 次

7-2　LC 発振回路 ……………………………………… 233
7-3　周波数可変式発振回路 …………………………… 241
　　コラム☆RC 移相発振回路の製作 ………………… 247
　　章末問題 7 …………………………………………… 249

第 8 章　変調と復調　　　　　　　　　　　　　　*251*

この章で使う基礎事項 …………………………………… 252
　　基礎 8-1　交流信号 ………………………………… 252
　　基礎 8-2　三角関数の公式 ………………………… 252
　　基礎 8-3　三角関数の積分 ………………………… 253
　　基礎 8-4　積分回路 ………………………………… 253
　　基礎 8-5　第 1 種ベッセル関数 …………………… 253
8-1　変調方式 …………………………………………… 254
8-2　復調方式 …………………………………………… 273
　　コラム☆モールス通信 …………………………… 281
　　章末問題 8 …………………………………………… 284

第 9 章　電源回路　　　　　　　　　　　　　　　*285*

この章で使う基礎事項 …………………………………… 286
　　基礎 9-1　電源回路の諸特性 ……………………… 286
　　基礎 9-2　部分分数への変換（係数比較法）…… 286
9-1　電源回路の基礎 …………………………………… 287
9-2　安定化回路 ………………………………………… 296
　　コラム☆ D 級増幅回路 …………………………… 302
　　章末問題 9 …………………………………………… 305

演習問題解答 ……………………………………………… 307
章末問題解答 ……………………………………………… 322
付　　録 …………………………………………………… 336
参考文献 …………………………………………………… 341
索　　引 …………………………………………………… 342

第 1 章　電気の基礎

　この章では，電子回路を学ぶ際に必要となる電気の基礎知識について説明する．各種の法則や定理などを確認しよう．また，"この章で使う基礎事項"として，指数，対数など電子回路の計算によく使用する数学の基礎事項についてまとめておく．先の章に進んだ後も，必要に応じて参照されたい．この章で扱っている事項について自信のある読者は，第2章から学習を始めればよい．

第1章 電気の基礎

☆この章で使う基礎事項☆

基礎 1-1　指数の計算

表 1-1　指数計算の例（$A > 0, B > 0$）

計算法	例
$A_{(1)} \times A_{(2)} \times A_{(3)} \times \cdots \times A_{(n)} = A^n$ （n 個の A の積）	$5 \times 5 \times 5 = 5^3$
$A^a \times A^b = A^{(a+b)}$	$5^2 \times 5^4 = 5^{(2+4)} = 5^6$
$A^a \div A^b = A^{(a-b)}$	$5^4 \div 5^2 = 5^{(4-2)} = 5^2$
$(A^a)^b = A^{(a \times b)}$	$(5^2)^3 = 5^{(2 \times 3)} = 5^6$
$(A \times B)^a = A^a \times B^a$	$(2 \times 3)^4 = 2^4 \times 3^4$
$A^{-a} = \dfrac{1}{A^a}$	$5^{-2} = \dfrac{1}{5^2} = \dfrac{1}{25} = 0.04$
$A^0 = 1$	$5^0 = 1$
$A^1 = A$	$5^1 = 5$

基礎 1-2　対数の計算

表 1-2　対数の性質（$a > 0, a \neq 1, M > 0, N > 0$）

$a^x = N$ のとき，$x = \log_a N$
$\log_a MN = \log_a M + \log_a N$
$\log_a \dfrac{M}{N} = \log_a M - \log_a N$
$\log_a N^p = p \log_a N$
$\log_a M = \dfrac{\log_b M}{\log_b a} \quad (b > 0, b \neq 1)$
$\log_a 1 = 0$
$\log_a a = 1$

基礎 1-3　複素数の計算

虚数単位：$j^2 = -1$ となる記号 j

複素数：$\underset{\text{実部 }a}{a} + \underset{\text{虚部 }b}{jb}$ （a, b は実数）

表 1-3　複素数の計算例

計算法	例
$j^2 = -1$	$j^2 \times j^3 = j^5 = (j^2)^2 \times j = j$
$\dfrac{1}{j} = -j$	$j^3 \times \dfrac{1}{j} = -j^4 = -1$
$(a + jb) + (c + jd) = (a + c) + j(b + d)$	$(2 + j3) + (1 + j2) = 3 + j5$
$(a + jb) - (c + jd) = (a - c) + j(b - d)$	$(2 + j5) - (1 + j3) = 1 + j2$
$(a + jb) \times (c + jd)$ 　　　$= (ac - bd) + j(ad + bc)$	$(2 + j3) \times (1 + j2) = (2 - 6) + j(4 + 3)$ 　　　　　　　　　　　　　　　$= -4 + j7$
$(a + jb) \div (c + jd)$ $= \dfrac{(a + jb)(c - jd)}{(c + jd)(c - jd)}$ $= \left(\dfrac{ac + bd}{c^2 + d^2}\right) + j\left(\dfrac{bc - ad}{c^2 + d^2}\right)$	$(2 + j3) \div (1 + j2)$ $= \dfrac{(2 + j3)(1 - j2)}{(1 + j2)(1 - j2)}$ $= \left(\dfrac{2 + 6}{5}\right) + j\left(\dfrac{3 - 4}{5}\right) = 1.6 - j0.2$

基礎 1-4　複素数の大きさ

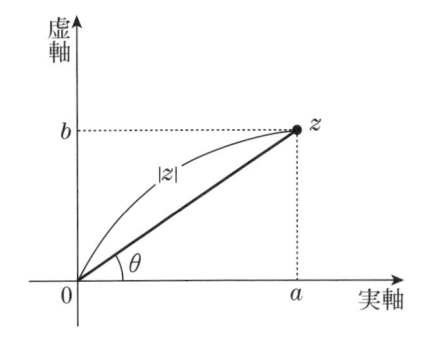

複素数 $z = a + jb$

z の大きさ $|z| = \sqrt{a^2 + b^2}$

偏角 $\theta = \tan^{-1}\dfrac{b}{a}$

図 1-1　複素平面

第 1 章 電気の基礎

1-1 　直流と交流

　電気は，直流（direct current：DC）と交流（alternating current：AC）に大別できる．直流は乾電池や蓄電池などが発生するエネルギーであり，交流は交流発電機が発生するエネルギーである．

(1) 直　流

　図 1-2(a)に，直流を発生する乾電池とボタン型電池の外観例を示す．図(b)に示す直流電源の図記号では，短い縦線のある左側の端子がマイナス（−）極，長い縦線のある右側の端子がプラス（+）極を表す．電圧(電位差)の記号は V を使用するが，起電力(電源から生じる電圧)

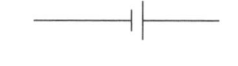

(a) 外観例　　　　　　(b) 図記号

図 1-2　直流電源

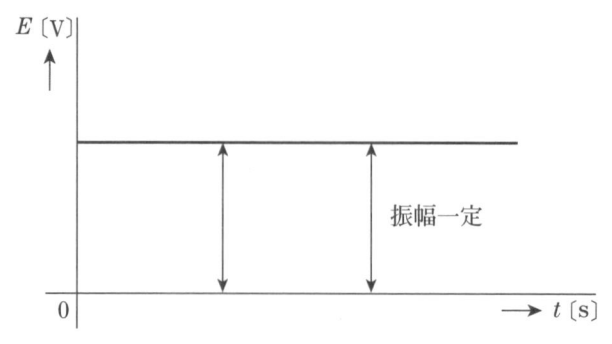

図 1-3　直流電圧の波形

であることを明示的にしたい場合には記号に E を用いることもある．単位はどちらも V（ボルト）を使用する．また，電流の記号は I，単位に A（アンペア）を使用する．

図1-3 に，直流電源から得られる電圧の波形を示す．直流は，時間 t が経過しても電圧 E の振幅が一定であり，プラス極とマイナス極が固定している．

(2) 交 流

図1-4(a)に，交流発電の原理を示す．平等磁界中に置いたコイルを回転させると，フレミング右手の法則（図(b)参照）によってコイルに起電力 e を生じる．

図1-5 に，コイル面が磁界と垂直になる位置（$\theta = 0°$）から始めて，反時計方向に回転させていった場合の回転角 θ と起電力 e の関係を示す．この交流はコイルが1回転（360°）すると，正弦波（sin波）1周期分の交流電圧が得られるため，正弦波交流と呼ばれる．

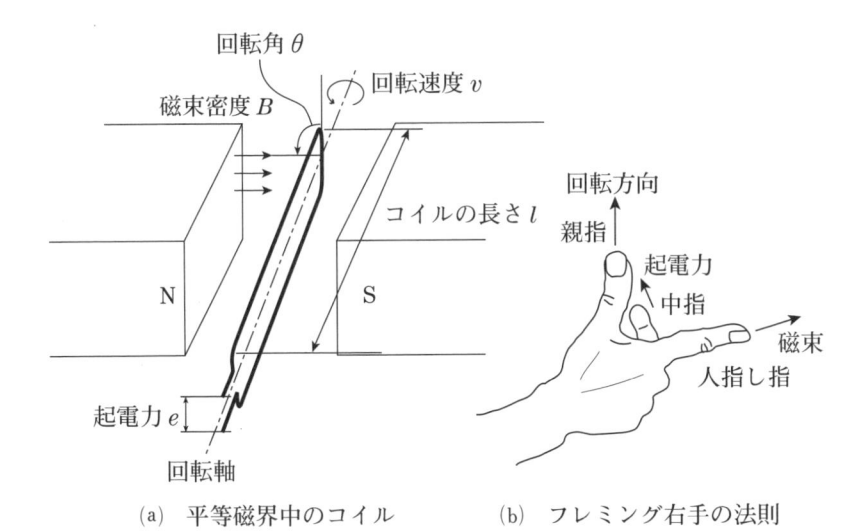

(a) 平等磁界中のコイル　　(b) フレミング右手の法則

図1-4 交流発電の原理

第1章 電気の基礎

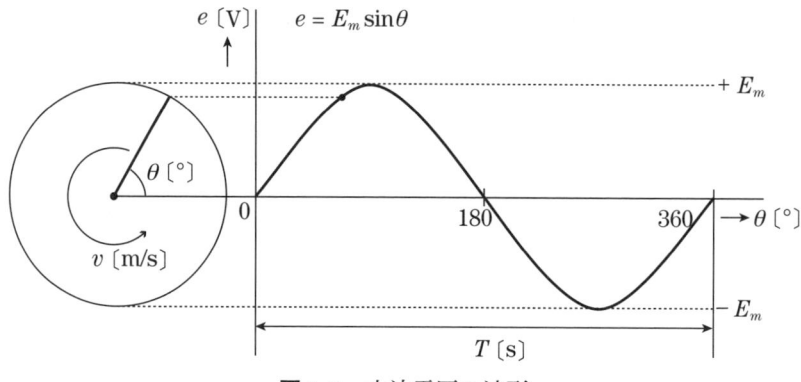

図 **1-5** 交流電圧の波形

発生する起電力 e の瞬時値は，式 (1-1) のように表すことができる．ここで，E_m は交流起電力の最大値である．

$$e = 2Blv\sin\theta = E_m\sin\theta \, [\text{V}] \tag{1-1}$$

図 1-5 に示した周期 T の時間は，コイルの回転速度 v に反比例する．また，1 秒間当たりのコイルの回転数である周波数 f は，式 (1-2) のようになる．

$$f = \frac{1}{T} \, [\text{Hz}] \tag{1-2}$$

そして，コイルが単位時間に進む回転角 ω は，式 (1-3) に示すように，コイル 1 回転の回転角（$360° = 2\pi \, [\text{rad}]$）と周波数 f の積となる．

$$\omega = 2\pi f \, [\text{rad/s}] \tag{1-3}$$

この ω を角速度または，角周波数といい，t 秒間当たりの回転角 θ とは，$\theta = \omega t$ の関係がある．この関係を用いて式 (1-1) を表すと，式 (1-4) が得られる．

$$e = E_m\sin\theta = E_m\sin\omega t \, [\text{V}] \tag{1-4}$$

図 **1-6**(a)に，交流電源の図記号を示す．電圧の記号は v や e（起電力），単位に V（ボルト）を使用する．また，電流の記号は i，単位に A（アンペア）を使用する．図(b)に，交流電圧の波形と各部の名称を

1-1 直流と交流

図 1-6 に、交流電源の図記号と各部の名称を示す。

- 最大値
- 実効値 $E = \dfrac{E_m}{\sqrt{2}}$
- 平均値 $E_a = \dfrac{2}{\pi} E_m$
- 周期 T

(a) 図記号　　(b) 各部の名称

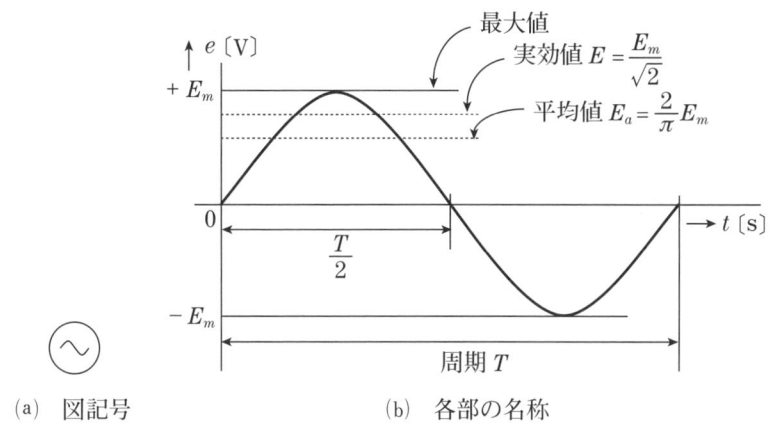

図 1-6 交流電源

示す．交流は，時間 t の経過に従って電圧 e の振幅が変化する．また，電圧 $e = 0$ 〔V〕を境にしてプラスとマイナスの極性が入れ替わる．

電子回路は，基本的に直流電源によって動作する．一方で，身近にある家庭用のコンセントには交流電源（実効値 100〔V〕）が供給されている．このため，家庭用のコンセントから得られる電源を使用して電子回路を動作させるためには，交流を直流に変換（整流）する必要がある．この原理については，第 9 章で詳しく説明する．また，電子回路において，増幅などの処理対象となる音声信号や各種センサの出力信号などの多くは交流信号である．このため，直流と交流の基本をよく理解しておくことが重要である．

＜例題 1-1＞ 図 1-7 に示す 2 つの交流波形 e_1, e_2 について，次の問に答えなさい．

① 交流波形 e_1 の最大値 E_m，実効値 E，平均値 E_a，周期 T，周波数 f，角周波数 ω を答えなさい．

第1章 電気の基礎

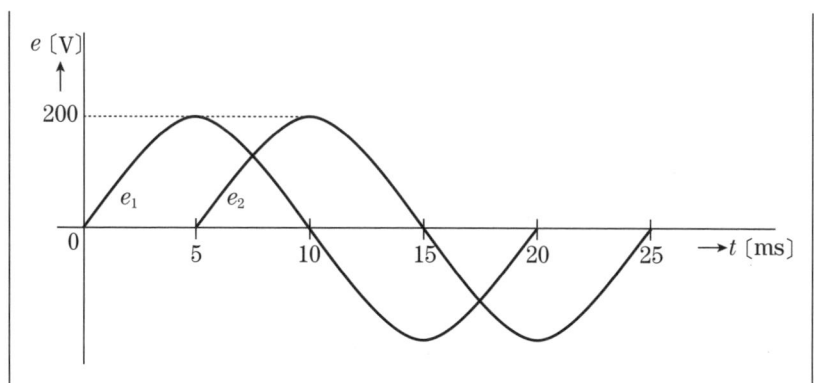

図 1-7 交流波形 e_1, e_2

② 交流波形 e_1 と e_2 は，どのような位相関係になっているのか説明しなさい．

③ 交流波形 $e_1 = 200 \sin \omega t$ を基準としたとき，交流波形 e_2 の式を示しなさい．

④ 交流波形 e_1 と e_2 の関係を複素平面上にベクトルで図示しなさい．ただし，大きさとして実効値 E を用いること．（基礎1-4 参照）

＜解答＞

① $E_m = 200 \text{［V］}$

$E = \dfrac{E_m}{\sqrt{2}} = \dfrac{200}{\sqrt{2}} \fallingdotseq 141.4 \text{［V］}$

$E_a = \dfrac{2}{\pi} E_m \fallingdotseq 127.4 \text{［V］}$

$T = 20 \text{［ms］}$

$f = \dfrac{1}{T} = \dfrac{1}{20 \times 10^{-3}} = 50 \text{［Hz］}$

$\omega = 2\pi f = 2\pi \times 50 \fallingdotseq 314.2 \text{［rad/s］}$

② 図 1-4(a)に示したような平等磁界中にコイルが2個あるとし，

起電力 e_1 を生じるコイルを A, 起電力 e_2 を生じるコイルを B とする. 初期状態としては, どちらのコイル面も磁界と垂直な位置にあるとする. コイル A の回転を時間 $t=0$ に開始してから, 5 [ms] 経過した後にコイル B の回転を開始すれば, 図 1-7 のような e_1 と e_2 の関係が生じる. また, 図 1-7 では 1 周期 $T=20$ [ms] が 2π [rad] に対応しているため, 5 [ms] は 0.5π [rad] に相当する. このため, e_1 の波形は e_2 よりも位相が $\dfrac{\pi}{2}$ [rad] だけ進んでいる. または, e_2 の波形は e_1 よりも位相が $\dfrac{\pi}{2}$ [rad] だけ遅れている.

③ e_2 は e_1 よりも遅れ位相であるため,

$$e_2 = 200\sin\left(\omega t - \frac{\pi}{2}\right) [\text{V}]$$

となる. もしも, e_2 が e_1 よりも進み位相であれば,

$$e_2 = 200\sin\left(\omega t + \frac{\pi}{2}\right) [\text{V}]$$

となる.

④

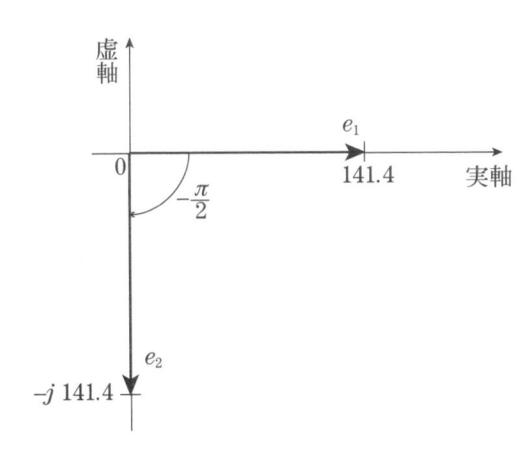

図 **1-8** 複素平面上に表した e_1 と e_2

第1章 電気の基礎

＜演習1-1＞ 図1-9に示す複素平面上に表したe_1とe_2について，次の問に答えなさい．ただし，実軸と虚軸の値は実効値を示している．

① 交流e_1とe_2の式を示しなさい．
② 交流e_1とe_2の波形を描きなさい．
③ 交流波形e_1とe_2は，どのような位相関係になっているのか説明しなさい．
④ 交流波形e_2の最大値E_{2m}，実効値E_2，平均値E_{2a}を答えなさい．

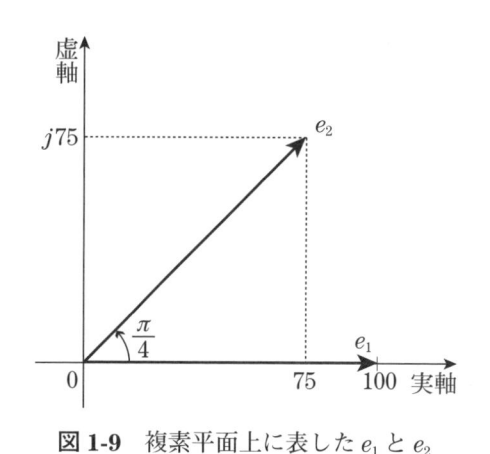

図1-9 複素平面上に表したe_1とe_2

1-2 受動素子

電子部品は，受動素子と能動素子に大別できる．受動素子は，抵抗器，コイル，コンデンサのようにエネルギーを消費したり蓄積したりするが，信号の増幅などを行わない部品である（**図1-10**参照）．一方，

1-2 受動素子

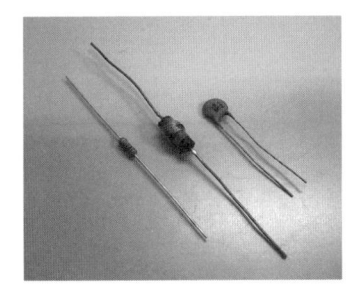

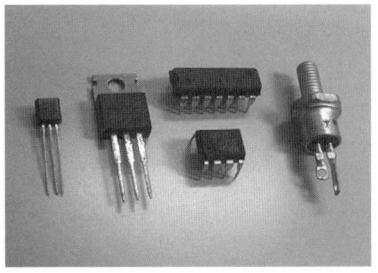

図 1-10 受動素子の例　　図 1-11 能動素子の例

能動素子は，トランジスタ，IC，ダイオードなどのように信号の増幅や整流を行う部品である（図 1-11 参照）．この節では，受動素子について確認しよう．能動素子については，第 2 章で詳しく説明する．

(1) 受動素子の概要

① 抵抗器

図 1-12 (a)に，固定抵抗器（resistance）の外観例，図(b)に図記号を示す．抵抗器は，電流の流れを妨げる働きをする部品であり，記号は R，単位に Ω（オーム）を使用する（抵抗器の値表示については，付録参照）．

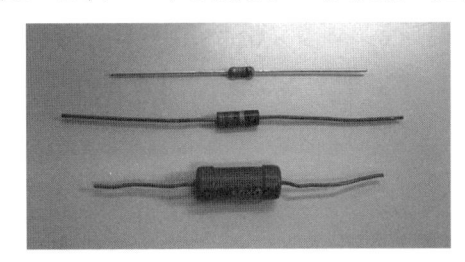

(a) 外観例　　(b) 図記号

図 1-12 固定抵抗器

図 1-13 は，抵抗の大きさを変化できる可変抵抗器（variable resistance：VR）の外観例と図記号である．図 1-13 (a)の右側 2 個の可変抵抗器は，ドライバなどの工具を用いて大きさを変化させるため，半固定抵抗器とも呼ばれる．

第1章 電気の基礎

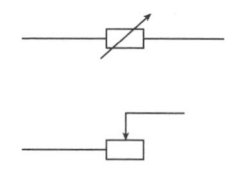

(a) 外観例　　　　　　　　(b) 図記号

図 1-13 可変抵抗器

　抵抗器は，単に抵抗と呼ばれることが多いため，本書でも以降は抵抗と記す．

② コイル

　図 1-14(a)に，コイル(coil)の外観例，図(b)に図記号を示す．コイルは，インダクタとも呼ばれ，交流電流の流れを妨げたり，複数の回路を磁気的に結合したりする部品である．コイルの性質を表すインダクタンスの記号は L，単位に H（ヘンリー）を使用する．コイル (<u>c</u>oil) の頭文字が C であるにもかかわらず，コイルを表す記号に L (coi<u>l</u>) を使用する習慣が定着したのは，次に説明するコンデンサとの混同を避けるためだと考えられる．

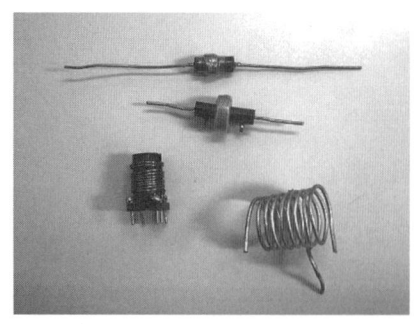

(a) 外観例　　　　　　　　(b) 図記号

図 1-14 コイル

1-2 受動素子

③ コンデンサ

図 1-15(a)に，コンデンサ（condenser）の外観例，図(b)に図記号を示す（コンデンサの値表示については，付録参照）．コンデンサには，構造上の違いから無極性型と有極性型がある．有極性型は，図(b)の右側の図記号のように，+記号を付加して表す．有極性型のコンデンサには，電解コンデンサやタンタルコンデンサなどがある．

コンデンサは，キャパシタとも呼ばれ，直流電流の流れを妨げたり，電気（電荷）を蓄えたりする部品である．コンデンサの性質を表すキャパシタンス（静電容量ともいう）の記号は C，単位に F（ファラド）を使用する．コンデンサが蓄える電荷 q（単位 C：クーロン）は，式(1-5)のように静電容量 C〔F〕と与える電圧 V〔V〕の積で計算できる．

$$q = C \times V \text{〔C〕} \tag{1-5}$$

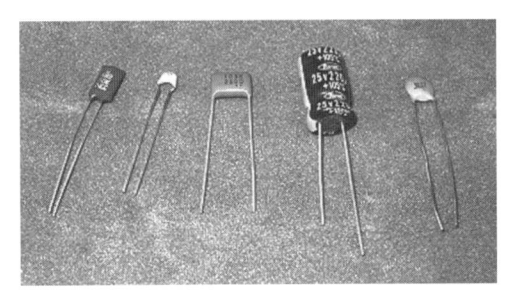

(a) 外観例 (b) 図記号

図 1-15　コンデンサ

(2) 受動素子の振る舞い

① 合成接続

抵抗やコンデンサを，それぞれ直列や並列に接続することを合成接続という．合成接続の仕方によって抵抗値などの大きさが変化する．表 1-4 に，各受動素子の合成接続後の大きさを計算する式を示す．コイルについては，相互インダクタンス M を考慮した和動接続と差動接続について示した．M を考慮しないコイルの直列・並列接続時の

第1章　電気の基礎

表1-4　受動素子の合成接続

受動素子	直列接続	並列接続
抵抗 R	$R_{AB} = R_1+R_2+\cdots+R_n$	$R_{AB} = \dfrac{1}{\dfrac{1}{R_1}+\dfrac{1}{R_2}+\cdots+\dfrac{1}{R_n}}$ （特に，R_1, R_2 の並列接続の場合 $R_{AB} = \dfrac{1}{\dfrac{1}{R_1}+\dfrac{1}{R_2}} = \dfrac{R_1 \times R_2}{R_1+R_2}$）
コンデンサ C	$C_{AB} = \dfrac{1}{\dfrac{1}{C_1}+\dfrac{1}{C_2}+\cdots+\dfrac{1}{C_n}}$ （特に，C_1, C_2 の直列接続の場合 $C_{AB} = \dfrac{C_1 \times C_2}{C_1+C_2}$）	$C_{AB} = C_1+C_2+\cdots+C_n$
コイル L	和動接続 巻く方向が同じ $L_{AB} = L_1+L_2+2M$ M：相互インダクタンス $M = \sqrt{L_1 \times L_2}$	差動接続 巻く方向が逆 $L_{AB} = L_1+L_2-2M$ M：相互インダクタンス $M = \sqrt{L_1 \times L_2}$

1-2 受動素子

表 1-5 電圧と電流の位相

受動素子	回路	波形	複素平面
抵抗 R		$\begin{cases} v = \sqrt{2}V\sin\omega t \\ i = \sqrt{2}I\sin\omega t \end{cases}$ 位相差 0（同相）	
コイル L		$\begin{cases} v = \sqrt{2}V\sin\omega t \\ i = \sqrt{2}I\sin\left(\omega t - \dfrac{\pi}{2}\right) \end{cases}$ i が $\dfrac{\pi}{2}$ 〔rad〕遅れる	
コンデンサ C		$\begin{cases} v = \sqrt{2}V\sin\omega t \\ i = \sqrt{2}I\sin\left(\omega t + \dfrac{\pi}{2}\right) \end{cases}$ i が $\dfrac{\pi}{2}$ 〔rad〕進む	

合成インダクタンスは，抵抗 R と同様の式で計算できる．

② 位相

表 1-5 に，各受動素子に交流を加えた場合の電圧 v と電流 i の位相の関係を示す．コイルとコンデンサについては，電圧と電流の位相がずれることに注目しよう．

③ インピーダンスとリアクタンス

素子に交流電流を流したときに生じる抵抗分をインピーダンスといい，記号は Z，単位に抵抗と同じ Ω（オーム）を使用する．インピーダンスは，表 1-5 の波形欄に示した v と i などの式を用いて導出することができる．また，コイルとコンデンサについては，インピーダンスの大きさ成分をリアクタンスとして定義する．リアクタンスの記号は X，単位にインピーダンスと同じ Ω（オーム）を使用する．表 1-6 に，各受動素子のインピーダンスとリアクタンスを示す．

素子を合成接続した回路では，合成インピーダンスを計算することができる．インピーダンスは抵抗成分なので，表 1-4 に示した抵抗と同様の計算式を用いればよい．表 1-7 に，合成インピーダンスの例を示す．

インダクタンス Z の逆数をアドミタンス Y（単位 S：ジーメンス）といい，式(1-6)のように表すことができる．

$$Y = \frac{1}{Z} \text{[S]} \tag{1-6}$$

表 1-6　インピーダンスとリアクタンス

受動素子	インピーダンス [Ω]	リアクタンス [Ω]
抵抗 R	R	未定義
コイル L	$Z = j\omega L$ ($\omega = 2\pi f$)	$X_L = \omega L$ （誘導性リアクタンス）
コンデンサ C	$Z = \dfrac{1}{j\omega C} = -j\dfrac{1}{\omega C}$ ($\omega = 2\pi f$)	$X_C = \dfrac{1}{\omega C}$ （容量性リアクタンス）

表 1-7　合成インピーダンスの例

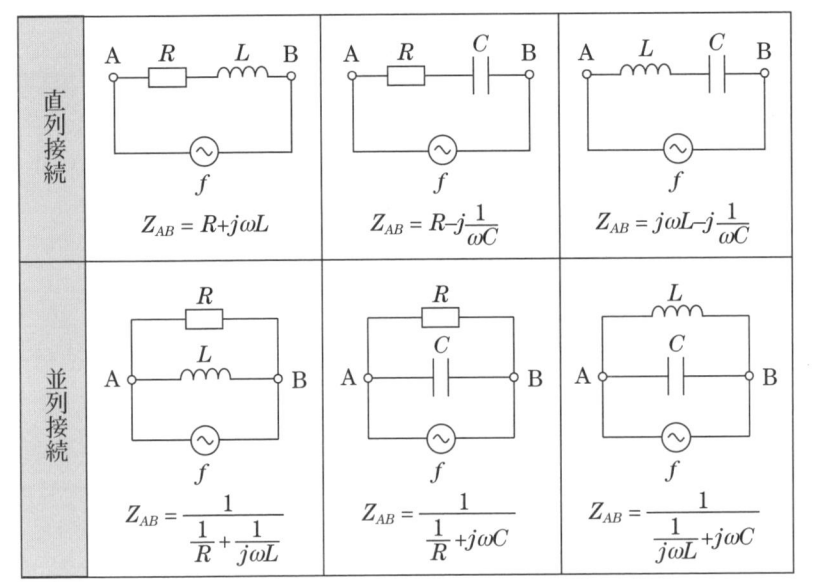

	直列接続		
	$Z_{AB} = R + j\omega L$	$Z_{AB} = R - j\dfrac{1}{\omega C}$	$Z_{AB} = j\omega L - j\dfrac{1}{\omega C}$
並列接続	$Z_{AB} = \dfrac{1}{\dfrac{1}{R} + \dfrac{1}{j\omega L}}$	$Z_{AB} = \dfrac{1}{\dfrac{1}{R} + j\omega C}$	$Z_{AB} = \dfrac{1}{\dfrac{1}{j\omega L} + j\omega C}$

＊電源のインピーダンスは無視している

<例題 1-2>　次の回路の合成抵抗や合成静電容量を計算しなさい．

① 合成抵抗　　　　② 合成静電容量

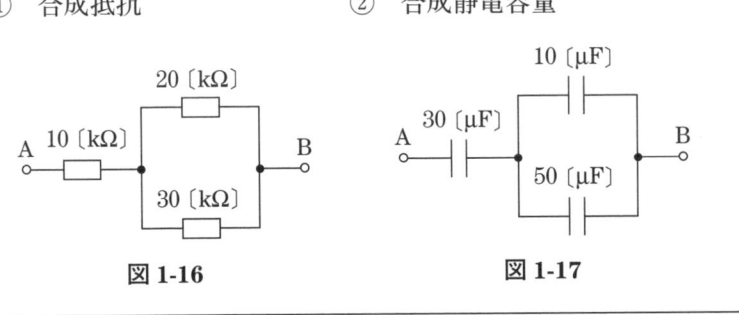

図 1-16　　　　　　図 1-17

<解答>

① $R_{AB} = 10 + \dfrac{20 \times 30}{20 + 30} = 22 \,[\mathrm{k\Omega}]$

第1章 電気の基礎

② $C_{AB} = \dfrac{30 \times (10+50)}{30 + (10+50)} = 20 \,[\mu\text{F}]$

<例題 1-3> 次の回路の合成インピーダンスとその大きさを計算しなさい．電源のインピーダンスは無視してよい．

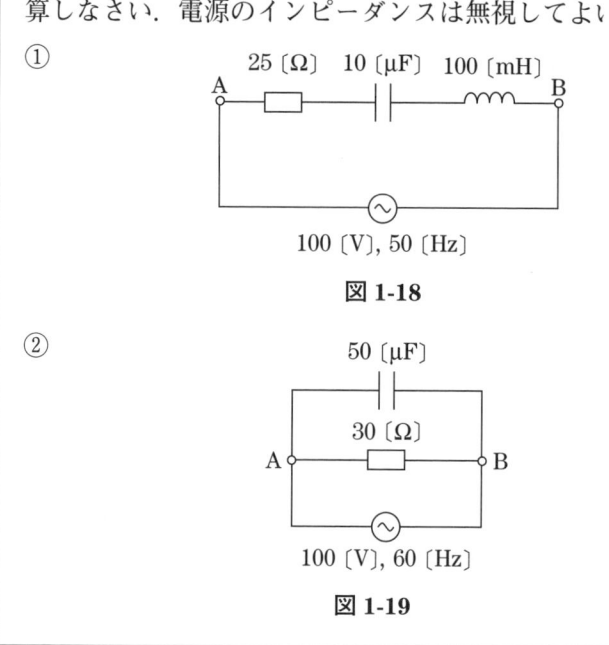

①

25 [Ω]　10 [μF]　100 [mH]

100 [V], 50 [Hz]

図 1-18

②

50 [μF]

30 [Ω]

100 [V], 60 [Hz]

図 1-19

<解答>

① $\omega = 2\pi f = 2 \times 3.14 \times 50 = 314 \,[\text{rad/s}]$

$Z_{AB} = 25 + j\left(314 \times 100 \times 10^{-3} - \dfrac{1}{314 \times 10 \times 10^{-6}}\right)$

$\fallingdotseq 25 + j(31.4 - 318.47)$

$= 25 - j287.07 \,[\Omega]$

$|Z_{AB}| = \sqrt{25^2 + 287.07^2} \fallingdotseq 288.16 \,[\Omega]$

② $\omega = 2\pi f = 2 \times 3.14 \times 60 = 376.8 \,[\text{rad/s}]$

$$Z_{AB} = \frac{30 \times \left(-j\dfrac{1}{376.8 \times 50 \times 10^{-6}}\right)}{30 - j\left(\dfrac{1}{376.8 \times 50 \times 10^{-6}}\right)} \fallingdotseq \frac{-j1592.36}{30 - j53.08}$$

$$= \frac{(-j1592.36)(30 + j53.08)}{(30 - j53.08)(30 + j53.08)}$$

$$= \frac{84522.47 - j47770.8}{900 + 2817.49} \fallingdotseq 22.74 - j12.85 \,[\Omega]$$

$$|Z_{AB}| = \sqrt{22.74^2 + 12.85^2} \fallingdotseq 26.12 \,[\Omega]$$

<演習 1-2> 次の回路の合成抵抗や合成インダクタンスを計算しなさい．

① 合成抵抗

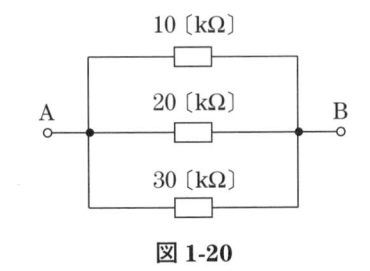

図 1-20

② 合成インダクタンス（和動接続）

図 1-21

<演習 1-3> 次の回路の合成インピーダンス Z と合成アドミタンス Y を計算しなさい．

第 1 章　電気の基礎

①

A ─［5〔Ω〕］─〔$X_L = 2$〔Ω〕〕─ B

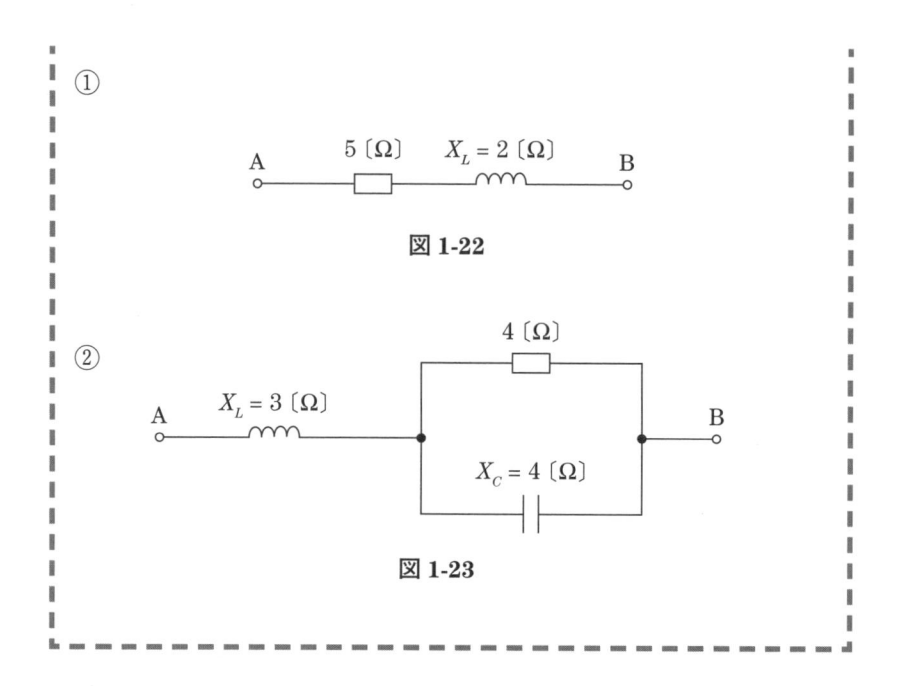

図 1-22

②

A ─〔$X_L = 3$〔Ω〕〕─┬─［4〔Ω〕］─┬─ B
　　　　　　　　　　└─［$X_C = 4$〔Ω〕］─┘

図 1-23

1-3　オームの法則

　オームの法則は，電圧，電流，抵抗の関係を表す重要な法則である．**図 1-24** に示す電気回路を考えよう．ここで，電圧は電流を押し出すための力であり，電流は電圧によって押し出される電子の流れ（電流は + から −，電子は − から + に流れるため，その方向は逆）である．そして，抵抗は電流の流れを邪魔する度合いである（**図 1-25** 参照）．
　例えば，図 1-24 に示す電気回路において，抵抗 R を 10〔Ω〕一定と

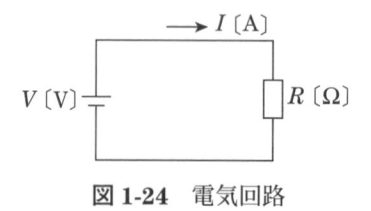

図 1-24　電気回路

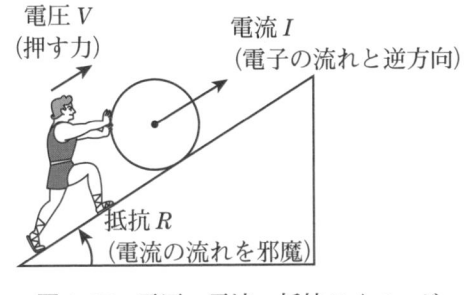

図 1-25　電圧，電流，抵抗のイメージ

して，電圧 V の大きさを変化した場合の電流 I を測定すると図 1-26(a)のような比例関係を示すグラフが得られる．また，例えば電圧 V を 10〔V〕一定として，抵抗 R の大きさを変化した場合の電流 I を測定すると，図 1-26(b)のような反比例関係を示すグラフが得られる．これらのグラフから，電流 I は電圧 V に比例し，抵抗 R に反比例することがわかる．これがオームの法則であり，I, V, R の関係は式 (1-7) として表すことができる．

$$I = \frac{V}{R} \text{〔A〕} \tag{1-7}$$

式 (1-7) を変形すれば，式 (1-8) と式 (1-9) が得られる．つまり，オームの法則を用いれば，電流，電圧，抵抗のうちどれか 2 つの値がわかれば，残る 1 つの値を知ることができる．図 1-27 に示す便利図にお

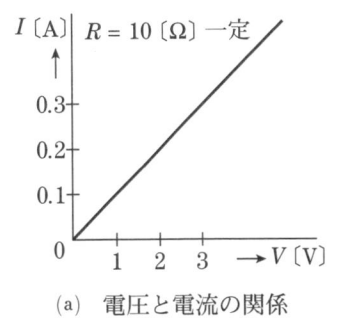

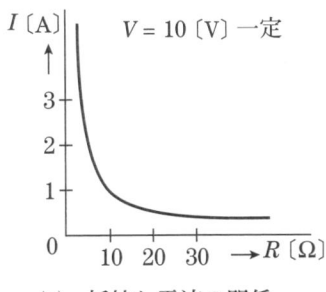

(a)　電圧と電流の関係　　(b)　抵抗と電流の関係

図 1-26　オームの法則を示すグラフ

第1章　電気の基礎

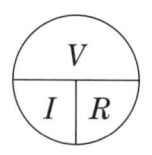

図 1-27　オームの法則の便利図

いて，知りたい値を指で隠せばその計算式を得ることができる．

$$V = IR \,[\mathrm{V}] \tag{1-8}$$

$$R = \frac{V}{I} \,[\Omega] \tag{1-9}$$

図 1-24 は，直流電気回路であるが，オームの法則は交流電気回路においても成立する．交流の場合には，抵抗としてインピーダンス Z を考えればよい．

図 1-28 の回路から，電圧 V の分圧 V_1, V_2 を計算する式を導出しよう．

点 ab 間の直列合成抵抗を R_{ab} とすると，回路に流れる電流 I は，オームの法則により次式で計算できる．

$$I = \frac{V}{R_{ab}} = \frac{V}{R_1 + R_2}$$

したがって，V_1, V_2 は，式 (1-10) のように表すことができる．これを分圧の式という．

$$\left.\begin{array}{l} V_1 = IR_1 = V\dfrac{R_1}{R_1 + R_2} \\[2mm] V_2 = IR_2 = V\dfrac{R_2}{R_1 + R_2} \end{array}\right\} \tag{1-10}$$

次に，**図 1-29** の回路から，電流 I の分流 I_1, I_2 を計算する式を導出しよう．

点 ab 間の並列合成抵抗を R_{ab} とすると，電圧 V はオームの法則により次式で計算できる．

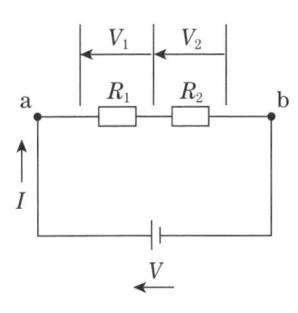

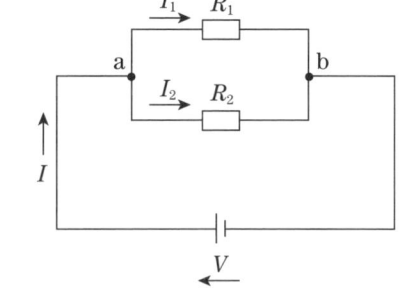

図 1-28　分圧を考える回路　　図 1-29　分流を考える回路

$$V = IR_{ab} = I\frac{R_1 R_2}{R_1 + R_2}$$

したがって，I_1，I_2 は，式(1-11)のように表すことができる．これを分流の式という．

$$\left. \begin{array}{l} I_1 = \dfrac{V}{R_1} = I\dfrac{R_2}{R_1 + R_2} \\[6pt] I_2 = \dfrac{V}{R_2} = I\dfrac{R_1}{R_1 + R_2} \end{array} \right\} \quad (1\text{-}11)$$

<例題 1-4>　図 1-30 に示す直流回路において，抵抗 R_1 の値を計算しなさい．

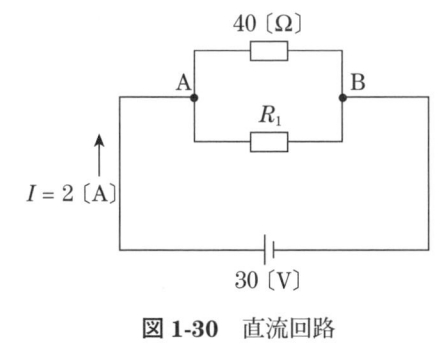

図 1-30　直流回路

第 1 章　電気の基礎

＜解答＞

$$R_{AB} = \frac{V}{I} = \frac{30}{2} = 15\,[\Omega]$$

$$R_{AB} = 15 = \frac{40 \times R_1}{40 + R_1}$$

より，

$$R_1 = 24\,[\Omega]$$

＜例題 1-5＞ 図 1-31 に示す交流回路において，次の①から⑤の式や値などを示しなさい．

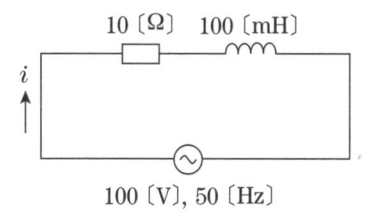

図 1-31　交流回路

① 電流 i を示す複素数の式
② 電流 i の大きさ $|i|$
③ 複素平面上での電流 i のベクトル図
④ 位相差 θ
⑤ 電圧 v と電流 i の波形図

＜解答＞
$\omega = 2\pi f = 2 \times 3.14 \times 50 = 314\,[\mathrm{rad/s}]$

$$i = \frac{v}{Z} = \frac{100}{10 + j(314 \times 0.1)} = \frac{100 \times (10 - j31.4)}{(10 + j31.4)(10 - j31.4)}$$

$$= \frac{1000 - j3140}{10^2 + 31.4^2} = \frac{1000 - j3140}{1085.96} \fallingdotseq 0.92 - j2.89\,[\mathrm{A}]$$

$|i| = \sqrt{0.92^2 + 2.89^2} \fallingdotseq 3.03\,[\mathrm{A}]$

$\tan\theta = \left(\dfrac{-2.89}{0.92}\right)$ より,

$\theta = \tan^{-1}\left(\dfrac{-2.89}{0.92}\right) = -72.34°$

$180 : 2\pi = -72.34 : x$ より,

$x = -0.8\pi \,[\mathrm{rad}]$

図 1-32 において，電圧 v の位相を基準（実軸上）にとれば，電流 i

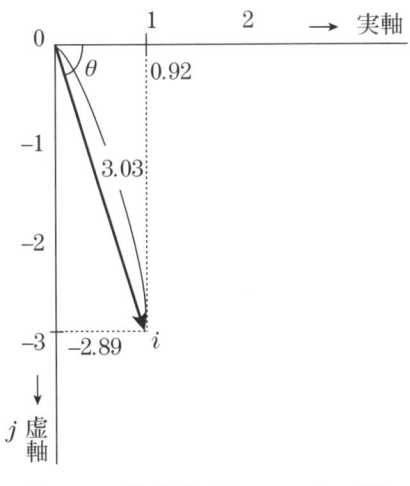

図 1-32 複素平面上のベクトル図

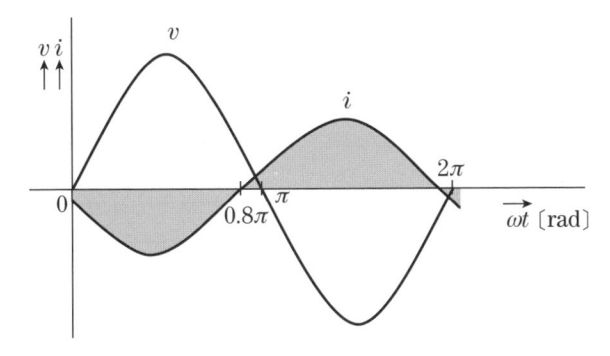

図 1-33 v, i の波形

第1章 電気の基礎

は電圧 v より, $72.34°$（または, $0.8\pi\,[\mathrm{rad}]$）遅れている. 図 **1-33** に, v と i の波形を示す.

＜演習 1-4＞ 図 **1-34** に示す回路において, 電流 I_1, I_2, I_3 および, 電圧 V_1, V_2 を求めなさい.

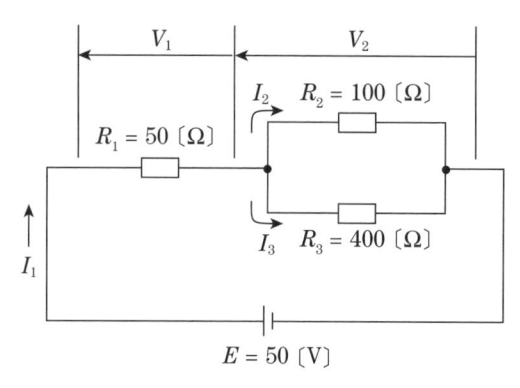

図 **1-34**

＜演習 1-5＞ 図 **1-35** に示す回路において, 電流 i および, 電圧 v_1, v_2 を求めなさい.

また, v_1, v_2 の大きさを計算し, 起電力 e などとの関係を説明しなさい.

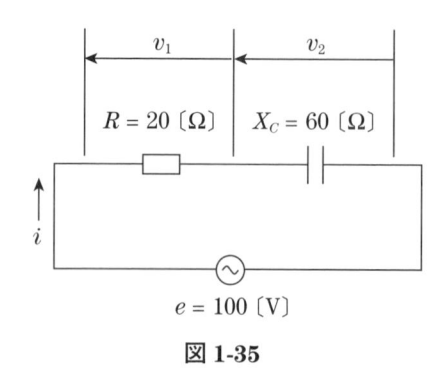

図 **1-35**

1-4 キルヒホッフの法則

複雑な回路になると，オームの法則を適用するのが困難になることがある．そのような場合には，キルヒホッフの法則を使用するとうまくいくことが多い．キルヒホッフの法則は，次の２つの法則から成る．

<第１法則> 回路網中の任意の分岐点に流れ込む電流の和は，流れ出る電流の和と等しい．つまり，電流の向きを考えた総和は 0 である．

<第２法則> 回路網中の任意の閉回路では，起電力の総和と電圧降下の総和が等しい．つまり，起電力や電圧の向きを考えた総和は 0 である．

図 1-36 の回路でキルヒホッフの法則を確認しよう．

<第１法則> 分岐点 B に注目すると，そこに流れ込む電流は I_1，流れ出る電流は I_2 と I_3 である．したがって，$I_1 = I_2 + I_3$ が成立する．総和で考えると，$+I_1 - I_2 - I_3 = 0$ となる．

<第２法則> 閉回路１に注目すると，起電力は E，抵抗 R_1 と R_2 による電圧降下はそれぞれ V_1 と V_2 である．したがって，$E = V_1 + V_2$ が成立する．総和で考えると，$+E_1 - V_1 - V_2 = 0$ となる．

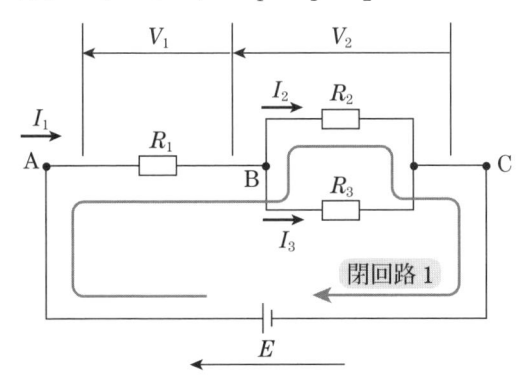

図 1-36　キルヒホッフの法則の確認

第1章 電気の基礎

キルヒホッフの法則を用いて回路を解析する場合には，次の手順で考えるとよい．

＜キルヒホッフの法則の適用手順＞

手順 ① 回路に流れる電流について，記号と流れる向きを定義する．

手順 ② 任意の分岐点に注目して，第1法則を用いた電流の式を得る．

手順 ③ 起電力と電圧降下の向きを図示する．

手順 ④ 閉回路を任意の方向にたどりながら，第2法則を用いて電圧に関する式を得る．

手順 ⑤ 得られた連立方程式を解く．

具体例として，図1-37に示す電源（起電力）が複数個ある回路を考えよう．

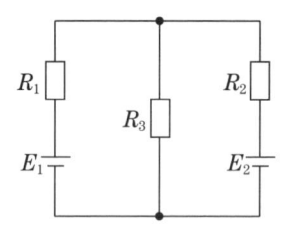

図1-37 電源が複数個ある回路

＜キルヒホッフの法則の適用例＞

手順 ① 回路に流れる電流について，記号と流れる向きを定義する．
　　例えば，図**1-38**に示すように電流 I_1, I_2, I_3 を定義する．記号や流れの向きは，自由に決めてよい．

手順 ② 任意の分岐点に注目して，第1法則を用いた電流の式を得る．
　　図1-38の分岐点Cについて電流の総和を考えると，式①を得る．

$$+I_1 + I_2 - I_3 = 0 \tag{①}$$

図 **1-38** 電流を定義した回路

手順 ③ 起電力と電圧降下の向きを図示する．

　図 **1-39**(a)に電源（起電力），(b)に抵抗（インピーダンス）による電圧降下の図示例を示す．直流電源では，図記号に当てはまるように三角形を，交流電源では任意に向きを決めて三角形を描けばよい．また，抵抗などによる電圧降下は，手順②で定義した向きの電流の流れを妨げるように三角形の底辺を壁に見立てて描けばよい．図 **1-40** に，三角形を記入した回路を示す．

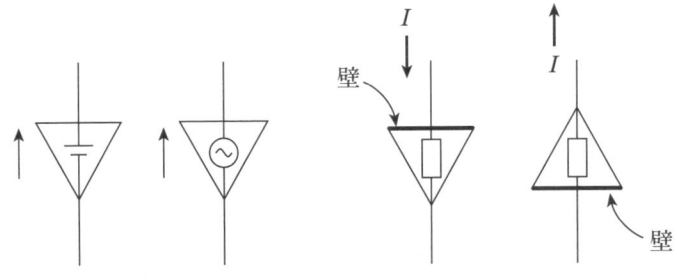

(a) 電源（起電力）　　(b) 抵抗（インピーダンス）

図 **1-39** 起電力と電圧降下の図示例

手順 ④ 閉回路を任意の方向にたどりながら，第 2 法則を用いて電圧に関する式を得る．

　例えば，図 1-40 に示した閉回路 1 を矢印の向き（点 A → E_1 → R_1 → 点 C → R_3 → 点 A）にたどりながら，電圧（E

第 1 章 電気の基礎

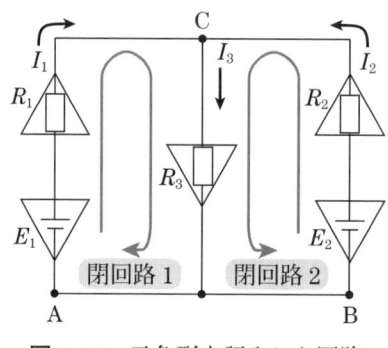

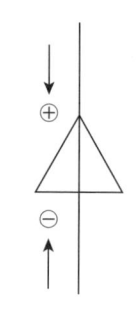

図 1-40 三角形を記入した回路

図 1-41 正負の対応

$= I \times R$）に関する総和の式をつくる．このとき，閉回路をたどりながら，手順 ③ で記入した三角形を通過する場合には，**図 1-41** に示すような正負の対応を考えて +，− を決めればよい．すると，閉回路 1 から式②，同様に考えると閉回路 2 から式③ が得られる．

$$+E_1 - I_1R_1 - I_3R_3 = 0 \qquad ②$$
$$+E_2 - I_2R_2 - I_3R_3 = 0 \qquad ③$$

手順 ⑤ 得られた連立方程式を解く．

手順 ② で得た式①，手順 ④ で得た式②，式③ を連立方程式として解けば，必要な値を解として得ることができる．

キルヒホッフの法則の便利な点は，電流の向きなどを任意に定義できることである．例えば，定義した電流の向きが実際の回路の電流の向きと逆であった場合には，キルヒホッフの法則によって得られる電流が負の値となる．

キルヒホッフの法則は直流回路だけではなく，交流回路においても成立する．交流の場合には，抵抗としてインピーダンス Z を考える．また，実際の交流電流と起電力の向きは，時間とともに変化するが，回路計算を行う場合には，任意の方向を定義して考えればよい．

1-4 キルヒホッフの法則

＜例題 1-6＞ 図 1-42 に示す直流回路において，抵抗 R_1, R_2, R_3 に流れる電流をキルヒホッフの法則を用いて計算しなさい．

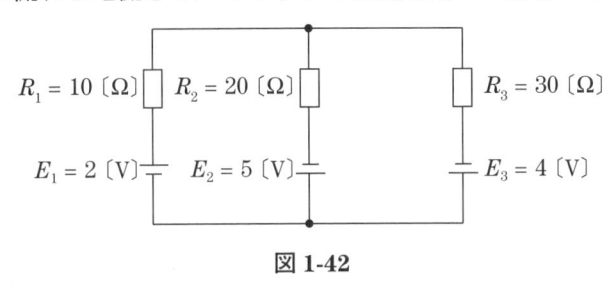

$R_1 = 10\ [\Omega]$　$R_2 = 20\ [\Omega]$　$R_3 = 30\ [\Omega]$

$E_1 = 2\ [V]$　$E_2 = 5\ [V]$　$E_3 = 4\ [V]$

図 1-42

＜解答＞ 例えば，図 1-43 に示すように電流 I_1, I_2, I_3 を定義して，三角形を記入した回路を考える（手順①，手順③）．

分岐点 C に注目すると次式が得られる（手順②）．

$$+I_1 + I_2 + I_3 = 0$$

閉回路 1（点 A → E_1 → R_1 → 点 C → R_2 → E_2 → 点 A）をたどりながら電圧降下の式を考えると，次式が得られる（手順④）．

$$+E_1 - I_1 R_1 + I_2 R_2 + E_2 = 0$$

上式より，

$$2 - 10I_1 + 20I_2 + 5 = 0$$

同様にして，閉回路 2（点 B → E_3 → R_3 → 点 C → R_2 → E_2 → 点 B）

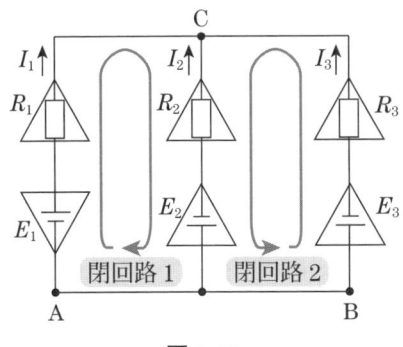

図 1-43

第1章 電気の基礎

をたどりながら電圧降下の式を考えると次式が得られる（手順4）.

$$-E_3 - I_3R_3 + I_2R_2 + E_2 = 0$$

上式より,

$$-4 - 30I_3 + 20I_2 + 5 = 0$$

得られた下記の式①，式②，式③を連立させて解く．

$$\begin{cases} I_1 + I_2 + I_3 = 0 & ① \\ -10I_1 + 20I_2 = -7 & ② \\ 20I_2 - 30I_3 = -1 & ③ \end{cases}$$

式①より,

$$I_1 = -I_2 - I_3 \qquad ④$$

式④を式②に代入し,

$$-10(-I_2 - I_3) + 20I_2 = -7$$

より,

$$30I_2 + 10I_3 = -7 \qquad ⑤$$

式③ ＋ (式⑤ × 3) を計算する．

$$20I_2 - 30I_3 = -1$$
$$+)\ 90I_2 + 30I_3 = -21$$
$$110I_2 = -22$$

$$I_2 = -0.2 \,[\text{A}] \qquad ⑥$$

式⑥を式⑤に代入し,

$$30 \times (-0.2) + 10I_3 = -7$$

より,

$$I_3 = -0.1 \,[\text{A}] \qquad ⑦$$

式⑥，式⑦を式④に代入し,

$$I_1 = -(-0.2) - (-0.1) = 0.3 \,[\text{A}]$$

以上より，各抵抗に流れる電流は次のように計算できた．

$$I_1 = 0.3 \,[\text{A}], \quad I_2 = -0.2 \,[\text{A}], \quad I_3 = -0.1 \,[\text{A}]$$

電流 I_2, I_3 については，負の値となっている．つまり，定義した電流の向きが，実際の向きとは逆であったことを示している．

<例題 1-7> 図 1-44 に示す交流回路において，抵抗 R_1, R_2, インピーダンス Z_L のコイルに流れる電流をキルヒホッフの法則を用いて計算しなさい．

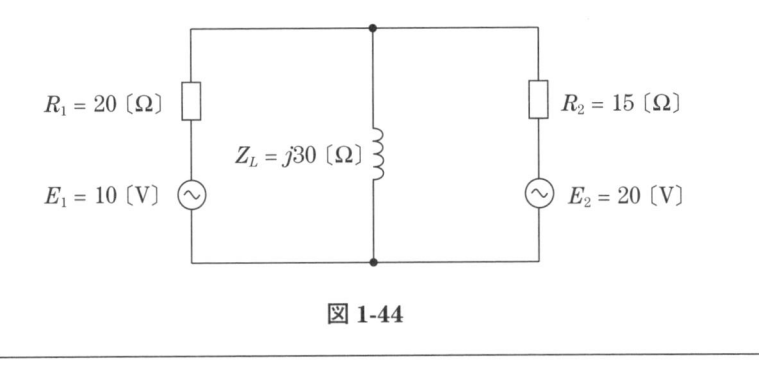

$R_1 = 20$ 〔Ω〕
$R_2 = 15$ 〔Ω〕
$Z_L = j30$ 〔Ω〕
$E_1 = 10$ 〔V〕
$E_2 = 20$ 〔V〕

図 1-44

<解答> 例えば，図 1-45 に示すように電流 I_1, I_2, I_3 を定義して，三角形を記入した回路を考える（手順①，手順③）．

分岐点 C に注目すると次式が得られる（手順②）．

$$+I_1 + I_2 - I_3 = 0$$

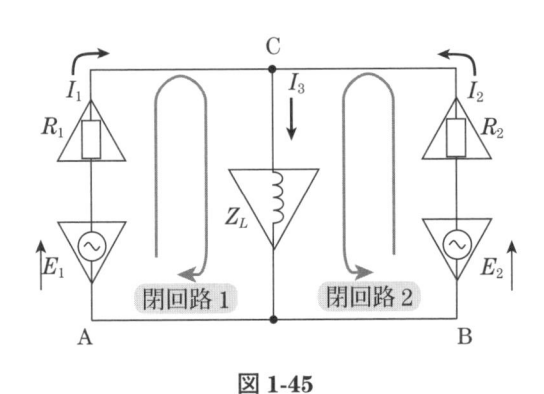

閉回路 1　閉回路 2

図 1-45

第1章 電気の基礎

閉回路1（点A→E_1→R_1→点C→Z_L→点A）をたどりながら電圧降下の式を考えると，次式が得られる（手順[4]）．

$$+E_1 - I_1 R_1 - I_3 Z_L = 0$$

同様にして，閉回路2（点B→E_2→R_2→点C→Z_L→点B）をたどりながら電圧降下の式を考えると，次式が得られる（手順[4]）．

$$+E_2 - I_2 R_2 - I_3 Z_L = 0$$

得られた下記の式①，式②，式③を連立させて解く．

$$\begin{cases} I_1 + I_2 - I_3 = 0 & \text{①} \\ 10 - 20I_1 - j30I_3 = 0 & \text{②} \\ 20 - 15I_2 - j30I_3 = 0 & \text{③} \end{cases}$$

式①より，

$$I_1 = -I_2 + I_3 \quad \text{④}$$

式④を式②に代入し，

$$10 - 20(-I_2 + I_3) - j30I_3 = 0$$

より，

$$20I_2 - I_3(20 + j30) = -10 \quad \text{⑤}$$

（式③×4）－（式⑤×3）を計算する．

$$\begin{array}{r} 60I_2 + j120I_3 = 80 \\ -)\ 60I_2 - (60 + j90)I_3 = -30 \\ \hline (60 + j210)I_3 = 110 \end{array} \quad \text{⑥}$$

$$I_3 = \frac{11}{(6+j21)} \frac{(6-j21)}{(6-j21)} = \frac{66 - j231}{36 + 441} \fallingdotseq 0.14 - j0.48 \,[\text{A}] \quad \text{⑦}$$

式⑦を式⑤に代入し，

$$20I_2 - (0.14 - j0.48)(20 + j30) = -10$$

$$20I_2 = -10 + (2.8 + j4.2 - j9.6 + 14.4)$$

$$20I_2 = 7.2 - j5.4$$

$$I_2 = 0.36 - j0.27 \,[\text{A}] \quad \text{⑧}$$

式⑦，式⑧を式④に代入し，

$$I_1 = -(0.36 - j0.27) + (0.14 - j0.48)$$

より，

$$I_1 = -0.22 - j0.21 \, [\text{A}]$$

以上より，抵抗 R_1，R_2 に流れる電流 I_1，I_2 および，コイルに流れる電流 I_3 は，次のように計算できた．

$$I_1 = -0.22 - j0.21 \, [\text{A}], \quad I_2 = 0.36 - j0.27 \, [\text{A}], \quad I_3 = 0.14 - j0.48 \, [\text{A}]$$

＜演習1-6＞ 図 **1-46** に示す回路において，電流 I_1, I_2, I_3 をキルヒホッフの法則を用いて計算しなさい．

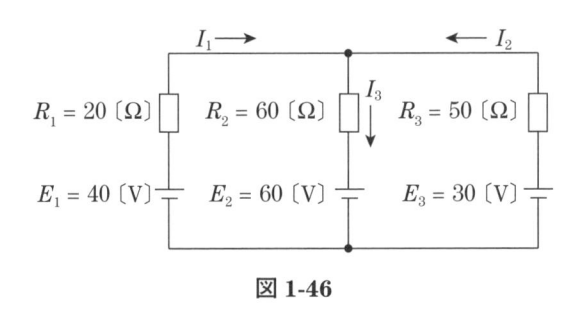

図 1-46

1-5　テブナンの定理

　テブナンの定理は，電源を含む複雑な回路を1個の電源と1個のインピーダンスで等価的に表せることを示す定理である．図 **1-47** は，電源を含む回路から，任意の2端子 a，b を引き出している．この回路において，端子 a，b を開放したときの端子電圧を e_i，端子 a，b からみた回路の内部抵抗を R_i と定義する．

すると，この回路は，図 1-48 に示す回路と等価であると考えることができる．なぜならば，図 1-48 では，端子 ab 間に電流は流れないので，抵抗 R_i による電圧降下は生じない．したがって，端子 ab 間の開放電圧は e_i となる．また，電源 e_i のインピーダンスをゼロ（つまり，e_i を短絡する）と考えたときの端子 ab 間の抵抗は R_i となり，前の定義と一致する．図 1-48 のような回路を電圧源という．

図 1-49 は，図 1-48 に示した回路の端子 ab 間に抵抗 R_o を接続したときに，R_o に流れる電流 i_o を図示している．図 1-49 から，電流 i_o を計算する式 (1-12) が得られる．

$$i_o = \frac{e_i}{R_i + R_o} \tag{1-12}$$

テブナンの定理は，電源を含む複雑な回路を簡単な電圧源として表すことで，回路の解析が容易になることを示している．また，交流回路に適用する場合には，抵抗分としてインピーダンスを考えればよい．

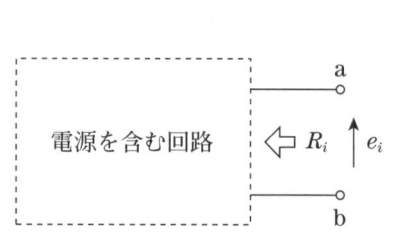

図 1-47 電源を含む回路の端子 a, b

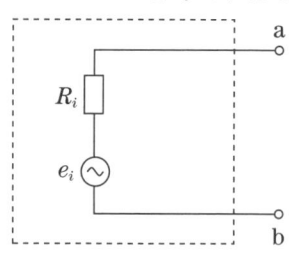

図 1-48 電圧源の等価回路

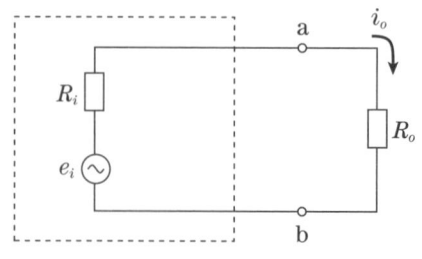

図 1-49 抵抗 R_o を接続した回路

この定理は，同時期に示した鳳秀太郎氏の名前をとって，鳳・テブナンの定理とも呼ばれる．

＜例題 1-8 ＞ 図 1-50 に示す回路において，抵抗 R_o に流れる電流 I_o をテブナンの定理を用いて計算しなさい．

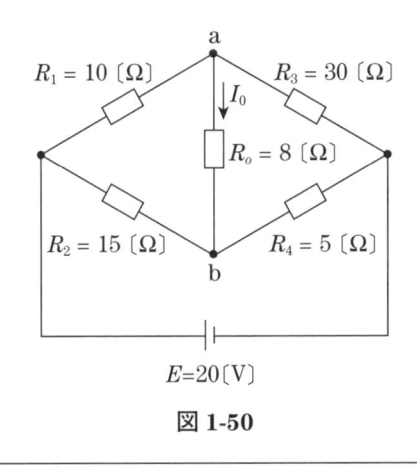

$R_1 = 10\ [\Omega]$
$R_3 = 30\ [\Omega]$
$R_o = 8\ [\Omega]$
$R_2 = 15\ [\Omega]$
$R_4 = 5\ [\Omega]$
$E = 20\ [V]$

図 1-50

＜解答＞ 図 1-51(a)は，抵抗 R_o を取り外して，端子 a, b を引き出した回路である．このときの，端子 ab 間の開放電圧を E_i とし，電

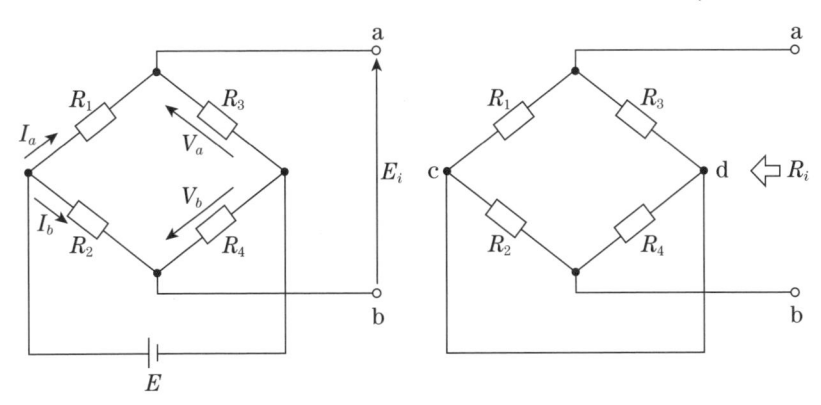

(a) 端子 a, b を引き出した回路　　(b) 電源 E を短絡した回路

図 1-51

第1章 電気の基礎

流 I_a, I_b, 電圧 V_a, V_b を定義する.

I_a, I_b, V_a, V_b は, 次のように計算できる.

$$I_a = \frac{E}{R_1 + R_3} = \frac{20}{10 + 30} = 0.5 \,[\text{A}]$$

$$I_b = \frac{E}{R_2 + R_4} = \frac{20}{15 + 5} = 1 \,[\text{A}]$$

$$V_a = I_a R_3 = \frac{R_3 E}{R_1 + R_3} = \frac{30 \times 20}{10 + 30} = 15 \,[\text{V}]$$

$$V_b = I_b R_4 = \frac{R_4 E}{R_2 + R_4} = \frac{5 \times 20}{15 + 5} = 5 \,[\text{V}]$$

これより, 端子 ab 間の開放電圧 E_i は, 式①のように計算できる.

$$E_i = V_a - V_b = 15 - 5 = 10 \,[\text{V}] \qquad ①$$

一方, 図 1-51(b)は, 電源 E の持つ抵抗分をゼロと考えて短絡した回路である. この回路から, 端子 ab 間の抵抗 R_i は, 式②で計算できる.

$$R_i = \frac{R_1 R_3}{R_1 + R_3} + \frac{R_2 R_4}{R_2 + R_4} = 7.5 + 3.75 = 11.25 \,[\Omega] \qquad ②$$

式①と式②から, 図 1-50 の回路は, **図 1-52** のような電圧源に抵抗 R_o を接続した回路と考えることができる.

図 1-52 に, 式 (1-12) を適用すれば, 電流 I_o は次のように計算できる.

$$I_o = \frac{E_i}{R_i + R_o} = \frac{10}{11.25 + 8} \fallingdotseq 0.52 \,[\text{A}]$$

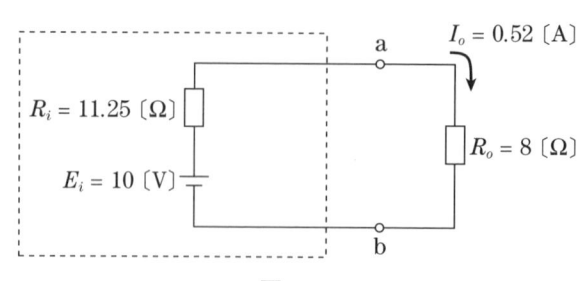

図 **1-52**

＜演習1-7＞ 図1-53に示す回路Aを電源と抵抗を各1個持つ回路に変換しなさい．また，端子a, b間に70〔Ω〕の抵抗を接続した場合に流れる電流Iを，テブナンの定理を用いて計算しなさい．

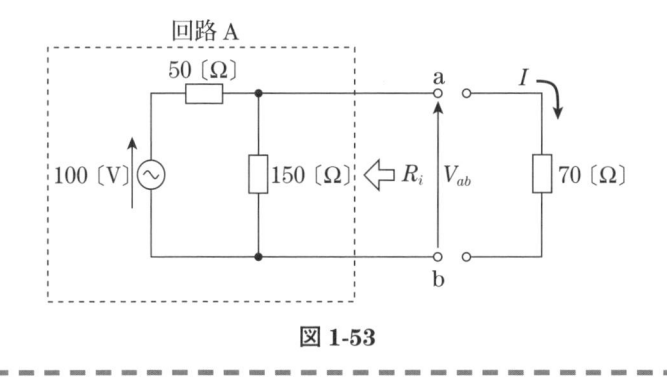

図 1-53

1-6 ノートンの定理

電圧源に関するテブナンの定理に対し，電流源に関するノートンの定理がある．図1-54は，電源を含む回路から，任意の2端子a, bを引き出している．この回路において，端子a, bを開放したときの回路の内部抵抗をR_iと定義する．また，端子a, bを短絡したときの

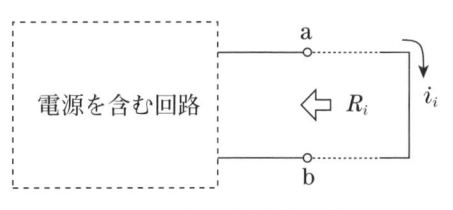

図 1-54　電源を含む回路の端子a, b　　図 1-55　等価回路（電流源）

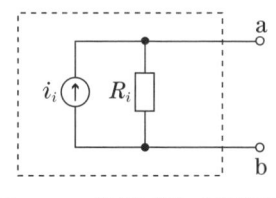

電流を i_i とすると，この回路は，図 1-55 に示す回路と等価であると考えることができる．端子 a, b を短絡したときに流れる電流 i_i は，図記号 ⊕ で表している．図 1-55 のような回路を電流源という．

図 1-56 は，図 1-55 に示した回路の端子 ab 間に抵抗 R_o を接続したときに，R_o に流れる電流 i_o を図示している．図 1-56 から，電流 i_o を計算する式 (1-13) が得られる（分流の式 (1-11) 参照）．

$$i_o = i_i \frac{R_i}{R_i + R_o} \tag{1-13}$$

ノートンの定理として得られる式 (1-13) は，テブナンの定理を用いて導出することもできる．図 1-57 の電圧源において，端子 ab 間を開放したときの抵抗を R_i，開放電圧を e_i，抵抗 R_o を接続したときの電流を i_o と定義する．

テブナンの定理で得た式 (1-12) を変形すると，電流 i_o は式①のようになる．

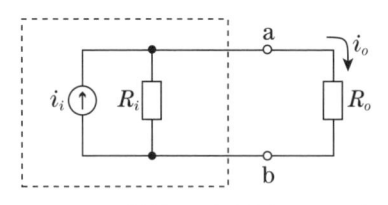

図 1-56　抵抗 R_o を接続した回路

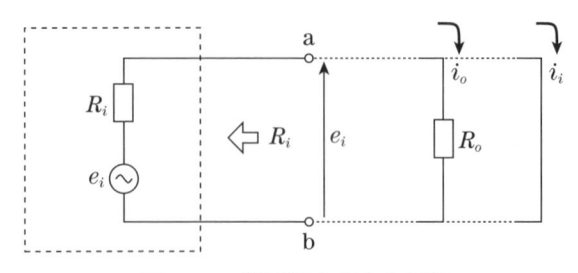

図 1-57　電圧源を考えた回路

1-6 ノートンの定理

$$i_o = \frac{e_i}{R_i + R_o} = \frac{e_i}{R_i}\left(\frac{R_i}{R_i + R_o}\right) \qquad ①$$

一方，端子 ab 間を短絡した場合には，$R_o = 0$ であり，このときに流れる電流を i_i とすれば，i_i は式②のように表される．

$$i_i = \frac{e_i}{R_i + 0} = \frac{e_i}{R_i} \qquad ②$$

式①に式②を代入して得られる式③は，ノートンの定理によって得られた式 (1-13) と同じである．

$$i_o = i_i\left(\frac{R_i}{R_i + R_o}\right) \qquad ③\ (式(1\text{-}13)と同じ)$$

図 **1-58** (a)に，テブナンの定理によって得た電圧源を示す．ここで，理想的な電圧源としては，内部インピーダンス Z_i がゼロであり，負荷が変動しても起電力 e_i は変化しないことが好ましい．このような理想的な電圧源を定電圧源と呼び，図 1-58 (b)に示す図記号で表す．

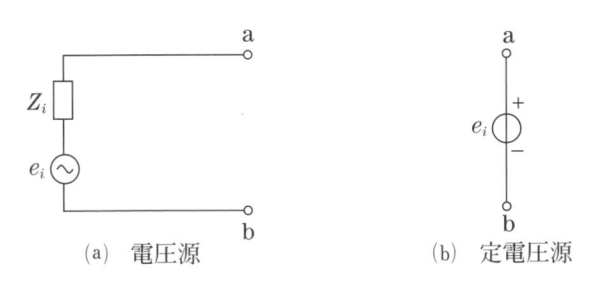

(a) 電圧源　　　　(b) 定電圧源

図 **1-58**　理想的な電圧源

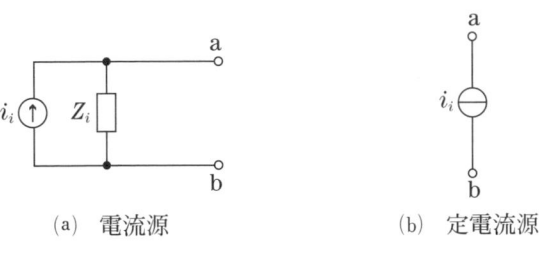

(a) 電流源　　　　(b) 定電流源

図 **1-59**　理想的な電流源

第1章 電気の基礎

同様に，ノートンの定理によって得た図 1-59(a)の電流源では，内部インピーダンス Z_i が無限大であり，負荷が変動しても電流 i_i は変化しないことが好ましい．このような理想的な電流源を定電流源と呼び，図 1-59(b)に示す図記号で表す．

＜例題 1-9＞ 図 1-60 に示す電流源の回路を電圧源の回路に変換しなさい．

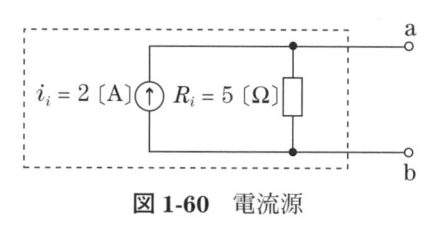

図 1-60 電流源（$i_i = 2$ [A]，$R_i = 5$ [Ω]）

＜解答＞ 図 1-60 において，端子 ab 間を開放したときの抵抗 R_i は 5 [Ω] であり，開放電圧 e_i は次式のように計算できる．

$$e_i = i_i \cdot R_i = 2 \times 5 = 10 \,[\text{V}]$$

また，端子 ab 間を短絡したときの電流 i_i は 2 [A] である．これらのことから，図 1-61 に示す電圧源の回路が得られる．

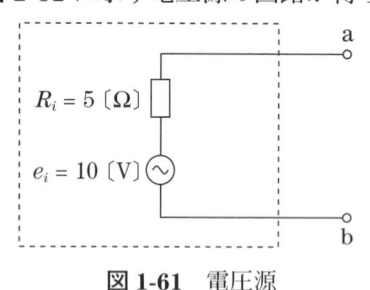

図 1-61 電圧源（$R_i = 5$ [Ω]，$e_i = 10$ [V]）

＜演習1-8＞ 図1-62に示す回路Aを電圧源に変換しなさい．また，端子a，b間に50〔Ω〕の抵抗を接続した場合に流れる電流Iをノートンの定理を用いて計算しなさい．

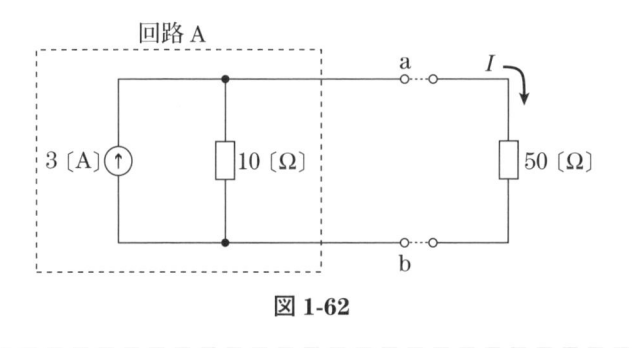

図1-62

1-7 電気回路と電子回路

図1-63に示すように，電気に関する回路は電気回路と電子回路に大別できる．電気回路は，抵抗，コイル，コンデンサなどの受動素子を用いて構成した回路であり，大きな電力を扱うことも多いために強電回路とも呼ばれる．一方，電子回路は，受動素子に加えて，トランジスタやICなどの能動素子を用いて構成した回路であり，比較的小さな電力を扱うことが多いために弱電回路とも呼ばれる．さらに，電子回路は，処理対象とする信号がアナログかディジタルかによってア

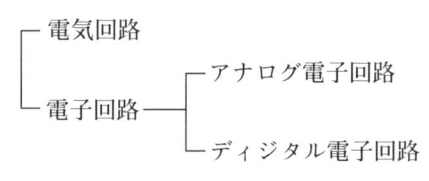

図1-63　電気に関する回路

第1章　電気の基礎

ナログ電子回路（またはアナログ回路）とディジタル電子回路（またはディジタル回路）に分けることができる．ただし，単に電子回路といった場合には，アナログ電子回路を指すことも多い．

図1-64に，それぞれの回路のイメージを示す．ディジタル電子回路では，能動素子として，ゲート素子やフリップフロップなどのディジタルICが使用される．

本書で修得を目指すのは，アナログ電子回路に関する基礎事項である．アナログ電子回路は，音声信号の増幅などのアナログ信号処理を行うための回路である．能動素子としてはトランジスタやFET，オペアンプなどを使用するために，これらの素子に関する知識が不可欠になる．

(a) 電気回路の例

(b) アナログ電子回路の例　　(c) ディジタル電子回路の例

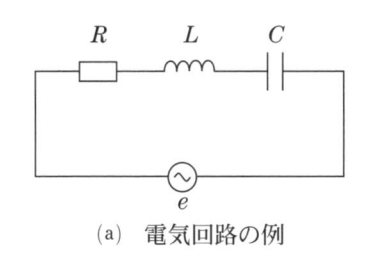

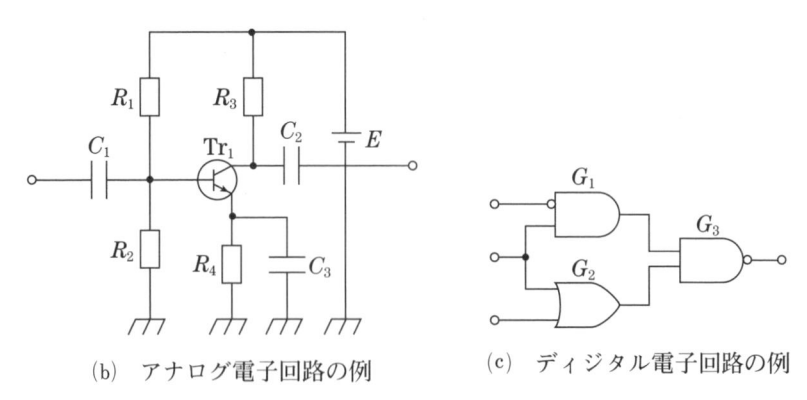

図1-64　各回路のイメージ

1-7 電気回路と電子回路

＜例題 1-10＞ アナログ電子回路を学習するという観点から，図 1-63 に示した各回路の関係を考えなさい．

＜解答＞ アナログ電子回路において主役となるのは，トランジスタやオペアンプなどの能動素子である．しかし，電気回路での主役である抵抗やコンデンサなどの受動素子も必要不可欠な部品として使用する．また，電気回路の基礎として学ぶオームの法則やキルヒホッフの法則などの諸定理を使用してアナログ電子回路を考える必要がある．これらのことから，アナログ電子回路の理解には，電気回路の知識が大いに役立つのである．一方，現代においてはアナログ信号をディジタル電子回路で構成されているコンピュータに取り込んで処理を行うことが多い．また，例えばステレオなどの音響機器においては，アナログとディジタルの混成回路が使用されることが多くなっている．このように，各回路は，互いに関わりを持っている．

＜演習 1-9＞ コンピュータ社会といわれる現代から将来においては，アナログ電子回路は不要になっていくのかどうか考えてみなさい．

第1章 電気の基礎

コラム☆コンデンサは直流を流さない？

「コンデンサは直流を流さない，コイルは交流を流さない」と聞いたことはないだろうか．読者の中にも，このように覚えている人がおられるかもしれない．この言い方は正しいのだろうか？

図1-65に示した直流回路を考えよう．さて，スイッチSを閉じると，電流Iは流れるのだろうか．前述の言い方を当てはめると，「コンデンサは直流を流さないのだから，電流Iは流れない」ことになる．実は，この言い方は正確にいうと間違っている．**図1-66**は，時間t_0においてスイッチSを閉じる前後の抵抗Rの端子電圧V_Rの変化を示したグラフである．

スイッチSを閉じる前に$V_R = 0$となっているのは当然として理解できるだろう．注目すべきは，時間t_0においてスイッチSを閉じた瞬間とそれ以降のV_Rの値である．スイッチSを閉じた瞬間には，コンデンサCがショートしている場合と同じ状態である$V_R = 9$〔V〕となる．その後，V_Rが徐々に減少し，やがて0〔V〕となっている．スイッチSを閉じた瞬間からt秒後のV_Rは，式(1-14)で計算できる．εは，自然対数の底（約2.7）である．

$$V_R = E\varepsilon^{\frac{-t}{RC}} \tag{1-14}$$

この式を使って，1，2，5秒後のV_Rを計算すると次のように

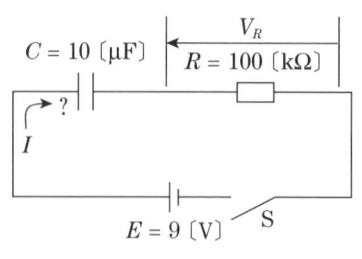

図1-65 直流回路

コラム☆コンデンサは直流を流さない？

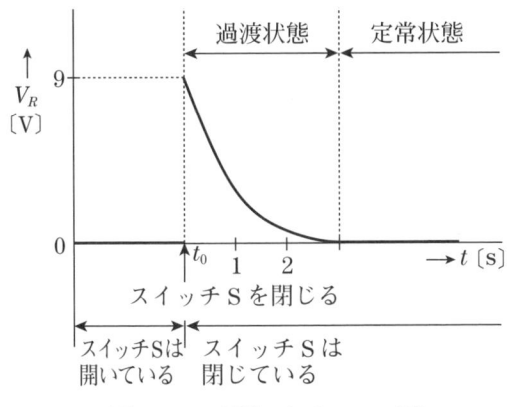

図 1-66 時間による V_R の変化

なる．

$$V_R = 9 \times \varepsilon^{\frac{-1}{(100\times10^3)\times(10\times10^{-6})}} \fallingdotseq 3.31 \,[\text{V}]$$

$$V_R = 9 \times \varepsilon^{\frac{-2}{1}} \fallingdotseq 1.22 \,[\text{V}]$$

$$V_R = 9 \times \varepsilon^{\frac{-5}{1}} \fallingdotseq 0.06 \,[\text{V}]$$

つまり，スイッチ S を閉じた瞬間からしばらく（C の充電中）は電流 I が流れるのである．電流 I が流れている動的な状態を過渡状態，流れなくなって安定した状態を定常状態という．「コンデンサは直流を流さない」という言い方は，定常状態だけを考えた初心者向けの説明なのである．「コイルは交流を流さない」という言い方についても同様である．興味のある読者は，図 1-65 の回路を構成してテスタなどで V_R を計測してみれば，スイッチを閉じた瞬間にテスタの針が大きく振れることが確認できるはずである．

過渡状態が生じる現象（過渡現象）を解析するためには，回路について求めた微分方程式を解く必要がある．そのためには，ラプラス変換などの手法が使用される．

第1章 電気の基礎

章末問題 1

1 図 1-67 に示す交流波形 e_1, e_2 について，次の問に答えなさい．

① e_1 の最大値 E_m，実効値 E，平均値 E_a，周期 T，周波数 f，角周波数 ω を答えなさい．

② e_1 と e_2 は，どのような位相関係になっているのか説明しなさい．

③ e_1 と e_2 の式を示しなさい．

④ e_1 と e_2 の関係を複素平面上にベクトルで図示しなさい．ただし，e_2 を基準（実軸正の方向）とし，大きさとして実効値を用いること．また，e_1 と e_2 を合成した e_3 のベクトル図を描きなさい．

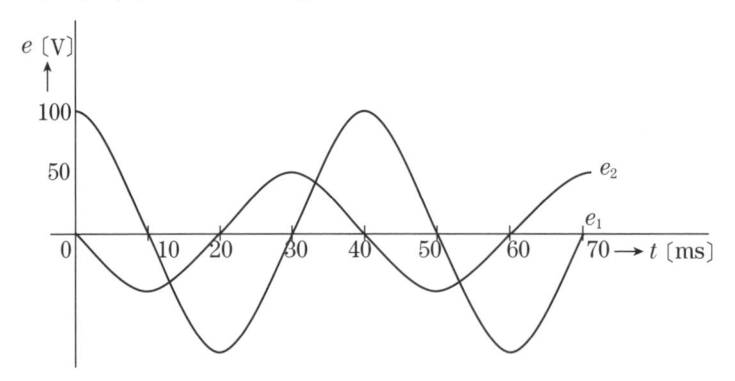

図 1-67　交流波形

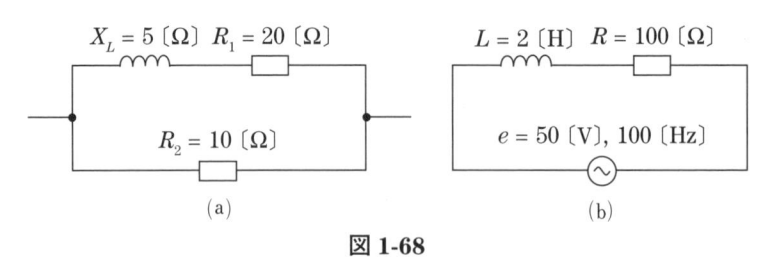

2 図 1-68 (a)(b) に示す回路の合成インピーダンスとその大きさを計算しなさい．

(a) $X_L = 5\,[\Omega]$　$R_1 = 20\,[\Omega]$　$R_2 = 10\,[\Omega]$

(b) $L = 2\,[\text{H}]$　$R = 100\,[\Omega]$　$e = 50\,[\text{V}], 100\,[\text{Hz}]$

図 1-68

3 図 1-69 (a)(b)に示す回路において，電流や電圧の値を計算しなさい．

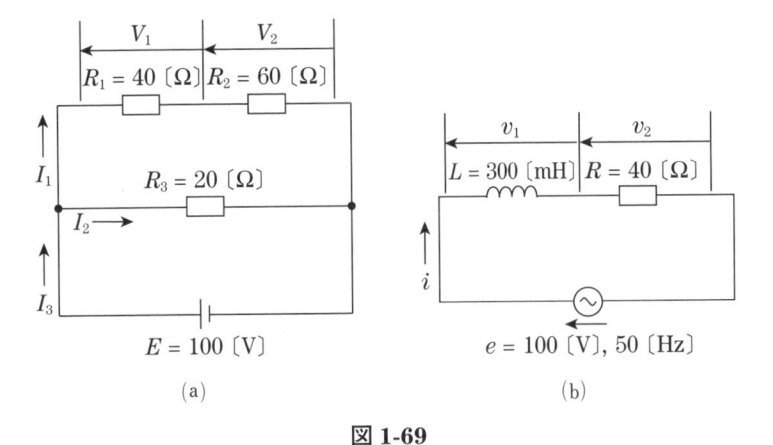

図 1-69

4 図 1-70 (a)(b)に示す回路において，キルヒホッフの法則を用いて電流の値を計算しなさい．

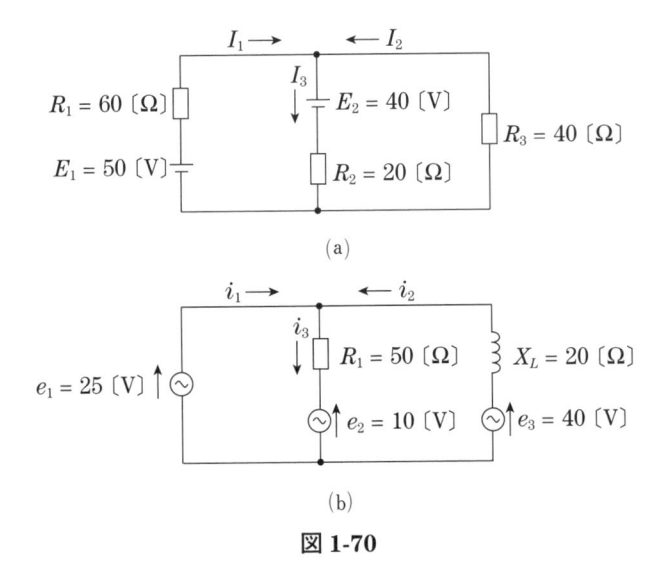

図 1-70

第1章 電気の基礎

5 図1-71に示す回路について，端子a, b間から左側の回路をテブナンの定理を用いて電圧源として描きなさい．また，端子a, b間に100〔Ω〕の抵抗を接続した場合に流れる電流iを計算しなさい．

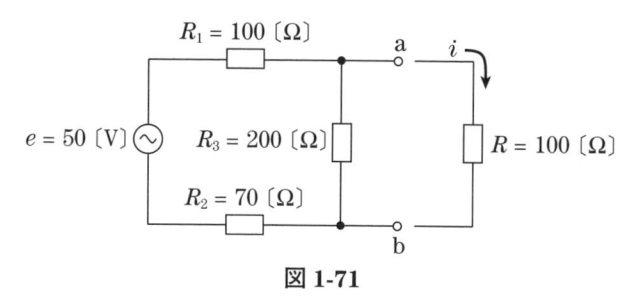

図1-71

6 図1-72に示す図記号について説明しなさい．

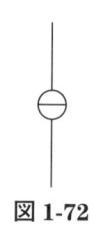

図1-72

第2章　電子デバイス

　この章では，能動素子を構成する半導体の性質や分類および，代表的な能動素子としてダイオードやトランジスタ，FET（電界効果トランジスタ）などの電子デバイスの基礎事項について説明する．電子回路は，これらの能動素子を主役にして動作するのであるから，各素子の性質などをしっかりと学習しよう．

第2章 電子デバイス

☆この章で使う基礎事項☆

基礎 2-1 原子の構造

図 2-1 に，Si（シリコン，ケイ素）原子の構造を示す．原子の構造を見ると，正の電荷を持つ原子核の周囲に負の電荷を持つ電子が存在している．電子の個数や，いくつの電子がどの軌道に存在するかは原子の種類によって決まっている．最も外側の軌道にある電子を価電子（最外殻電子）という．**表 2-1** に，いろいろな原子の価電子の数を示す．価電子は，熱や光などの外部エネルギーを受けると軌道を離れて自由電子となる．

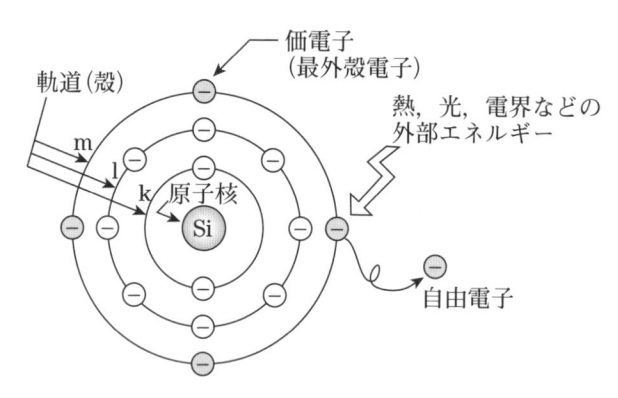

図 2-1　Si 原子の構造

表 2-1　価電子の数

Si（シリコン）	4価
Ge（ゲルマニウム）	4価
B（ホウ素）	3価
As（ヒ素）	5価

基礎 2-2　原子の結合

原子どうしの化学結合には，主として次の3種類がある．

この章で使う基礎事項

① イオン結合
陽イオンと陰イオンがクーロン力によって引き合って結合する．例として，NaCl，MgO，CaO_3 などがあるが結合力は強くない．

② 共有結合
原子どうしが互いの価電子を共有して結合する．H_2，H_2O，CH_4 などがある．図 2-2 に，Si が共有結合をしているようすを示す．

③ 金属結合
同種の原子のみが格子状に密に詰まって結合する．Fe，Mg，Ag などがあり，電気伝導性や熱伝導性が大きい．

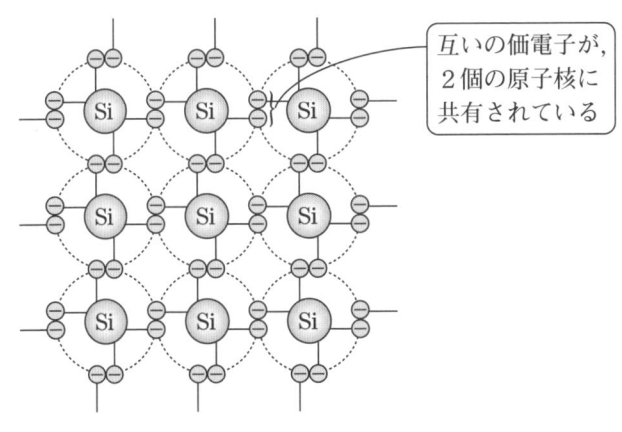

図 2-2 Si の共有結合

基礎 2-3 物質の抵抗率

図 2-3 に示すように，物質は電流の流れやすさによって，導体（銀，銅など），半導体（シリコン，ゲルマニウムなど），絶縁体（ガラス，マイカなど）に分類できる．導体は温度が上昇すると抵抗率が上がるが，半導体は温度が上昇すると抵抗率が下がる負の温度係数を持つ．

第2章 電子デバイス

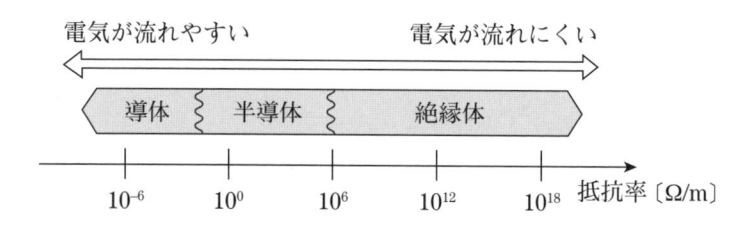

図 2-3 抵抗率

基礎 2-4　基礎用語

- **絶対温度**：単位には K（ケルビン）を用いる．セルシウス温度（℃）とは，式(2-1)の関係がある．0〔K〕は，物質の熱運動が完全に停止する温度である．

$$絶対温度\ T\,[\mathrm{K}] = セルシウス温度\ \theta\,[℃] + 273.15 \quad (2\text{-}1)$$

- **ボルツマン定数**：温度とエネルギーの関係を表す物理定数であり，約 1.38×10^{-23}〔J/K〕である．

- **電子の電荷量**：電子1個の持つ電荷量は，約 -1.6×10^{-19}〔C〕である．

- **exp**：指数関数（exponential function）の略式表記である．式(2-2)のように計算することができる．ε（イプシロン）は自然対数の底（約 2.7）である．

$$\exp x = \varepsilon^x \quad (2\text{-}2)$$

2-1 半導体

半導体は，真性半導体と不純物半導体に大別できる．ここでは，両者の違いなどについて理解しよう．

(1) **真性半導体**

真性半導体は，シリコン（Si）やゲルマニウム（Ge）などの半導体を高純度に精製した物質である．例えば，Si の純度を 99.999 999 999 9％（9 が 12 個並ぶので，twelve nine という）に精製した真性半導体がある．図 2-4 に示すように，4 個の価電子を持つ Si 原子が規則正しく配列した単結晶は，共有結合によって安定した状態になっている．しかし，熱や光，電界などの外部エネルギーが加わると，価電子の一部が軌道を離れて自由電子となる．そして，価電子の抜けた後の場所は正の電荷を持つ正孔（ホール）となる．正孔は，近くにある他の価電子を自由電子として引きつけて安定するため，移動してきた価電子のあった場所に新たに正孔ができる．このようにして，自由電子や正孔の移動が起こり電流の流れが生じる．したがって，真性半導体では，

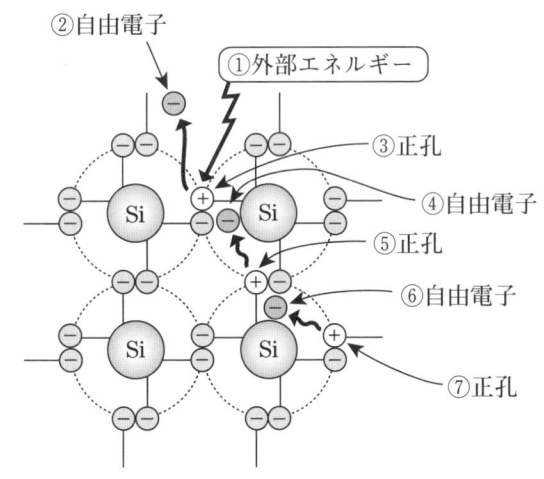

図 2-4 真性半導体の自由電子と正孔の移動例

第2章 電子デバイス

自由電子と正孔が電流を流す担い手であるキャリヤとして働く．

(2) 不純物半導体

不純物半導体は，真性半導体にホウ素（B）またはヒ素（As）などの不純物を加えた物質である．例えば，**図 2-5**(a)に示すように，3個の価電子を持つ B を Si の単結晶に少量混入する．すると，共有結合を行うための価電子が不足するので正孔が生じる．つまり，真性半導体とは異なり，この不純物半導体では外部からエネルギーが与えられなくても正孔が生じ，キャリヤとして働くのである．ただし，この不純物半導体中には少数ではあるが自由電子も存在している．このように，数の多いキャリヤ（多数キャリヤ）が正孔であり，数の少ないキャリヤ（少数キャリヤ）が自由電子である不純物半導体を p 形半導体という．

同様に，図 2-5(b)に示すように，5個の価電子を持つ As を Si の単結晶に少量混入するすると，共有結合を行うのに過剰となった価電子が自由電子となる．このように，多数キャリヤが自由電子であり，少

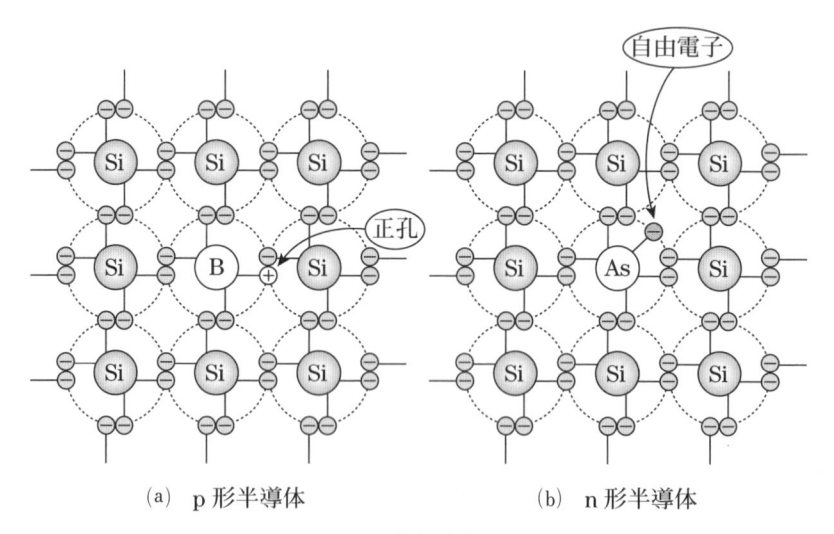

(a) p 形半導体　　　(b) n 形半導体

図 2-5　不純物半導体の例

2-1 半導体

数キャリヤが正孔である不純物半導体をn形半導体という．

　p形半導体をつくるために混入するホウ素（B），ガリウム（Ga），インジウム（In）などの3価の原子をアクセプタ，n形半導体をつくるために混入するヒ素（As），リン（P），アンチモン（Sb）などの5価の原子をドナーという．電子デバイスとしては，不純物半導体であるp形半導体とn形半導体を組み合わせて能動素子を構成している．

＜例題 2-1＞　次の①から⑨に適切な言葉を入れて文章を完成させなさい．

　Siの単結晶は ① 半導体であり， ② などの外部エネルギーが与えられると電流を流す．Siの単結晶にBを少量混入すると，共有結合のための ③ が ④ して ⑤ を生じる．このような不純物半導体を ⑥ 形半導体という．このとき，混入した不純物を ⑦ といい，多数キャリヤは ⑧ ，少数キャリヤは ⑨ である．

＜解答＞　①真性，②熱，光，電界，③価電子，④不足，⑤正孔（ホール），⑥p，⑦アクセプタ，⑧正孔（ホール），⑨自由電子

＜演習 2-1＞　次の英語の意味を調べなさい．

①ホール（hole）　　　　　　②アクセプタ（acceptor）
③ドナー（donor）　　　　　 ④キャリヤ（carrier）
⑤セミコンダクタ（semiconductor）　⑥p（positive）
⑦n（negative）

2-2 ダイオード

図2-6(a)に，p形半導体とn形半導体を接続したpn接合を示す．この接合面では，拡散現象によってp形領域の多数キャリヤである正孔がn形領域へ移動し，n形領域の多数キャリヤである自由電子がp形領域へ移動して互いに他方の多数キャリヤと結合して消滅する．このため，接合面付近には，キャリヤの存在しない空乏層と呼ばれる領域が生じている．

このpn接合の両端から端子を引き出した電子デバイスをダイオード（diode）という．図2-6(b)にダイオードの図記号を示す．端子名は，p形半導体側が正極を意味するアノード（A），n形半導体側が負極を意味するカソード（K）である．

図2-7は，ダイオードに，ある大きさの電圧をかけた際のpn接合のようすを示している．図(a)のようにアノードに正電圧を加えた場合には，p形半導体の多数キャリヤである正孔が正電圧に反発して空乏層を越えてn形領域へ進み自由電子と結合して消滅する．同様に，n形半導体の多数キャリヤである自由電子はカソードの負電圧に反発して，空乏層を越えてp形領域へ進み正孔と結合して消滅する．このようにして，pn接合内ではアノードからカソードに向けて電流が流れる．こ

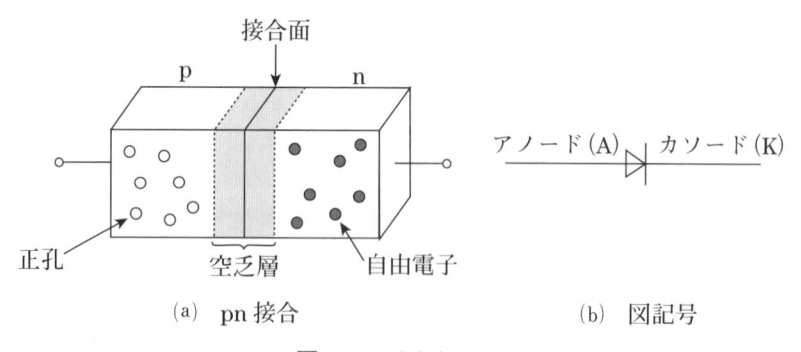

(a) pn接合　　　　(b) 図記号

図2-6　ダイオード

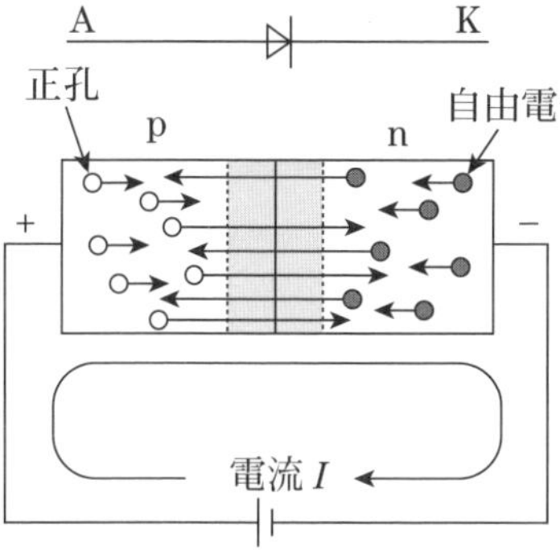

(a) 順方向電圧 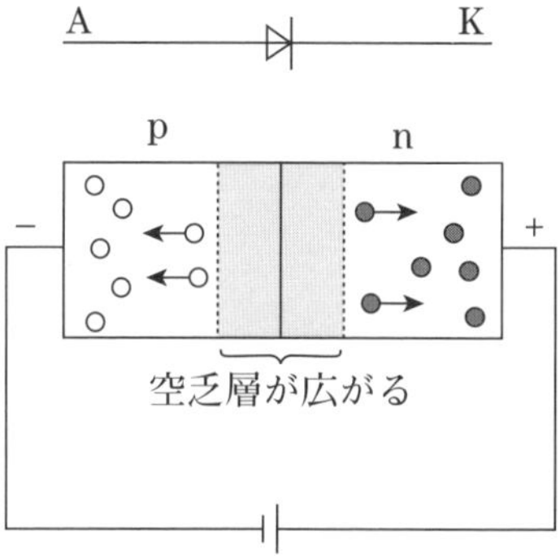 　　　　　　(b) 逆方向電圧

図 2-7　ダイオードに電圧を加える

のように加える電圧を順方向電圧，流れる電流を順方向電流という．

　一方，図 2-7(b)のように(a)とは逆向きの電圧を加えた場合には，アノードに正孔，カソードに自由電子がそれぞれ引きつけられるために，空乏層が広がり多数キャリヤによる電流は流れない．このように加える電圧を逆方向電圧，少数キャリヤによってごくわずかに流れる電流を逆方向電流という．

　図 2-8 に，ダイオードの電圧 - 電流特性を示す．順方向電圧を 0 [V] から上昇していった場合でも，ある電圧値を超えるまでは電流が流れない．これは，多数キャリヤが空乏層を通過するために必要なエネルギーとしての電圧値が不足しているからである．この電圧値は，ゲルマニウムダイオードで約 0.2 [V]，シリコンダイオードで約 0.6 [V] である．ダイオードの順方向電流 I と順方向電圧 V には，式 (2-3) の関係がある．ただし，I_s は逆方向飽和電流と呼ばれる逆方向電流の最大値，q は電子の電荷量（この式では絶対値を用いる），k はボルツマン定数，T は絶対温度を示す（基礎 2-4 参照）．この式は，整流方程式と呼ばれ，小電流を扱う場合に成立するが，大電流ではダイオードの内部抵抗による電圧降下の影響により成立しなくなる．また，I_s は温

第2章 電子デバイス

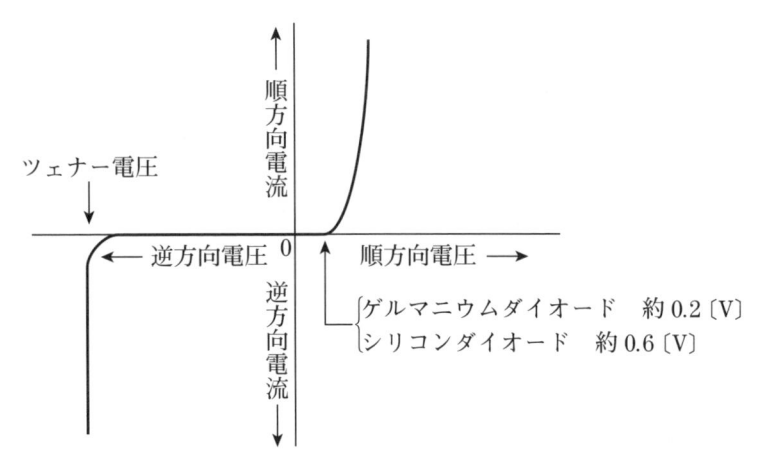

図 2-8 ダイオードの電圧 - 電流特性

度上昇に伴って大きく増加する性質がある．

$$I = I_s \left\{ \exp\left(\frac{|q|V}{kT}\right) - 1 \right\} \tag{2-3}$$

 一方，図 2-8 に示すように逆方向電圧を 0〔V〕から負側に大きくしていった場合は，ある電圧値になると急に大きな逆方向電流が流れる．これは，ツェナー現象または，電子なだれ現象と呼ばれ，この電圧値をツェナー電圧という．ツェナー電圧は一定電圧であり，このとき大きな電流が流れるために，定電圧を得ることに使用されている．

 図 2-9 に，小電流用ダイオードの外観例を示す．また，**図 2-10** にツェナー現象を積極的に利用するツェナーダイオード（定電圧ダイオード）の外観例と図記号を示す．

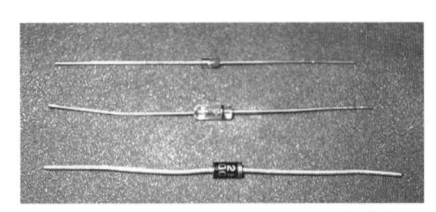

図 2-9 ダイオードの外観例

2-2 ダイオード

(a) 外観例　　　　　　　　(b) 図記号

図 2-10　ツェナーダイオード

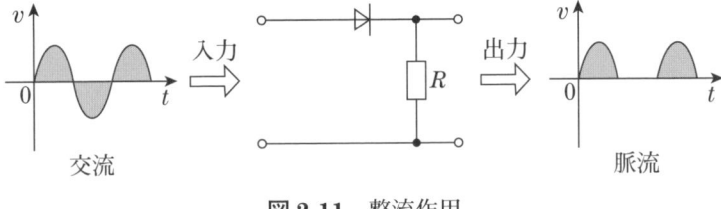

交流　　　　　　　　　　　　　　　脈流

図 2-11　整流作用

ダイオードが順方向にだけ電流を流す性質を利用すれば，図 2-11 に示すように交流を直流（脈流）に変換することができる．これをダイオードの整流作用という．これについては，第9章で詳しく説明する．

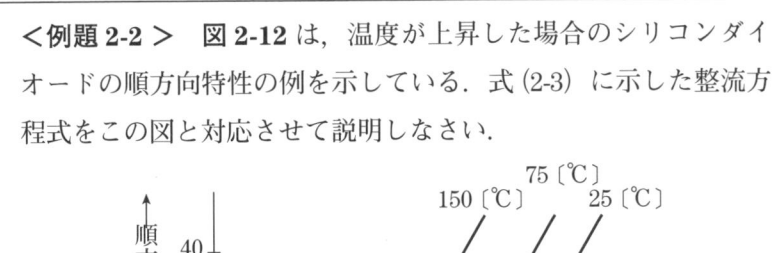

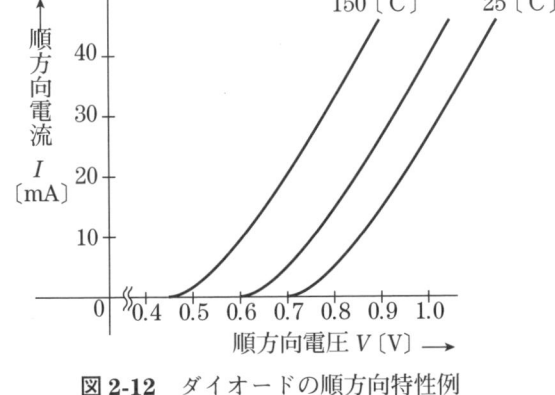

＜例題 2-2＞　図 2-12 は，温度が上昇した場合のシリコンダイオードの順方向特性の例を示している．式 (2-3) に示した整流方程式をこの図と対応させて説明しなさい．

図 2-12　ダイオードの順方向特性例

第2章 電子デバイス

<解答> 式 (2-3) において，温度 T を増加した場合，I_s, q, V, k が一定であるならば順方向電流 I は減少するはずである．しかしながら，図 2-12 では，例えば順方向電圧 V が 0.8 〔V〕のときに注目すると，温度が高いほど順方向電流 I は増加している．この事実より，$|q| = 1.6 \times 10^{-19}$ 〔C〕，$V = 0.8$ 〔V〕，$k = 1.38 \times 10^{-23}$ 〔J/K〕は一定であると考えられることから，逆方向飽和電流 I_s は周囲温度の上昇とともに大きく増加することがわかる．

<演習 2-2> ダイオードに加える順方向電圧 V を 0.4 から 0.8 〔V〕まで 0.1 〔V〕ずつ増加した場合に流れるそれぞれの順方向電流 I を計算しなさい．ただし，逆方向飽和電流 $I_s = 1 \times 10^{-15}$ 〔A〕，絶対温度 $T = 300$ 〔K〕とする．（基礎 2-4 参照）

2-3　トランジスタ

現代の電子回路における重要な能動素子となっているトランジスタ (transistor) は，1948 年に米国ベル研究所のショックレー (Shockley) らによって発明された．

(1) トランジスタの原理

トランジスタは，p 形半導体と n 形半導体を 3 層に接合した能動素子である．接合の仕方によって，**表 2-2** に示すように，npn 形と pnp 形に大別できる．

図 2-13 に，npn 形トランジスタの動作原理を示す．この図において，トランジスタのベース - エミッタ間には順方向電圧 E_1 が加わっているため，エミッタ側の n 形領域の多数キャリヤである自由電子は次のように振る舞う．

① 大多数の自由電子は，非常に薄く作ってある p 形領域を通過

2-3 トランジスタ

表 2-2　トランジスタの構造と図記号

形	npn 形	pnp 形
構造	コレクタ(C) — n p n — エミッタ(E)／ベース(B)	コレクタ(C) — p n p — エミッタ(E)／ベース(B)
図記号	（B-C-E 矢印外向き）または，（円で囲んだ記号）円は外周器を表す	（B-C-E 矢印内向き）または，（円で囲んだ記号）円は外周器を表す

してコレクタ側の n 形領域に到達する．コレクタ電極には E_2 によって正の電圧が印加されているので，多くの自由電子はコレクタ電極へ取り込まれてコレクタ電流 I_C となる．

② 一部の自由電子は，p 形領域内の正孔と結合して消滅する．

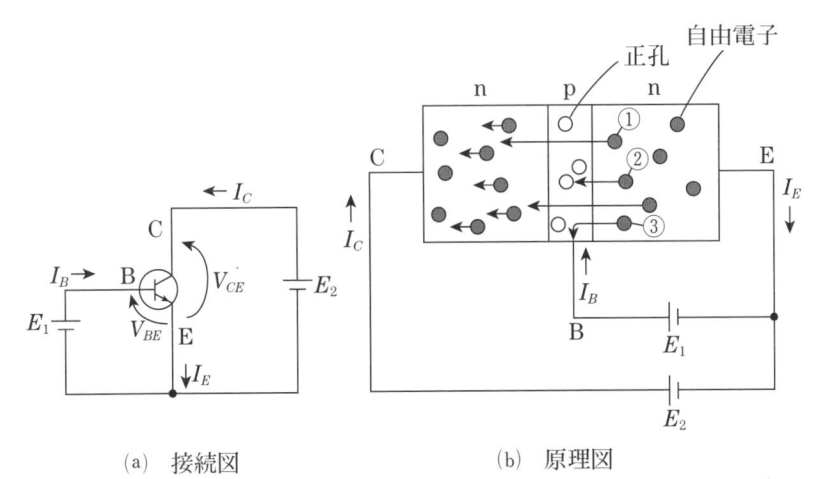

(a)　接続図　　　(b)　原理図

図 2-13　トランジスタの動作原理

●63●

第2章 電子デバイス

③ 一部の自由電子は，p形領域内を通過してベース電極へ取り込まれてベース電流 I_B となる．

以上のことから，$I_C \gg I_B$ となることがわかる．また，式(2-4) が成立する．

$$I_E = I_C + I_B \fallingdotseq I_C \tag{2-4}$$

pnp形トランジスタでは，キャリヤと電圧，電流の向きなどを逆にして同様の動作を考えればよい．トランジスタは，自由電子と正孔の両方のキャリヤの作用によってコレクタ電流を制御しているためにバイポーラトランジスタ（bi：2，polar：極性）とも呼ばれる．これに対して次節で学ぶFETは，ユニポーラトランジスタと呼ばれる．単にトランジスタといった場合には，バイポーラトランジスタを指すことが多い．図2-14 に，バイポーラトランジスタの外観例を示す．

図2-15 に，小電力用トランジスタ 2SC1815 に直流を加えた場合の電流-電圧特性を示す．これをトランジスタの静特性という．**図2-16** は，トランジスタの I_B-I_C 特性（図2-15では左上部に相当）の例であり，μAオーダのベース電流 I_B が，mAオーダのコレクタ電流 I_C に対応している．この図から，比例領域では，トランジスタは小さい I_B の変化を大きな I_C の変化として取り出す，すなわち増幅作用を持ってい

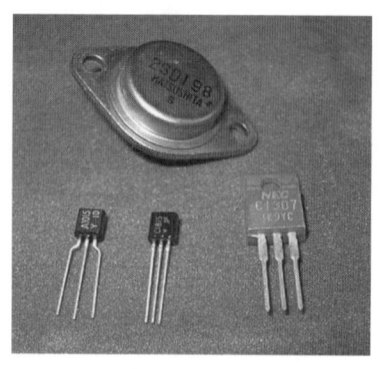

図2-14 バイポーラトランジスタの外観例

2-3 トランジスタ

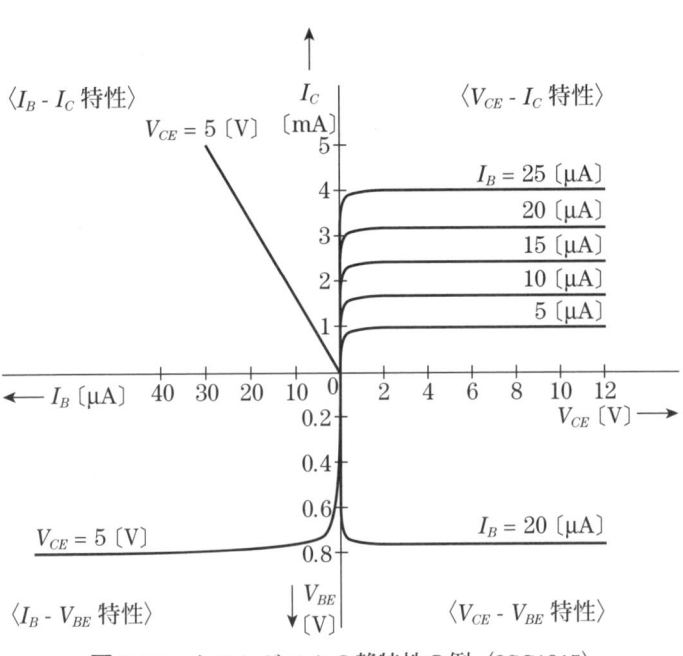

図2-15 トランジスタの静特性の例（2SC1815）

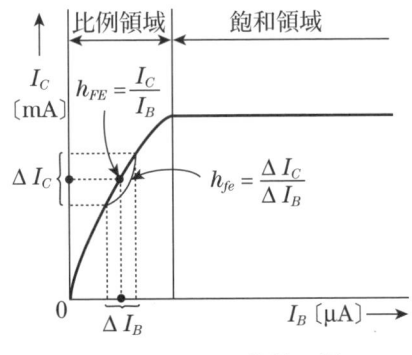

図2-16 I_B - I_C 特性の例

ることがわかる．このため，アナログ電子回路では，主として図2-16の比例領域の特性を利用する．比例領域のある一点に注目した I_C と I_B の比をトランジスタの直流電流増幅率 h_{FE} といい，式(2-5)のよう

に表すことができる．

$$h_{FE} = \frac{I_C}{I_B} \tag{2-5}$$

一方，比例領域内のある範囲を考えた ΔI_C と ΔI_B の比をトランジスタの小信号電流増幅率（または，単に電流増幅率）h_{fe} といい，式 (2-6) のように表すことができる．I_B と I_C はほぼ比例するが，特性は完全な直線ではないため，h_{FE} と h_{fe} は，完全には一致しないことが多い．

$$h_{fe} = \frac{\Delta I_C}{\Delta I_B} \tag{2-6}$$

負荷抵抗を接続し，I_B をさらに増加すると，I_C は飽和状態となる．$I_B = 0$ において $I_C = 0$，飽和領域内の I_B において I_C が大きな値となることを利用すれば，トランジスタを電子スイッチとして動作させることができる．このため，ディジタル電子回路では，主としてトランジスタを飽和領域で使用する．また，**図 2-17**，**図 2-18** に示すように，h_{FE} とベース - エミッタ間電圧 V_{BE} は，温度によって変化する．

(2) **h パラメータ**

トランジスタの動作を考える場合には，図 2-15 に示した静特性の各象限における動作範囲のグラフの傾きを使用する．このために，**表**

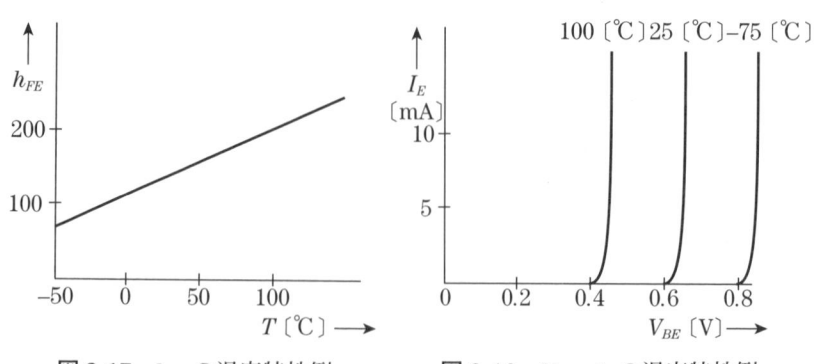

図 2-17 h_{FE} の温度特性例

図 2-18 V_{BE} - I_E の温度特性例

2-3 に示す h パラメータを定義する．ただし，h パラメータは，温度や周波数などの動作条件によって変化する．特に，高周波では，測定が困難になるため，主として低周波で用いられる指標である．表 2-4 に，小電力用トランジスタ 2SC1815 の h パラメータの例を示す．

表 2-3 h パラメータ

象限	特性	傾き	記号	名称
1	V_{CE} - I_C	$\dfrac{\Delta I_C}{\Delta V_{CE}}$	h_{oe}	出力アドミタンス〔S〕
2	I_B - I_C	$\dfrac{\Delta I_C}{\Delta I_B}$	h_{fe}	電流増幅率
3	I_B - V_{BE}	$\dfrac{\Delta V_{BE}}{\Delta I_B}$	h_{ie}	入力インピーダンス〔Ω〕
4	V_{CE} - V_{BE}	$\dfrac{\Delta V_{BE}}{\Delta V_{CE}}$	h_{re}	電圧帰還率

表 2-4 h パラメータの例（2SC1815，$V_{CE} = 5$〔V〕，$I_C = 2$〔mA〕のとき）

記号	値
h_{oe}	9〔μS〕
h_{fe}	160
h_{ie}	2.2〔kΩ〕
h_{re}	5×10^{-5}

＜例題 2-3＞ 図 2-13 に示したトランジスタの動作原理において，$I_C \gg I_B$ となる理由を説明しなさい．

＜解答＞ B-E 間には順方向電圧 E_1 が加わっているため，E 側の n 形領域の多数キャリヤである自由電子は非常に薄く作ってある p 形領域を通過して C 側の n 形領域に到達する．C には E_2 によって正の電圧が印加されているので，多くの自由電子は C へ取り込まれて大

第2章 電子デバイス

きな I_C となる．一方，E側のn形領域の一部の自由電子は，p形領域内の正孔と結合して消滅する．また，一部の自由電子はp形領域内を通過してBへ取り込まれて小さな I_B となる．

＜演習 2-3＞ 図 2-15 において，$I_B = 20$ 〔μA〕のときの直流電流増幅率 h_{FE} を求めなさい．

2-4　FET

　トランジスタは，ベース電流によってコレクタ電流を制御するデバイスである．一方，FET（field-effect transistor：電界効果トランジスタ）は，ゲート電圧によってドレーン電流を制御するデバイスであり，ドレーン（D），ゲート（G），ソース（S）の3端子を持つ．**表 2-5** にFETの分類と図記号，**図 2-19** に各種 FET の外観例を示す．図記号は，トランジスタと同様に外周器を表す円を描いて使用することもある．また，FETの外観からは，表 2-5 に示した分類を判断するのは困難である．

　FETは，トランジスタと同様に増幅やスイッチング用の能動素子として広く使用されている．トランジスタに比べて，入力抵抗が大き

表 2-5　FETの分類と図記号

分類	接合形		MOS形			
	デプレション形		デプレション形		エンハンスメント形	
	nチャネル	pチャネル	nチャネル	pチャネル	nチャネル	pチャネル
図記号	G→⊐−D ⎿−S	G→⊐−D ⎿−S	G⊐←−D ⎿−S	G⊐→−D ⎿−S	G⊐←−D ⎿−S	G⊐→−D ⎿−S

2-4 FET

図 2-19　FET の外観例

い，雑音が少ないなどの利点がある．

(1) **接合形 FET**

図 2-20 に，接合形 FET（n チャネル）の動作原理を示す．ゲート-ソース間の pn 接合には，電源 E_1 によって逆方向電圧 V_{GS} が加わっているため，pn 接合面には空乏層が生じている．一方，ドレーン-ソース間では n 形半導体の多数キャリヤである自由電子は空乏層のできていない通路を通ってドレーン方向へ移動するため，ドレーン電流

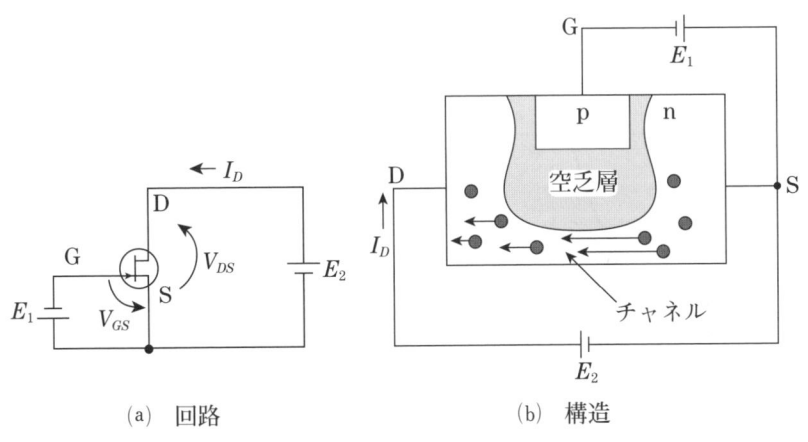

(a) 回路　　　　　　　　　(b) 構造

図 2-20　接合形 FET（n チャネル）の動作原理

第2章 電子デバイス

I_D が流れる．このとき，自由電子が移動できる通路をチャネルと呼ぶ．空乏層の大きさは，V_{GS} によって決まるため，結局は V_{GS} によって I_D を制御できることになる．また，V_{GS} は逆電圧であるから，ゲートに流れる電流はダイオードの逆方向電流と同様に極めて小さい値となるため，ゲート電流は流れないと考えてもよい．これは，FETの入力抵抗が非常に大きい値であることを示している．

トランジスタでは，ベース領域における正孔と自由電子の作用によってコレクタ電流を制御していた．一方，FETでは，正孔または，自由電子のどちらかのみが I_D を流すキャリヤとして働くために，FETのことをユニポーラトランジスタ（uni：単一の，polar：極性）とも呼ぶ．pチャネルFETの場合には，図2-20のp形半導体，n形半導体や電源の極性を逆にして考えればよい．

図2-21に，接合形FETの静特性の例を示す．図(a)に示すように，逆電圧 V_{GS} を（負側に）大きくしていくに従って空乏層も大きくなり，やがてはチャネルを完全に塞いで I_D は流れなくなる．このときの V_{GS} の値をピンチオフ電圧 V_P という．また，$V_{GS} = 0$ のときの I_D

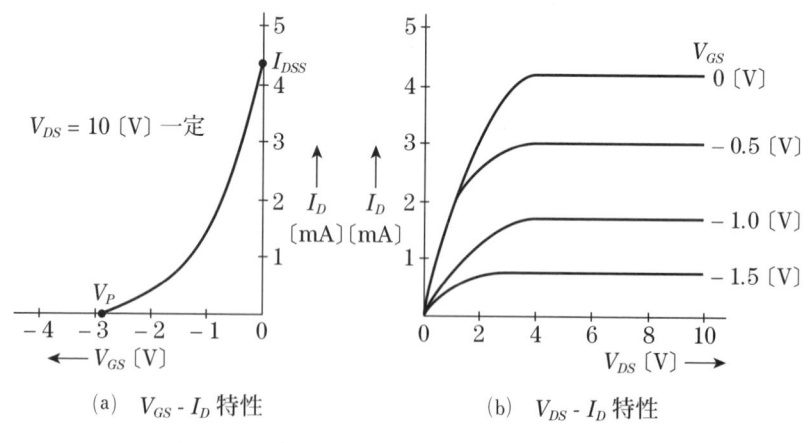

(a) V_{GS} - I_D 特性

(b) V_{DS} - I_D 特性

図 2-21 接合形FETの静特性の例 (2SK30)

を I_{DSS} と表している．図(b)の V_{DS}-I_D 特性は，図 2-15 に示したトランジスタの V_{CE}-I_C 特性に対応している．

(2) MOS 形 FET

図 2-22 に，MOS 形 FET（n チャネル）の動作原理を示す．ドレーン - ソース間は，電源 E_2 によって電圧 V_{DS} が加わっているが，これだけではドレーン電流 I_D は流れない．ゲート - ソース間の電源 E_1 によって電圧 V_{GS} を加えると，ゲートの正極に向けて絶縁膜を隔てた p 形半導体領域の自由電子が引き寄せられて集まってくる．このため，n 形半導体に挟まれた p 形半導体領域付近にチャネルが形成されて I_D が流れる．この I_D の大きさは，チャネルの大きさ，すなわち電圧 V_{GS} によって制御することができる．

MOS（モス）とは，金属（metal）電極，SiO_2 などの酸化物（oxide）を用いた絶縁膜，半導体（semiconductor）の頭文字を並べた用語である．p チャネル FET の場合には，図 2-22 の p 形半導体，n 形半導体や電源の極性を逆にして考えればよい．MOS 形 FET は，同一平面から各電極を取り出すことができ，微細化が容易であるため集積化に適している．

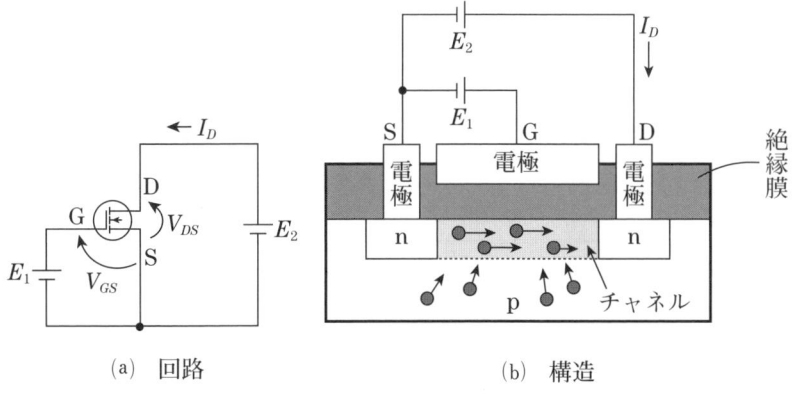

(a) 回路　　　(b) 構造

図 2-22　MOS 形 FET（n チャネル）の動作原理

(a) デプレション形　　(b) エンハンスメント形

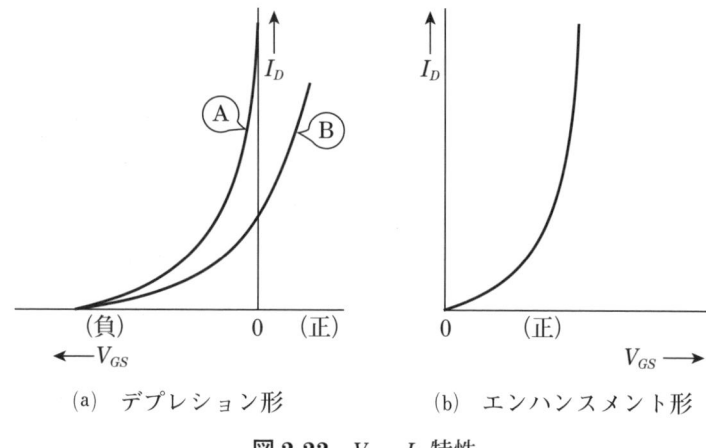

図 2-23　V_{GS}-I_D 特性

(3) 動作モード

図 2-23(a)に示す曲線Aのように，接合形 FET の V_{GS}-I_D 特性（図 2-21(a)参照）では，V_{GS} を負の方向に大きくしていくにつれてチャネルが狭くなり，I_D が減少する．つまり，$V_{GS} = 0$ のときも I_D が流れる．このような動作をする FET をデプレション（depletion：減少）形という．接合形 FET（n チャネル）は $V_{GS} \leqq 0$ の領域で使用するが，MOS 形 FET（n チャネル）の中には図 2-23(a)の曲線Bのように $0 < V_{GS}$ の領域で使用するデプレション形もある．

また，図 2-23(b)のように，V_{GS} が正の領域のみを使用して I_D を制御する MOS 形 FET をエンハンスメント（enhancement：増加）形という．この V_{GS}-I_D 特性は，トランジスタの I_B-I_C 特性に似ている．

(4) FET の 3 定数

図 2-24 に，接合形 FET の特性例の概略図を示す．これらの曲線の傾きから，次の 3 定数を定義することができる．

① ドレーン抵抗 r_d

図(a)において，ドレーン - ソース間の抵抗（出力インピーダンス）

2-4 FET

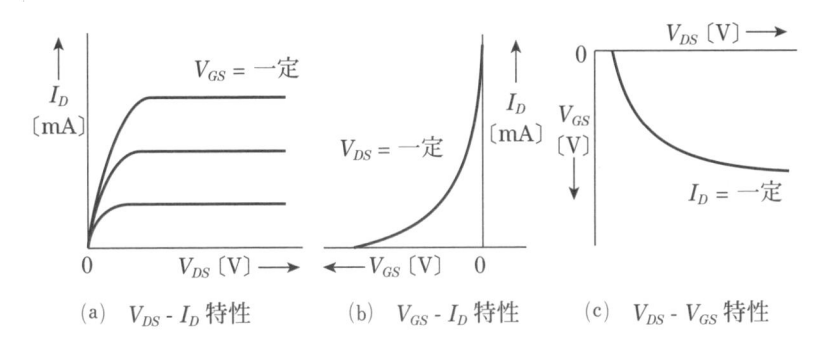

図 2-24 接合形 FET の特性例
(a) V_{DS} - I_D 特性　(b) V_{GS} - I_D 特性　(c) V_{DS} - V_{GS} 特性

を式 (2-7) のように定義する．

$$r_d = \left(\frac{\Delta V_{DS}}{\Delta I_D}\right)_{V_{GS}=一定} \ [\Omega] \tag{2-7}$$

② 相互コンダクタンス g_m

図(b)において，式 (2-8) のように定義する．

$$g_m = \left(\frac{\Delta I_D}{\Delta V_{GS}}\right)_{V_{DS}=一定} \ [S] \tag{2-8}$$

③ 増幅率 μ

図(c)において，式 (2-9) のように定義する．

$$\mu = \left(\frac{\Delta V_{DS}}{\Delta V_{GS}}\right)_{I_D=一定} \tag{2-9}$$

これら 3 定数には，式 (2-10) に示す関係がある．

$$\mu = g_m \cdot r_d \tag{2-10}$$

＜例題 2-4 ＞　次の①〜⑤について，FET の説明としての誤りを正しなさい．

① FET は，ユニポーラトランジスタとも呼ばれる電流制御形の半導体である．

② FETの入力インピーダンスは極めて大きく，ベースには電流が流れない．
③ nチャネル形の MOS FET はドレーンとソース間に形成される n 形チャネル内において正孔が多数キャリヤとして働く．
④ 接合形 FET の動作モードはエンハンスメント形であり，V_{GS} が負の領域で I_D を流すように使用する．
⑤ FET の 3 定数とは，ドレーン抵抗 r_d〔Ω〕，相互インダクタンス g_m〔S〕，増幅率 μ である．

<解答>
① （誤）電流制御形→（正）電圧制御形
② （誤）ベース→（正）ゲート
③ （誤）正孔→（正）自由電子
④ （誤）エンハンスメント形→（正）デプレション形
⑤ （誤）相互インダクタンス→（正）相互コンダクタンス

<演習 2-4> FET 増幅回路において，V_{GS} が -600〔mV〕から -1700〔mV〕に変化するのに対応して I_D が 17〔mA〕から 9〔mA〕に変化した．この FET の相互コンダクタンスを計算しなさい．

2-5　IC

IC（integrated circuit：集積回路）は，多数のトランジスタや FET，ダイオード，抵抗，コンデンサなどをシリコン基板上に作り込んだ電子デバイスである．IC には次の特徴がある．

< IC の特徴>
・小型で信頼性が高い

2-5 IC

- 一般に消費電力が少なく，高速に動作する
- 特性の揃ったトランジスタなどを作り込むことができる
- 電子回路製作が簡単になる

ICは，作り込む能動素子の個数によって，LSI（large scale IC：大規模集積回路），VLSI（very large scale IC：超大規模集積回路），ULSI（ultra large scale IC：極超大規模集積回路）などと呼ばれる．また，ICはアナログICとディジタルICに大別することができる．

(1) アナログIC

アナログICは，アナログ信号の処理に使用されるICである．代表例としては，バイポーラトランジスタを作り込んだオペアンプや音声増幅回路用IC，定電圧電源回路用ICなどがある．これらは，バイポーラICとも呼ばれる．図2-25にアナログICの外観例，図2-26にオペアンプLM324（図2-25の左下）のピン配置例を示す．オペアンプについては，第6章で詳しく解説する．

(2) ディジタルIC

ディジタルICは，ディジタル信号の処理に使用されるICである．代表例としては，ゲートやカウンタなどの各種ロジック（論理）回路用ICなどがある．ディジタルICは，トランジスタを作り込んだTTL

図 2-25　アナログICの外観例　　図 2-26　オペアンプのピン配置例

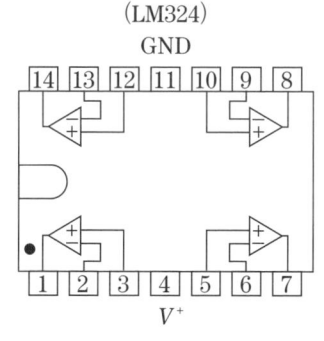

第 2 章　電子デバイス

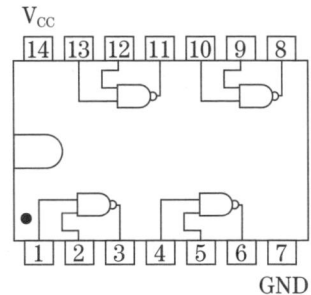

図 2-27　ディジタル IC の外観例

図 2-28　NAND ゲート IC のピン配置例

(transistor- transistor logic) IC と MOS FET を作り込んだ IC に大別できる．図 2-27 にディジタル IC の外観例，図 2-28 に NAND ゲート IC である 74HC00（図 2-27 の左下）のピン配置例を示す．

近年では，消費電力が少ない，雑音による誤動作が少ない，集積化が容易などの利点を持つ CMOS（complementary：相補形 MOS）IC が用いられることが多い．CMOS は，p チャネル形と n チャネル形の MOS FET を組み合わせて構成する．図 2-29 に，CMOS によって構成した NOT 回路の動作原理を示す．

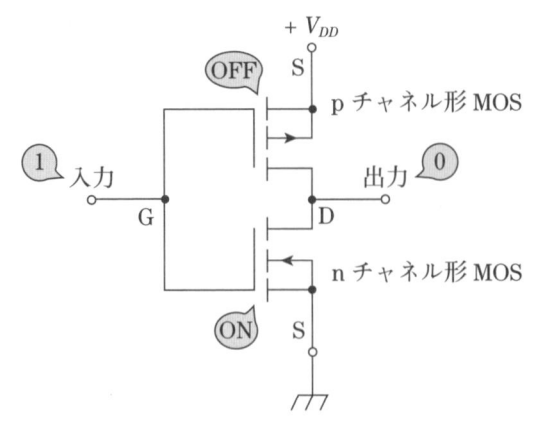

図 2-29　CMOS の動作原理

FETのゲートGに，論理レベル"1"の信号が加わった場合，pチャネル形ではOFF状態となり（S-D間にドレーン電流が流れない），nチャネル形ではON状態となる（S-D間にドレーン電流が流れる）．つまり，図2-29において，入力端子に論理レベル"1"の信号が加わった場合には，上部のpチャネル形FETがOFF，下部のnチャネル形FETがONになるため，出力端子は論理レベル"0"となる．また，入力端子に"0"の信号が加わった場合には，逆の動作により，出力端子は"1"となる．このように，必ずどちらかのFETがOFFになるため2つのソース間（$+V_{DD}$からアース間）に電流が流れない．したがって，消費電力が少ないのである．一方，**図2-30**は，1個のnチャネル形FETでNOT回路を構成した例である．この場合には，FETがONのときに$+V_{DD}$からアース間に電流が流れるため，抵抗Rによって電力が消費されてしまう．

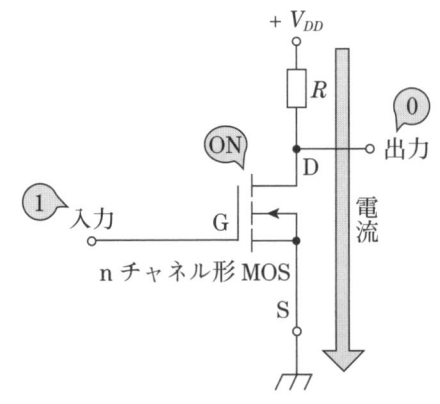

図2-30 1個のMOSによるNOT回路

(3) **ICの製作工程**

ICには，トランジスタやFETなどの能動素子の他に受動素子を作り込むことができる．しかし，抵抗のIC化は容易であるが，コイルは極めて困難である．また，コンデンサをIC化する場合の容量は数

第2章 電子デバイス

① ウェーハ製作 → ② 洗浄 → ③ 成膜 → ④ リソグラフィ → ⑤ 不純物拡散 → ⑥ 切出しなど

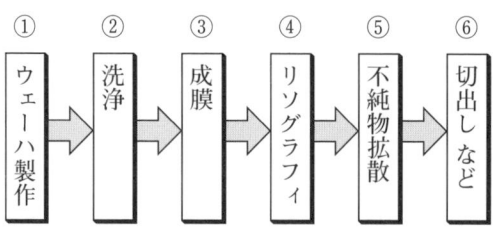

図 2-31　IC 製造工程の流れ

百〔pF〕程度が限界である．

　IC は，シリコンなどの単一基板を用いて形成するモノリシック (monolithic) IC と，複数のセラミック基板や部品などを1個のパッケージに収めたハイブリッド (hybrid) IC に分類できる．ここでは，モノリシック IC の製造工程について解説する．図 2-31 に，IC 製造工程の流れを示す．

＜IC 製造工程＞

① ウェーハ製作

　シリコンの純度を高めたウェーハ（wafar：薄板）を製作する．図 2-32 にウェーハの外観例を示す．ウェーハ下部の切り込みは，ウェーハの位置（角度）を検出するためにある．

　例えば，1辺が 10〔mm〕の IC チップを作る場合，直径 200〔mm〕

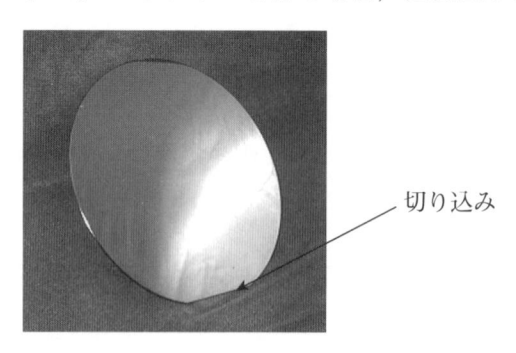

切り込み

図 2-32　ウェーハの外観例

のウェーハからは 280 個，直径 300〔mm〕のウェーハからは 650 個の
チップを切り出すことができる．

② 洗浄

ウェーハを洗浄して微小なゴミなどを取り除く．この工程は，不良
IC を減らすために重要である．

③ 成膜

図 2-33 に，CMOS IC の構造例を示す．成膜工程では，ウェーハ上
に絶縁膜やゲート電極になるポリシリコン膜，配線として使用するア

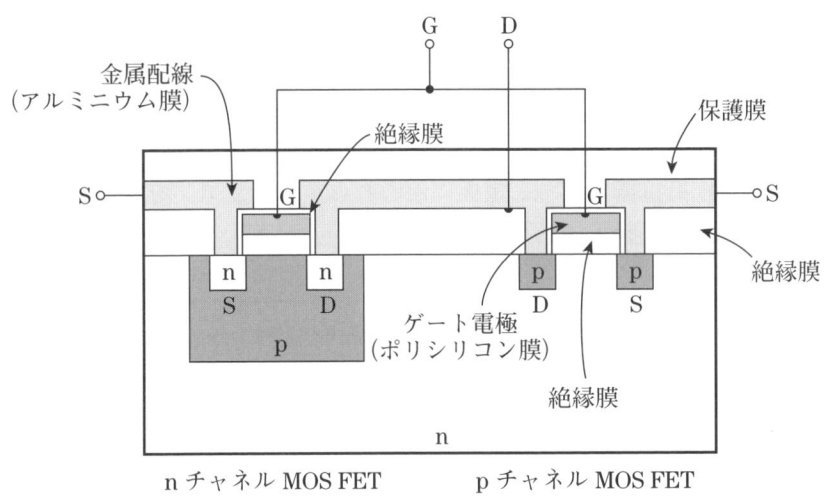

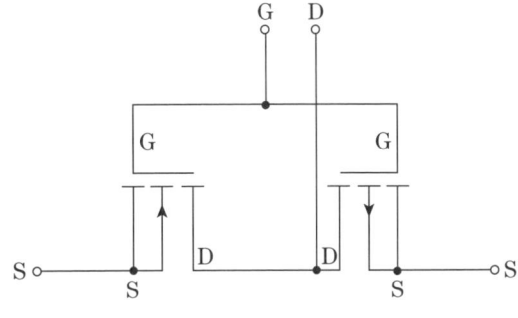

図 2-33 CMOS IC の構造例

第2章 電子デバイス

ルミニウム膜など各種の膜を形成する．

④　リソグラフィ

写真製版技術を応用して，ウェーハや膜を加工することで回路の微細パターンを作成する．

⑤　不純物拡散

ホウ素BやリンPなどの不純物を加えて，p形やn形半導体を形成する．

⑥　切出しなど

ウェーハからICチップを切出し（ダイシング），電極を接続するための台座に載せて（マウント），電極を接続（ボンディング）する．その後，チップを樹脂で密閉（モールド）して，ピンのついたパッケージに収める．

なお，抵抗器はゲート電極に使われるポリシリコンを使用し，コンデンサは絶縁膜を使用して製作することができる．

<例題2-5>　ICに関する下記の説明文の①～⑥に適切な語を入れなさい．

ICは，| ① |を英語にしたときの単語の頭文字を並べた用語である．ICには，| ② |形とハイブリッド形があり，| ② |はバイポーラICと| ③ |ICに大別できる．| ③ |ICは，FETを中心にして作られており，nチャネルとpチャネルを相補的に用いた| ④ |ICが広く用いられている．| ④ |ICは消費電力が| ⑤ |，| ⑥ |による誤動作も少ない．

<解答>　①集積回路，②モノリシック，③MOS，④CMOS，⑤少なく，⑥雑音

<演習 2-5> モノリシック IC を製作するリソグラフィについて，どのような工程から成っているのか調べなさい．

コラム☆電子回路シミュレータ PSpice

　設計した電子回路の動作を確認する最も確かな方法は，実際の回路を製作して測定を行うことである．しかし，それでは時間，コスト，手間がかかり過ぎてしまうことがある．このため，電子回路シミュレータが広く利用されている．電子回路シミュレータは，電子回路の動作をパソコン上でシミュレーション（模擬実験）するためのソフトウェアである．

　現在，多くの種類の電子回路シミュレータが出回っているが，PSpice はその代表的な存在である．図 2-34 は，トランジスタを用いた増幅回路を PSpice に回路図として入力した様子（パソコン画面）を示している．

　回路図上の測定したい箇所に電圧計や電流計などの機能を持つマーカと呼ばれるアイコンを配置し，測定条件を設定すれば，例

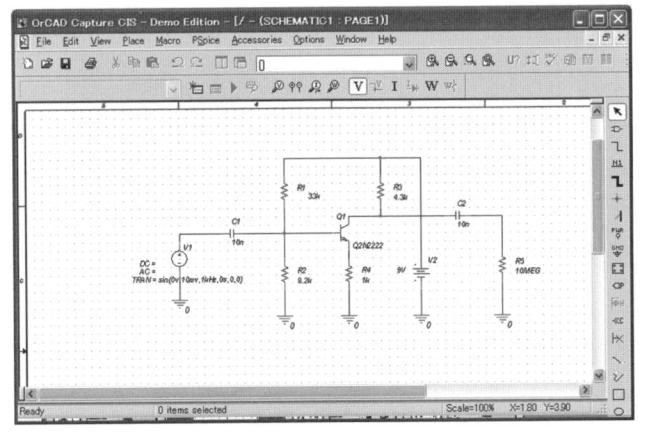

図 2-34　PSpice に入力した回路図

えば図 2-35 に示すようなシミュレーションの実行結果を得ることができる．電子回路シミュレータを用いれば，実機を製作して測定実験を行うのに比べて次のようなメリットがある．

＜電子回路シミュレータのメリット＞
・実機を製作する代わりにパソコンに回路図を入力するため，作業が早く済む

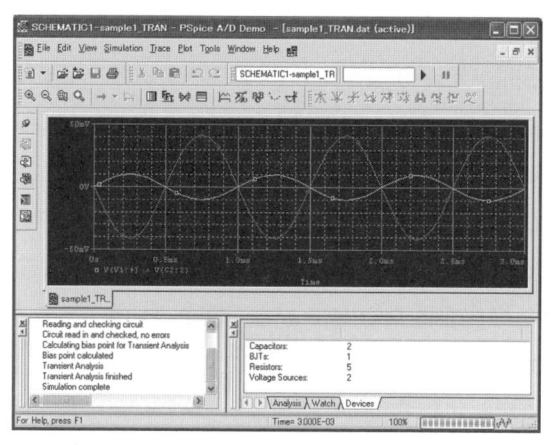

(a) 入力-出力電圧特性

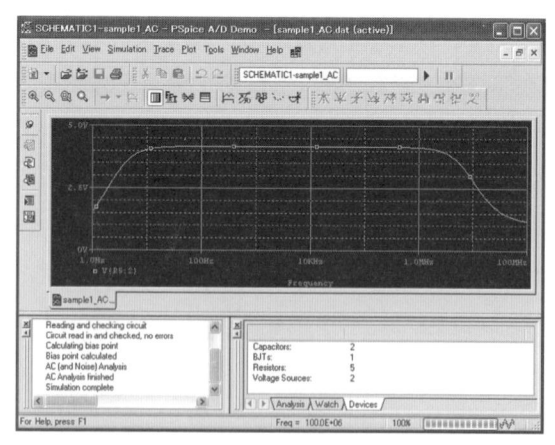

(b) 周波数特性

図 2-35　シミュレーションの実行結果例

コラム☆電子回路シミュレータ PSpice

- 電子部品を購入する必要がない
- 各種の測定器や電源装置を用意する必要がない
- 回路の変更は，入力した回路図を書き換えるだけでよい
- 間違った回路を動作させた場合でも，部品を壊すことがない
- 測定のための時間をかける必要がない
- 測定結果を自動的にグラフにして表示できる

このように，電子回路シミュレータを使用すれば，電子回路設計に関わる作業の効率や支出費用を大きく改善することができる．本書に掲載したいくつかの図も PSpice によるシミュレーション結果を用いている．

PSpice のルーツは，1973 年にカリフォルニア大学で開発された IC 設計検証用のソフトウェア SPICE（simulation program with integrated circuit emphasis）である．SPICE は，フリーで配布されているが，多くの付加価値を付けた商用版である PSpice が業界標準といわれる程，広く採用されている．PSpice は，Cadence 社が開発し，CYBERNET 社が販売を行っているソフトウェア OrCAD®に含まれている．OrCAD®は，回路図入力からアナログ回路やディジタル回路のシミュレーション，さらには，プリント基板の自動設計までが統合的に行えるソフトウェアである．OrCAD®は，フリーで入手できるデモ版が用意されている（拙書:「PSpice で学ぶ電子回路設計」電気書院刊．CD-ROM 付き）．

本書での学習と並行して，電子回路シミュレータによって各種の検討を行えば，より効果的に学習を進めることができるだろう．ただし，電子回路シミュレータとて，実際の回路の動作を完璧に再現することはできない．過信することなく，その優れた特徴をうまく利用することが大切である．

第2章 電子デバイス

章末問題2

1 ダイオードに加える逆方向電圧を大きくしていった場合に流れる逆方向電流の変化について説明しなさい.

2 図 2-36 に示す回路の①〜⑧に,適切な直流電源の図記号を記入しなさい.また,(a)〜(d)のトランジスタやFETの形名を答えなさい.

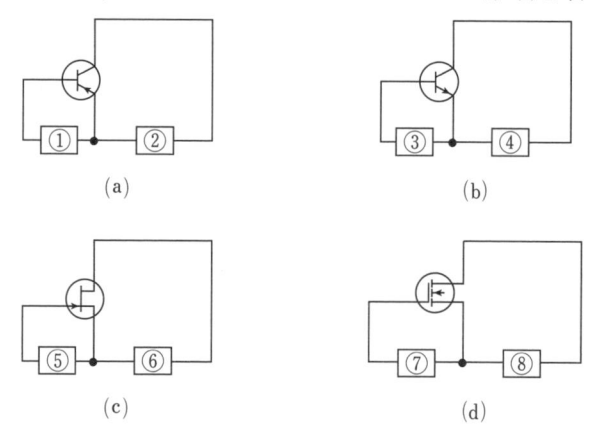

(a) (b)
(c) (d)

図 2-36

3 直流電流増幅率 h_{FE} と小信号電流増幅率 h_{fe} の違いを説明しなさい.

4 トランジスタのコレクタ電流 $I_C = 5$〔mA〕,ベース電流 $I_B = 20$〔μA〕のときの直流電流増幅率 h_{FE} はいくらか.

5 FET 増幅回路において,FET の増幅率が 100,相互コンダクタンスが 5〔mS〕であった.このときのドレーン抵抗はいくらか.

6 次のA,Bに対応する用語を①〜④から選びなさい.

A:トランジスタ　　　①バイポーラ　　　②ユニポーラ
B:FET　　　　　　　③電圧制御形　　　④電流制御形

第3章　トランジスタ増幅回路

　この章では，トランジスタを用いた増幅回路の基礎について説明する．トランジスタの接地方式，バイアス回路の種類，等価回路の考え方などを理解した後に，基本的なエミッタ接地増幅回路の設計ができるように学習しよう．また，負帰還をかけた増幅回路の特徴についても説明する．この章で学ぶことは，各種増幅回路を考えるときの基礎となる．

第3章　トランジスタ増幅回路

☆この章で使う基礎事項☆

基礎 3-1　増幅とは

図 3-1 において，例えば入力信号 I_B を 10 〔μA〕変化させると，出力信号 I_C を 1.9〔mA〕(1900〔μA〕) 変化させることができる．つまり，小さな入力信号の変化を大きな出力信号の変化として取り出すことができる．これが，増幅作用の考え方である（65 ページ図 2-16 参照）．

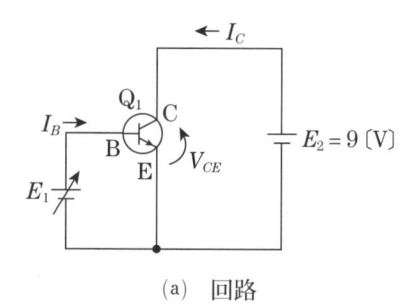

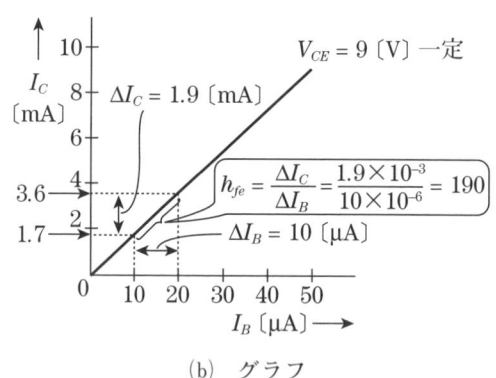

(a)　回路

$$h_{fe} = \frac{\Delta I_C}{\Delta I_B} = \frac{1.9 \times 10^{-3}}{10 \times 10^{-6}} = 190$$

(b)　グラフ

図 3-1　I_B - I_C 特性例

この章で使う基礎事項

基礎 3-2　増幅度と利得

$$\left.\begin{array}{ll} \text{電圧増幅度} & A_v = \dfrac{v_o}{v_i} \\[6pt] \text{電流増幅度} & A_i = \dfrac{i_o}{i_i} \\[6pt] \text{電力増幅度} & A_p = \dfrac{p_o}{p_i} = A_v \times A_i \end{array}\right\} \quad (3\text{-}1)$$

$$\left.\begin{array}{ll} \text{電圧利得} & G_v = 20\log_{10}|A_v|\,[\text{dB}] \\ \text{電流利得} & G_i = 20\log_{10}|A_i|\,[\text{dB}] \\ \text{電力利得} & G_p = 10\log_{10}|A_p|\,[\text{dB}] \end{array}\right\} \quad (3\text{-}2)$$

☆ n 個の増幅回路を縦続（カスケード）接続した場合

$$\left.\begin{array}{l} A = A_1 \times A_2 \times \cdots \times A_n \\ G = G_1 + G_2 + \cdots + G_n \end{array}\right\} \quad (3\text{-}3)$$

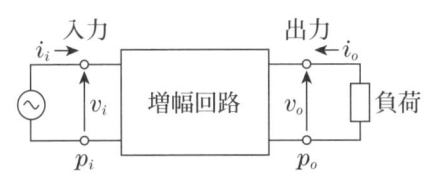

図 3-2　増幅度と利得

基礎 3-3　定電流源

図 3-3 において，内部インピーダンス Z_i が無限大，負荷が変化しても電流 i_i が変化しない理想的な電流源を定電流源と呼ぶ（41 ～ 42 ページ参照）．

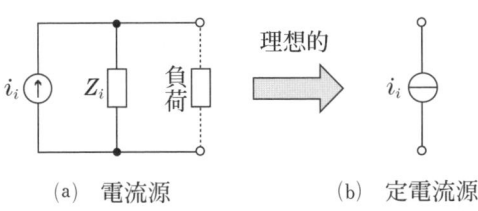

(a) 電流源　　(b) 定電流源

図 3-3　理想的な電流源

第3章 トランジスタ増幅回路

3-1 トランジスタ増幅回路の基礎

ここでは,トランジスタ増幅回路の各種接地方式と負荷線上の動作点などについて説明する.

(1) トランジスタの接地方式

トランジスタを用いた増幅回路には,**図3-4**に示す3つの接地方式がある.**表3-1**に,各接地方式の比較を示す.エミッタ接地方式は,A_v, A_i, A_pが大きく,入出力抵抗が中程度であるため,増幅回路に広く用いられている.また,コレクタ接地方式は,エミッタホロワ(165ページ参照)とも呼ばれる.

(a) エミッタ接地　　(b) ベース接地　　(c) コレクタ接地
　　　　　　　　　　　　　　　　　　　　　　　　(エミッタホロワ)

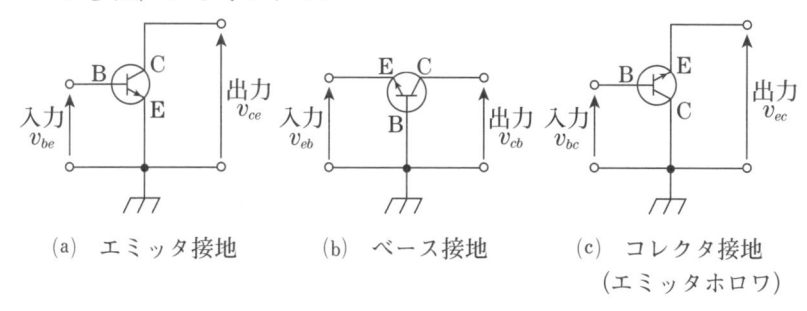

図3-4　接地方式

表3-1　各接地方式の比較

比較項目	エミッタ接地	ベース接地	コレクタ接地
電圧増幅度 A_v	大きい	大きい	約1倍
電流増幅度 A_i	大きい	約1倍	大きい
電力増幅度 A_p	大きい	中程度	小さい
入力抵抗 R_i	中程度	小さい	大きい
出力抵抗 R_o	中程度	大きい	小さい

(2) トランジスタ増幅回路の動作点

図3-5に,エミッタ接地の増幅回路を示す.図(a)は,直流電源E_1とE_2を考えた回路であり,各部の電流や電圧をI_C, V_{CE}などの英大

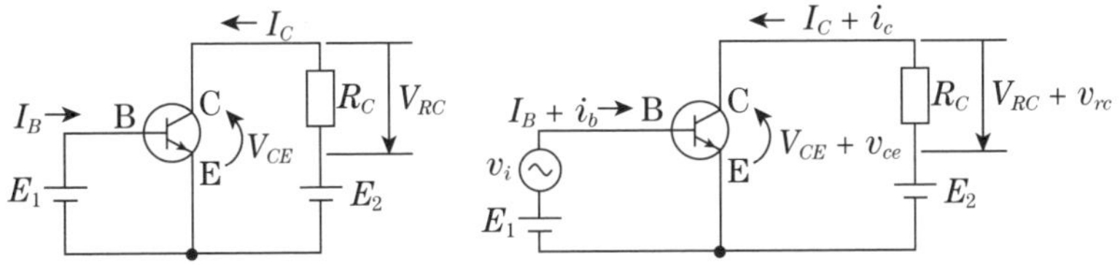

3-1 トランジスタ増幅回路の基礎

(a) 直流のみの回路　　**(b) 交流電圧を加えた回路**

図 3-5 増幅回路

文字表記で示している．抵抗 R_C は，負荷抵抗である．この図(a)において，式 (3-4) と式 (3-5) が成立する．

$$V_{RC} = I_C \times R_C \tag{3-4}$$

$$V_{CE} = E_2 - V_{RC} = E_2 - I_C \times R_C \tag{3-5}$$

図(b)は，同じ回路に交流電圧 v_i を加えた回路であり，各部の交流分の電流や電圧を i_c，v_{ce} などの英小文字表記で示している．加えた交流電圧 v_i は，増幅したい信号だと考えればよい．この図(b)においては，式 (3-6) と式 (3-7) が成立する．

$$V_{CE} + v_{ce} = E_2 - (I_C + i_c) \times R_C \tag{3-6}$$

$$v_{ce} = -i_c R_C \tag{3-7}$$

式 (3-7) の v_{ce} を増幅回路の出力電圧と考えれば，右辺のマイナス記号から，エミッタ接地の出力電圧 v_{ce} は，出力電流 i_c と位相が反転していることがわかる．また，この増幅回路では，電流増幅（I_B-I_C 特性）のみならず，入力電圧 v_i の変化を出力電圧 v_{ce} の変化として取り出す電圧増幅が行えることもわかる．

図 3-5(b)のように，トランジスタ回路に交流信号を加えたときの回路の特性を動特性という．次に，動特性について考えよう．式 (3-5) を変形すると，式 (3-8) が得られる．

$$I_C = \frac{E_2 - V_{CE}}{R_C} \tag{3-8}$$

この式において，I_C の最小値と最大値は，式 (3-9) と式 (3-10) に

第3章 トランジスタ増幅回路

示すようになる.

$$最小値：V_{CE} = E_2 \text{ のとき}, \quad I_C = 0 \tag{3-9}$$

$$最大値：V_{CE} = 0 \text{ のとき}, \quad I_C = \frac{E_2}{R_C} \tag{3-10}$$

一方，図 **3-6** に，小信号用トランジスタの，V_{CE}-I_C 特性の例を示す．例えば，図 3-5(b) において $E_2 = 9$ 〔V〕，$R_C = 1.8$ 〔kΩ〕とすれば，式 (3-9) と式 (3-10) から点 A と点 B が決まる．この2点をつなぐ直線を負荷線という．

入力する交流電流 i_b の振幅の中心と対応する負荷線上の点を動作点という．図 3-6 のように，動作点 P を負荷線の中央（$V_{CE} = 4.5$ 〔V〕，$I_C = 2.5$ 〔mA〕）付近に設定すれば，出力電流 i_c の変化を大きくとることができる．このとき，例えば，入力電流 i_b を 15 〔μA〕から ±5 〔μA〕

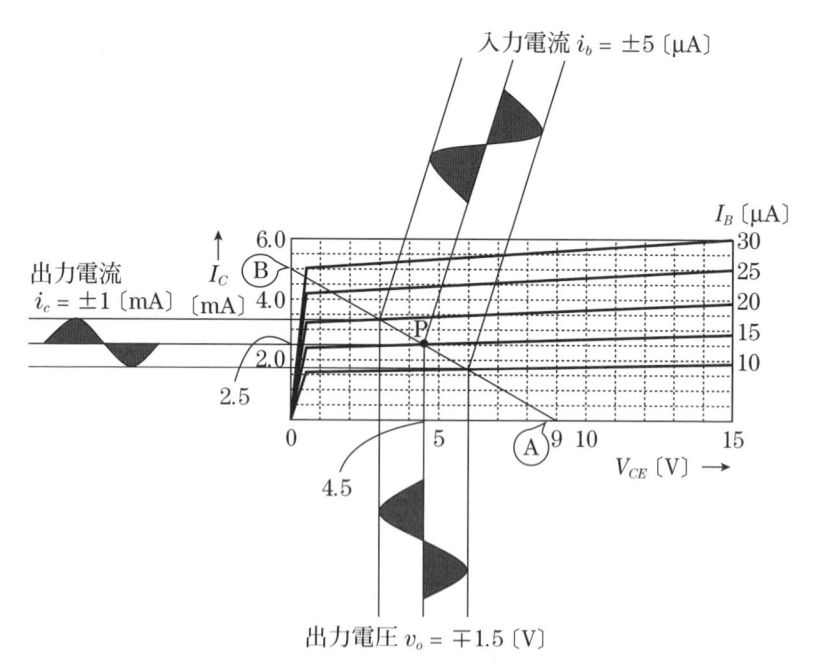

図 **3-6** 小信号用トランジスタの V_{CE}-I_C 特性例

3-1 トランジスタ増幅回路の基礎

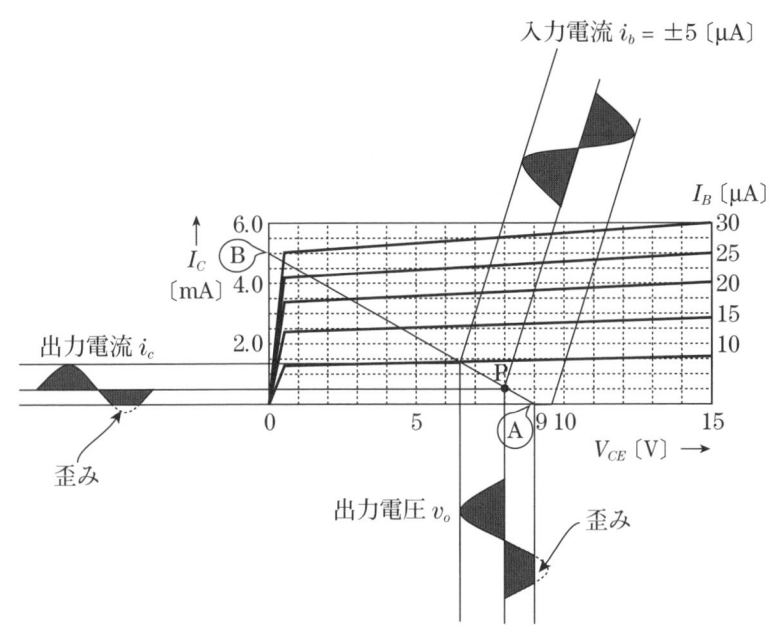

図 3-7 動作点 P を下方へ移動した例

変化させた場合，出力電流 $i_c = \pm 1$ [mA]（出力電圧 $v_o = \mp 1.5$ [V]）の波形が歪むことなく得られている．

もしも，**図 3-7** に示すように，動作点 P を負荷線の下方（または上方）に大きく移動した位置に設定すれば，同様の入力電流 $i_b = \pm 5$ [μA] を加えた際に，トランジスタの動作域を超えてしまうために出力電流 i_c や出力電圧 v_o は一部が切り取られた歪んだ波形となる．また，動作点は，温度上昇に伴って負荷線の上方に移動していく．

＜例題 3-1＞ 図 3-5(b)の回路において，加えた交流電圧 v_i によってコレクタ電流 i_c が ± 2 [mA] 変化した．このときの，出力電圧 $v_o (= v_{ce})$ の変化はどのようになるか．ただし，負荷抵抗 $R_C = 2$ [kΩ] とする．

＜解答＞ 式(3-7)を用いて計算できる．

$v_o = v_{ce} = -i_c R_c$ より，

$-(+2 \times 10^{-3}) \times 2 \times 10^3 = -4$ 〔V〕

$-(-2 \times 10^{-3}) \times 2 \times 10^3 = +4$ 〔V〕

v_o は，$-4 \sim +4$ 〔V〕まで変化する．v_i，i_i と v_o は逆位相となる．

＜演習3-1＞ 図3-6に示した小信号用トランジスタの V_{CE}-I_C 特性例において，$E_2 = 6$ 〔V〕，$R_C = 1.5$ 〔kΩ〕（図3-5参照）のときの動作点Pを設定しなさい．

3-2　トランジスタのバイアス回路

トランジスタを動作させるためには，適切な直流電源を加える必要がある．これをバイアス回路という．

(1) バイアス回路とは

エミッタ接地増幅回路において，ベースに加える増幅したい信号は，音声信号や各種センサの出力電圧などのように交流である場合が多い．**図3-8**(a)は，トランジスタ増幅回路に増幅したい交流信号 v_i を接続した回路である．電源 E_2 は，出力（コレクタ電流）I_C を取り出すために必要な出力電源である．しかし，トランジスタのベース-エミッタ間はpn接合ダイオードと等価であるために，この回路では，ベースにマイナスが加わるときに逆方向電圧となり，ベース電流 i_b が流れない．つまり，v_i が負のときには増幅することができない．このため，図3-8(b)に示すように，直流電源 E_1 を接続して，v_i の負の領域を正に底上げしてやる．これで，トランジスタのベース-エミッタ間には常に順方向電圧が加わる．つまり，v_i が負のときでも i_b が流れるように E_1 によって直流電流 I_B を流すのである．これで，すべ

3-2 トランジスタのバイアス回路

(a) バイアス電源なし　　(b) バイアス電源あり

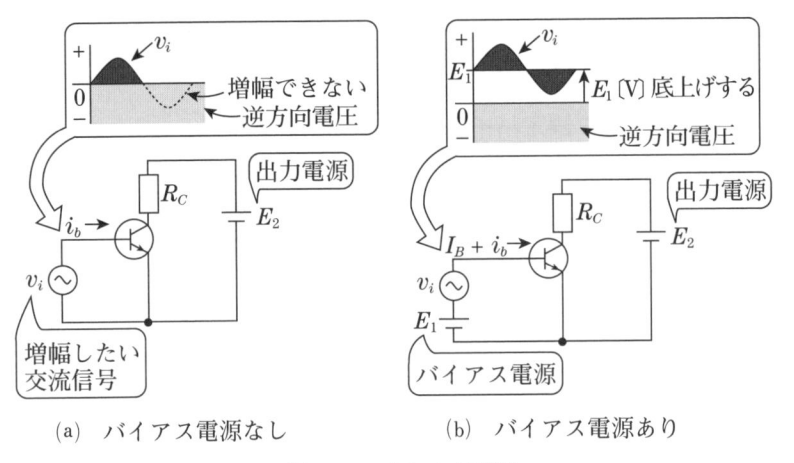

図 3-8 バイアス電源

ての v_i 領域を増幅することが可能となる．このため，E_1 をバイアス (bias：底上げ) 電源，この電圧をバイアス電圧，I_B をバイアス電流という．

また，例えば，Si トランジスタのベース-エミッタ間の pn 接合の順方向電圧 V_{BE} は，0.7 [V] 程度である．したがって，これより低い電圧の入力信号は増幅することができない．しかし，バイアス電圧を加えれば，増幅したい信号源が 0.7 [V] より小さい信号であっても増幅することが可能となる．

図 3-8(b) に示したように，トランジスタ増幅回路を動作させるためには，基本的には E_1（バイアス電源）と E_2（出力電源）の 2 個の直流電源が必要である．しかし，それでは不便であるため，1 個の電源によって，バイアス電流と出力電流を得るバイアス回路が用いられている．代表的なバイアス回路には，固定バイアス回路，自己バイアス回路，電流帰還バイアス回路などがある．

温度上昇に伴って，トランジスタの直流電流増幅率 h_{FE} は大きく増加し，逆にベース-エミッタ間電圧 V_{BE} は減少する特性を持つ（66 ペー

ジ図 2-17，図 2-18 参照)．このため，温度変化の影響を受けにくいバイアス回路を設計する必要がある．

(2) トランジスタ固定バイアス回路

図 3-9 に，固定バイアス回路を示す．この回路は，バイアス抵抗 R_B によって，電源 V_{CC} を R_B の両端の電圧と V_{BE} に分圧してバイアス電圧を得ている．言い換えると，R_B によって，V_{CC} からバイアス電流 I_B を得ている．バイアス抵抗 R_B の大きさは，式 (3-11) のようになる．

$$R_B = \frac{V_{CC} - V_{BE}}{I_B} \tag{3-11}$$

また，ベース電流 I_B とコレクタ電流 I_C は，式 (3-12)，式 (3-13) で計算できる．

$$I_B = \frac{V_{CC} - V_{BE}}{R_B} \tag{3-12}$$

$$I_C = h_{FE} \cdot I_B = \frac{h_{FE}(V_{CC} - V_{BE})}{R_B} \tag{3-13}$$

V_{BE} の値は，Ge を用いたトランジスタで約 0.2 [V]，Si を用いたトランジスタで約 0.7 [V] である．このため，$V_{BE} \ll V_{CC}$ とすれば，式 (3-13) から温度上昇に伴って減少する V_{BE} が，I_C に与える影響はほとんどないことがわかる．しかし，温度上昇に伴って大きく増加する

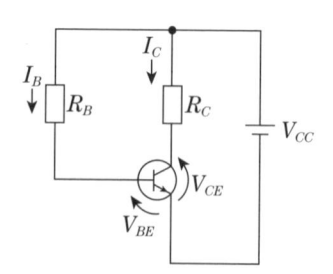

図 3-9 固定バイアス回路

h_{FE} の影響は，無視できない．このように，固定バイアス回路は，回路が簡単であるが，温度変化の影響を受けやすいのが欠点である．

(3) トランジスタ自己バイアス回路

図 3-10 に，自己バイアス回路を示す．この回路は，コレクタ端子に接続したバイアス抵抗 R_B によって，バイアス電流 I_B を得ている．バイアス抵抗 R_B の大きさは，式 (3-14) のようになる．

$$R_B = \frac{V_{CE} - V_{BE}}{I_B} \tag{3-14}$$

$I_B \ll I_C$ とすれば，コレクタ - エミッタ間電圧 V_{CE} は，式 (3-15) で計算できる．

$$V_{CE} = V_{CC} - (I_B + I_C)R_C = V_{CC} - I_C R_C \tag{3-15}$$

式 (3-14) に，式 (3-15) を代入して整理すれば，式 (3-16) が得られる．

$$I_B = \frac{V_{CE} - V_{BE}}{R_B} = \frac{(V_{CC} - I_C R_C) - V_{BE}}{R_B} \tag{3-16}$$

式 (3-16) において，温度上昇などの影響により I_C が増加しようとした場合を考えよう．I_C が増加すると，式 (3-15) から V_{CE} が減少することがわかる．すると，式 (3-16) の I_B が減少する．$I_C = h_{FE} \cdot I_B$ であるから，I_B が減少すれば，I_C も減少する．つまり，I_C が増加しようとすれば，それを抑制するような働きをする．このため，自己バイアス回路は固定バイアス回路よりも安定度が高い．しかし，安定度を高めようとすれば，式 (3-15) からわかるように抵抗 R_C をある程度大

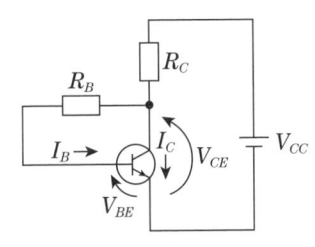

図 3-10 自己バイアス回路

きくする必要が生じる．ただし，R_C は負荷抵抗であるから，トランスなどのように内部抵抗の小さな負荷を接続した場合には，安定した動作が期待できない．自己バイアス回路は，電圧帰還バイアス回路とも呼ばれる．

(4) トランジスタ電流帰還バイアス回路

図 3-11 に，電流帰還バイアス回路を示す．この回路では，R_A，R_B をブリーダ抵抗，R_E を安定抵抗，I_A をブリーダ電流という．バイアス電流 I_B は，V_{CC} を R_A と R_B によって分圧することで得ている．ブリーダ電流 I_A は，I_B の 10 ～ 50 倍 ($I_A \gg I_B$) の大きさに設定する．すると，R_A の両端の電圧 V_B は，式 (3-17) に示す一定値であると考えることができる．

$$V_B = \frac{R_A}{R_A + R_B} V_{CC} \qquad (3\text{-}17)$$

このとき，温度上昇などの影響により I_C が増加しようとした場合を考えよう．I_C が増加すると，式 (3-18) から安定抵抗 R_E の両端の電圧 V_E が増加する．

$$V_E = I_E \cdot R_E = (I_B + I_C) R_E \qquad (3\text{-}18)$$

すると，式 (3-19) から V_{BE} が減少する．

$$V_{BE} = V_B - V_E \qquad (3\text{-}19)$$

トランジスタの持つ特性としては，65 ページ図 2-15 の左下の I_B-

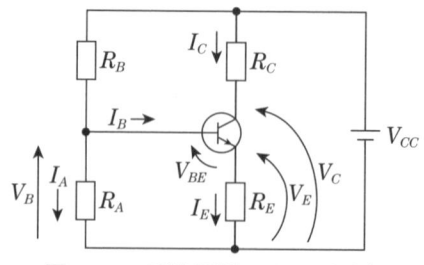

図 3-11 電流帰還バイアス回路

3-2 トランジスタのバイアス回路

V_{BE} 特性から，V_{BE} が減少すると I_B も減少する．$I_C = h_{FE} \cdot I_B$ であるから，I_B が減少すれば，I_C も減少する．つまり，I_C が増加しようとすれば，それを抑制するように動作する．この回路では，安定抵抗 R_E を大きくするほど安定度が高くなるが，同時に出力電圧は小さくなってしまう．一般的には，V_E が V_{CC} の 10 ～ 20 ％ 程度になるように R_E の値を設定する．電流帰還バイアス回路は，安定度がよいために広く採用されているが，抵抗を 4 個使用することに加えて，ブリーダ電流による消費電力が大きいのが欠点である．

(5) **温度補償**

温度変化による V_{BE} の変化に対する温度補償回路を考えよう．特に，Si を用いたトランジスタは，Ge を用いたトランジスタに比べて，温度変化による V_{BE} 減少の影響が I_C の変化に大きく関わる．

例えば，**図 3-12** は，電流帰還バイアス回路のブリーダ抵抗 R_A の代わりにサーミスタを接続した回路である．サーミスタは，温度上昇に伴って抵抗値が減少する部品である．図 3-12 において，I_C は式 (3-20) によって計算できる．

$$I_C \fallingdotseq I_E = \frac{V_B - V_{BE}}{R_E} \qquad (3\text{-}20)$$

この式からは，温度が上昇して V_{BE} が減少すれば，I_C が増加して

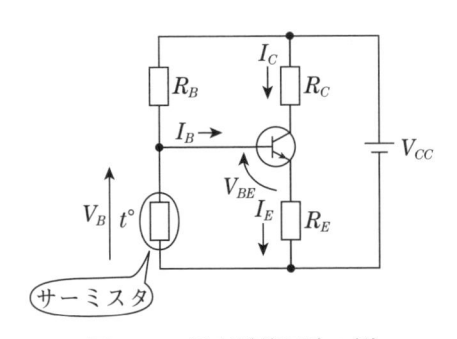

図 3-12 温度補償回路の例

第3章　トランジスタ増幅回路

しまうことがわかる．しかし，同時にサーミスタの抵抗値が減少するために，V_B も減少して I_C の増加を抑制することができる．

＜例題3-2＞ 図3-13 に示す回路の名称と特徴を答えなさい．また，この回路において，$V_{CC} = 12$ [V] のときに I_C を 4 [mA] 流したい．バイアス抵抗 R_B とバイアス電流 I_B の値はいくらになるか．ただし，トランジスタの $h_{FE} = 160$，$V_{BE} = 0.7$ [V] とする．

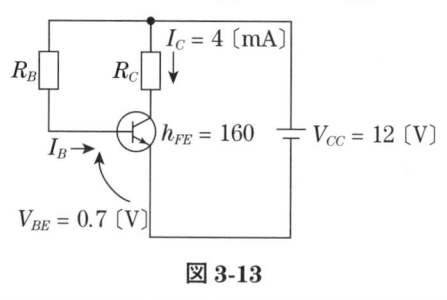

図3-13

＜解答＞ 固定バイアス回路である．この回路は，簡単であるが，温度変化の影響を受けやすいのが特徴である．

$$I_B = \frac{I_C}{h_{FE}} = \frac{4 \times 10^{-3}}{160} = 25 \, [\mu A]$$

式(3-11) より，

$$R_B = \frac{V_{CC} - V_{BE}}{I_B} = \frac{12 - 0.7}{25 \times 10^{-6}} = 452 \times 10^3 \, [\Omega] = 452 \, [k\Omega]$$

＜演習3-2＞ 次の①，②に，「減少」または「増加」を当てはめなさい．

　トランジスタは，温度が上昇すると，直流電流増幅率 h_{FE} が ① し，ベース-エミッタ間電圧 V_{BE} が ② する特性を有している．

3-2 トランジスタのバイアス回路

＜演習 3-3＞ 図 3-14 に示す回路の名称と特徴を答えなさい．また，この回路において，$V_{CC} = 15$ 〔V〕のときに I_C を 6〔mA〕流したい．バイアス抵抗 R_B とバイアス電流 I_B の値はいくらになるか．ただし，負荷抵抗 $R_C = 2$ 〔kΩ〕，トランジスタの $h_{FE} = 200$，$V_{BE} = 0.7$ 〔V〕とする．

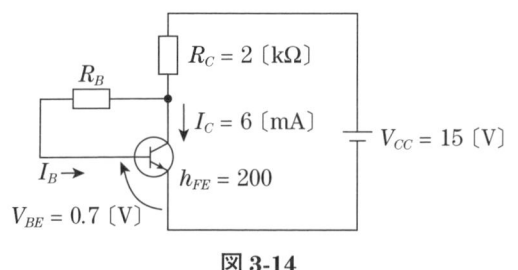

図 3-14

＜演習 3-4＞ 次の文章は，温度上昇の影響により図 3-15 に示した電流帰還バイアス回路の I_C が増加しようとした場合についての動作説明である．①〜④に「減少」または「増加」を当てはめなさい．

I_C が増加しようとすると，安定抵抗 R_E の両端の電圧 V_E が ① する．すると，V_{BE} が ② する．トランジスタの特性としては，V_{BE} が減少すると I_B は ③ する．I_B が ④ すれば，I_C は減少する．

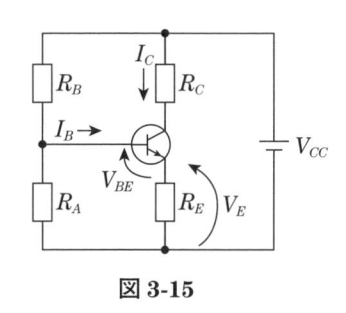

図 3-15

第3章 トランジスタ増幅回路

3-3 トランジスタの等価回路

トランジスタ回路を設計したり，解析したりする場合には，等価回路を用いると便利である．ここでは，66ページで学んだhパラメータを用いた等価回路について説明する．

(1) hパラメータによる等価回路

エミッタ接地回路のhパラメータは，**表3-2**に示す記号と式(3-21)によって表される．

表3-2　hパラメータ（エミッタ接地）

記号	意味
h_{oe}	入力開放時の出力アドミタンス〔S〕
h_{fe}	出力短絡時の電流増幅率
h_{ie}	出力短絡時の入力インピーダンス〔Ω〕
h_{re}	入力開放時の電圧帰還率

$$\left.\begin{aligned}v_{be} &= h_{ie}i_b + h_{re}v_{ce}\\ i_c &= h_{fe}i_b + h_{oe}v_{ce}\end{aligned}\right\} \quad (3\text{-}21)$$

hパラメータを用いると，**図3-16**のエミッタ接地回路は，**図3-17**の等価回路として表すことができる．$h_{re}v_{ce}$は定電圧源，$h_{fe}i_b$は定電流源（基礎3-3参照）である．さらに，h_{re}とh_{oe}が小さな値であることを考えると，図3-17は**図3-18**に示す簡易等価回路として表すこと

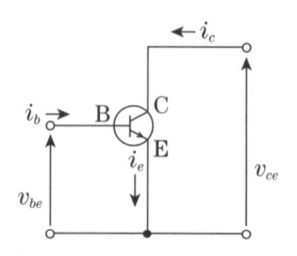

図3-16　エミッタ接地回路

図 3-17 エミッタ接地等価回路

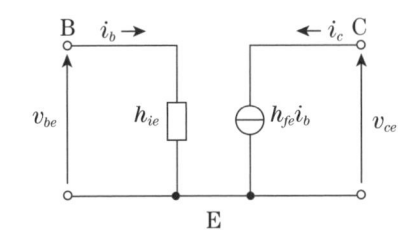

図 3-18 簡易等価回路（エミッタ接地）

ができる．

また，エミッタ接地と同様に考えると，**図 3-19** のベース接地等価

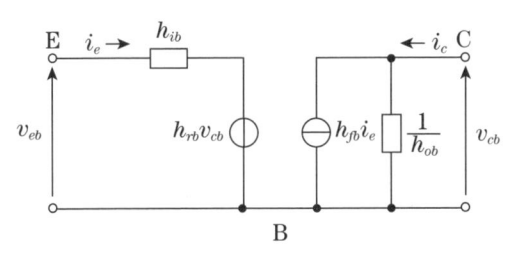

図 3-19 ベース接地等価回路

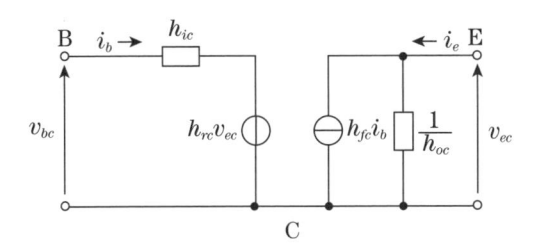

図 3-20 コレクタ接地等価回路

第3章 トランジスタ増幅回路

回路と図 3-20 のコレクタ接地等価回路が得られる．

(2) トランジスタの交流等価回路

トランジスタ増幅回路では，バイアス回路に交流信号をのせて増幅を行う．ここで，バイアス回路は直流回路であり，交流信号を扱う部分は交流回路である．このことから，図 3-21 に示すように，交流信号を扱う増幅回路は，直流回路と交流回路に分離して考えると都合がよい．

図 3-22 に，エミッタ接地増幅回路を示す．この回路の太線部分は，図 3-11 に示した電流帰還バイアス回路，すなわち直流回路である．

増幅したい交流信号 v_i はベース端子に接続し，交流の出力電圧 v_o は負荷抵抗 R_L の両端から取り出している．このとき，v_i, v_o に直流成分の影響が出ないように，コンデンサ C_1, C_2 を挿入して直流回路(バイアス回路) から分離している（コンデンサは直流に対しては大きなインピーダンスを持つ）．このためのコンデンサを結合(カップリング)

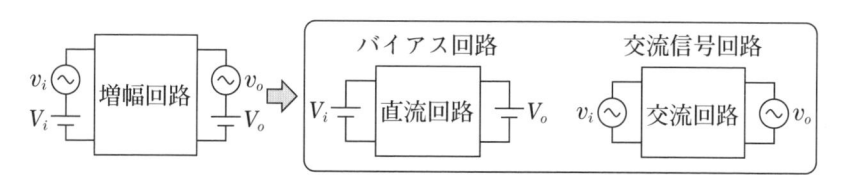

図 3-21 直流回路と交流回路

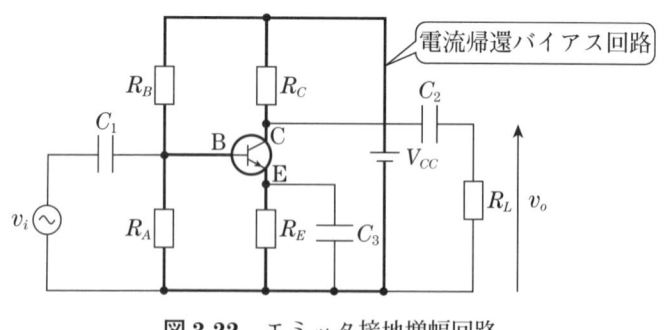

図 3-22 エミッタ接地増幅回路

3-3 トランジスタの等価回路

コンデンサという．また，安定抵抗 R_E によって交流成分の電圧降下を生じると，出力電圧 v_o が小さくなってしまう．これを防ぐために，R_E と並列にコンデンサ C_3 を挿入している．C_3 は，バイパスコンデンサと呼ばれるが，直流回路（バイアス回路）には作用しない．

このように，図 3-22 の増幅回路は，直流回路（バイアス回路）と交流回路が重なり合うようになっているのである．次に，この増幅回路から，交流回路部分を取り出してみよう．交流回路では，コンデンサと直流電源 V_{CC} をショートして考えればよい．すると，**図 3-23** に示す交流分を考えた回路を得ることができる．この交流回路は，**図 3-24** に示す簡易等価回路で表すことができる．この回路は，図 3-18 に示した簡易等価回路の入力側に抵抗 R_A と R_B の並列合成抵抗，出力側に R_C と R_L の並列合成抵抗を挿入した形となっている．

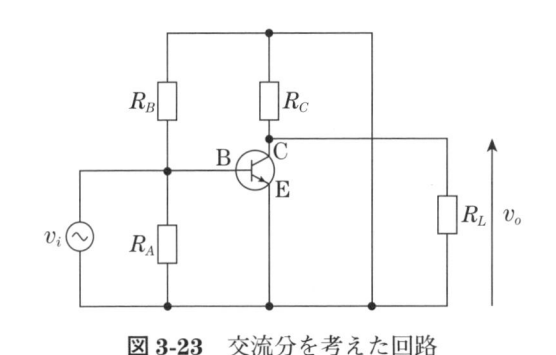

図 3-23 交流分を考えた回路

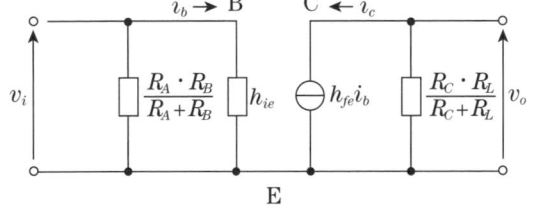

図 3-24 交流分の簡易等価回路

第3章　トランジスタ増幅回路

<例題 3-3> 図 3-22 に示したエミッタ接地増幅回路において，結合コンデンサ C_2 を使用しなかった場合には，出力電圧 v_o がどのようになるか答えなさい．

<解答> C_2 を使用しない場合には，出力電圧の直流分が遮断されない．このため，**図 3-25** のように v_o は増幅されたバイアス電圧が加算された交流信号となる．

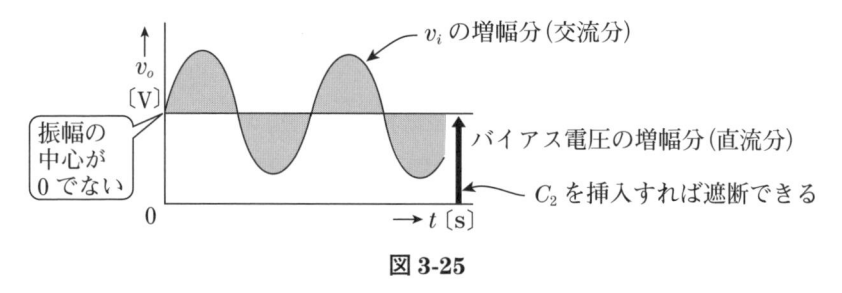

図 3-25

<演習 3-5> 図 3-19 のベース接地等価回路および，図 3-20 のコレクタ接地等価回路について，式 (3-21) と同様の h パラメータの関係式を示しなさい．

3-4　エミッタ接地増幅回路

エミッタ接地増幅回路は，大きな増幅度と適度な入出力インピーダンスが得られるために広く用いられている．ここでは，安定度の良い電流帰還バイアス回路によるエミッタ接地増幅回路の基本について説明する．

(1) トランジスタのバイアス回路設計

図 3-26 に示す電流帰還バイアス回路において，抵抗 $R_1 \sim R_4$ の値

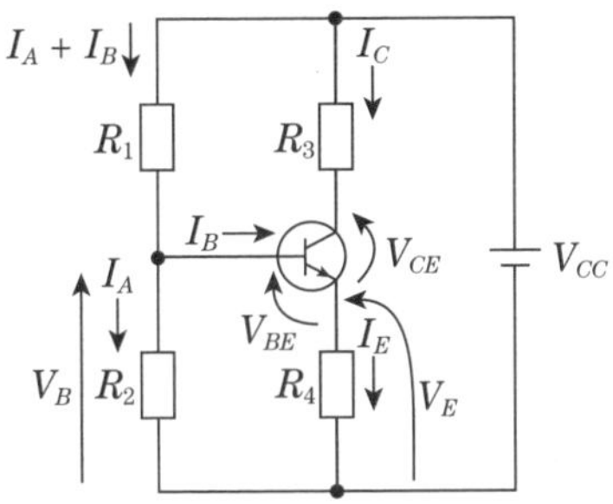

3-4 エミッタ接地増幅回路

図 3-26 電流帰還バイアス回路

を計算する式を導出する．ただし，96 〜 97 ページで説明したように，ブリーダ電流 I_A は I_B の 10 〜 50 倍，R_E は V_E が V_{CC} の 10 〜 20％程度になるように設定する．回路にオームの法則などを適用すれば，抵抗 R_1, R_2, R_4 を計算する式 (3-22) 〜 (3-24) が得られる．

$$R_1 = \frac{V_{CC} - V_B}{I_A + I_B} \tag{3-22}$$

$$R_2 = \frac{V_B}{I_A} \tag{3-23}$$

$$R_4 = \frac{V_E}{I_E} \tag{3-24}$$

R_3 については，歪みのない大きな振幅の出力を得るために，負荷線上の動作点 P を R_3 の端子電圧と V_{CE} が等しくなる点に設定すればよい．つまり，式 (3-25) のように考えれば，R_3 を計算する式 (3-26) を得ることができる．

$$I_C R_3 = V_{CE} = \frac{V_{CC} - V_E}{2} \tag{3-25}$$

$$R_3 = \frac{V_{CC} - V_E}{2 I_C} \tag{3-26}$$

また，V_E が V_{CC} の 10％程度の大きさであることから $V_E \ll V_{CC}$ と

第3章 トランジスタ増幅回路

して，式(3-26)を式(3-27)のように考えることもできる．

$$R_3 = \frac{V_{CC}}{2I_C} \tag{3-27}$$

(2) 増幅度の計算

図 **3-27** に，電流帰還バイアス回路を用いたエミッタ接地増幅回路を示す．C_1 と C_2 は結合コンデンサ，C_3 はバイパスコンデンサである．また，図 **3-28** に，簡易式の交流等価回路を示す．本書では原則として，入力側の交流信号の内部インピーダンス R_s や出力側に接続する回路の入力抵抗 R_i は考えないこととする．

交流等価回路から，この回路の電圧増幅度 A_v を計算する式を導出しよう．ベース電流 i_b を表す式(3-28)を出力電圧 v_o の式(3-29)に代入すると，電圧増幅度 A_v を表す式(3-30)が得られる（基礎3-2の

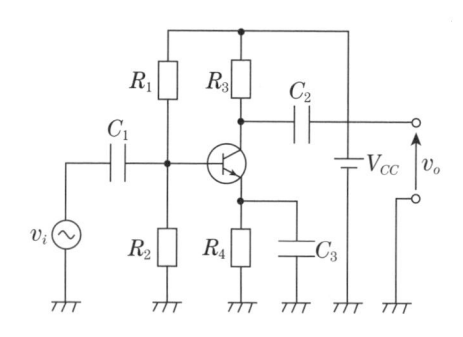

図 **3-27** エミッタ接地増幅回路

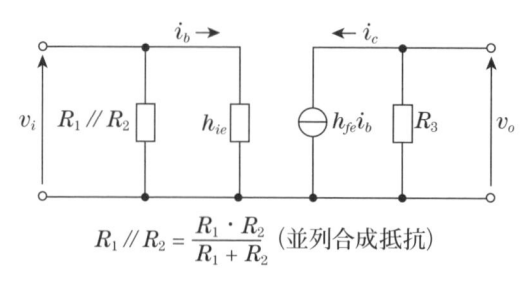

$$R_1 /\!/ R_2 = \frac{R_1 \cdot R_2}{R_1 + R_2} \text{（並列合成抵抗）}$$

図 **3-28** 交流等価回路

式 (3-1) 参照).

$$i_b = \frac{v_i}{h_{ie}} \tag{3-28}$$

$$v_o = -h_{fe} i_b R_3 = -h_{fe} \frac{v_i}{h_{ie}} R_3 \tag{3-29}$$

$$A_v = \frac{v_o}{v_i} = -\frac{h_{fe}}{h_{ie}} R_3 \tag{3-30}$$

式 (3-30) の右辺のマイナス記号は, v_o が v_i と逆位相であることを示している. 図 **3-29** に, エミッタ接地増幅回路の入出力電圧の例を示す.

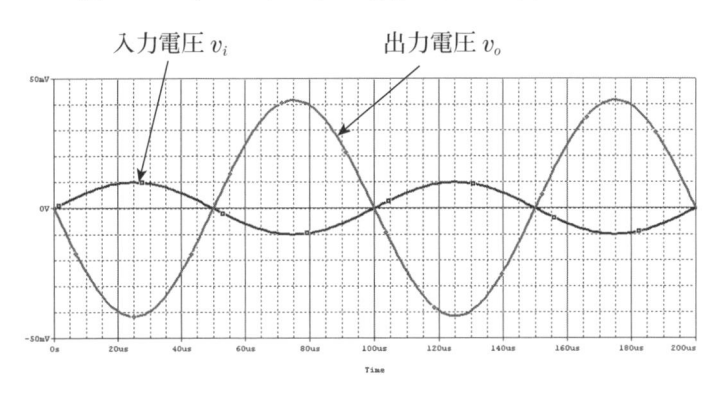

図 3-29 エミッタ接地増幅回路の入出力電圧の例

電圧利得 G_v は, 式 (3-31) で計算できる (基礎 3-2 の式 (3-2) 参照).

$$G_v = 20 \log_{10} |A_v| \, [\text{dB}] \tag{3-31}$$

回路の入力インピーダンス Z_i は $R_1 \mathbin{/\mkern-5mu/} R_2 \mathbin{/\mkern-5mu/} h_{ie}$ (並列合成抵抗) であり, 出力インピーダンス Z_o は R_3 となる.

(3) 低域遮断周波数の計算

図 **3-30** は, エミッタ接地増幅回路の周波数特性の例である. この例では, 中域周波数における利得 G_v は 40 [dB] であるが, 低域や高域の周波数では利得が低下している.

式 (3-31) で表される G_v は, コンデンサをショートさせた等価回路

第3章 トランジスタ増幅回路

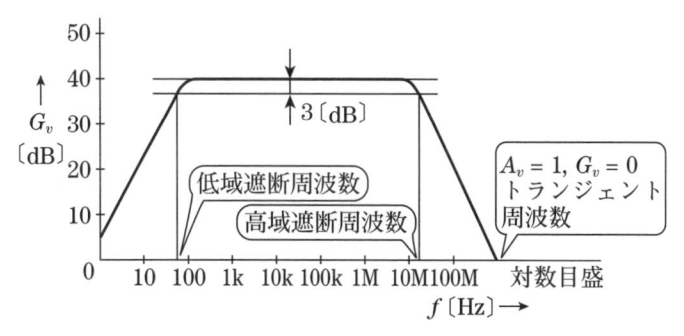

図 3-30 周波数特性の例

を用いて考えた中域周波数での利得である．低域周波数では，コンデンサのインピーダンスが無視できなくなり利得が低下する．また，高域周波数では，トランジスタの電流増幅率 h_{fe} が小さくなることや，ベース-コレクタ間の接合容量が無視できなくなり，ベースに入力とは逆位相の出力電圧が加わってしまうなどの原因によって利得が低下する．このため，増幅回路の指標の1つとして，中域周波数の利得から 3〔dB〕ダウンする周波数を低域遮断周波数と高域遮断周波数として定義する．また，増幅度が 1（利得が 0）になる周波数をトランジェント周波数という．ここでは，図 3-27 に示したエミッタ接地増幅回路において，結合コンデンサやバイパスコンデンサが低域遮断周波数に及ぼす影響を考えよう．

① 入力側の結合コンデンサ C_1 による影響

図 3-31 に，入力側の結合コンデンサ C_1 を考慮した簡易式の等価

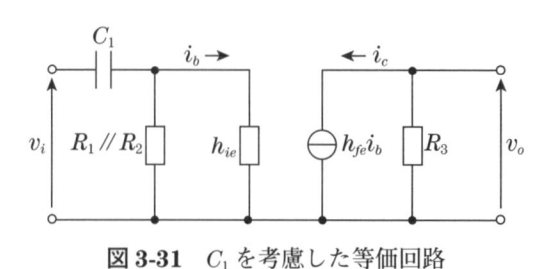

図 3-31 C_1 を考慮した等価回路

回路を示す．この回路において，R_1, $R_2 \gg h_{ie}$ と考えて $R_1 /\!/ R_2$ を無視して低域遮断周波数 f_{C1} を計算する式を導出しよう．まず，C_1 を考慮した場合の電圧増幅度 A_{vC1} の大きさを示す式を導出する．図 3-31 から，式 (3-32) が得られる．

$$|v_o| = |h_{fe} i_b R_3| \tag{3-32}$$

また，C_1 のインピーダンス Z_C が式 (3-33) で表せることから，i_b の大きさは式 (3-34) のようになる．

$$Z_C = \frac{1}{j\omega C_1} \tag{3-33}$$

$$|i_b| = \left| \frac{v_i}{h_{ie} + \dfrac{1}{j\omega C_1}} \right| = \frac{|v_i|}{\sqrt{h_{ie}^2 + \left(\dfrac{1}{\omega C_1}\right)^2}}$$

$$= \frac{|v_i|}{h_{ie}\sqrt{1 + \left(\dfrac{1}{\omega C_1 h_{ie}}\right)^2}} \tag{3-34}$$

これより，$|A_{vC1}|$ は，式 (3-35) のようになる．

$$|A_{vC1}| = \left|\frac{v_o}{v_i}\right| = \left|\frac{h_{fe} i_b R_3}{v_i}\right| = \frac{h_{fe} R_3}{h_{ie}} \frac{1}{\sqrt{1 + \left(\dfrac{1}{\omega C_1 h_{ie}}\right)^2}} \tag{3-35}$$

式 (3-35) が，中域周波数での増幅度 A_v（式 (3-30) 参照））の大きさを計算する式 (3-36) より 3 〔dB〕ダウンすることは式 (3-37) で表すことができる．

$$|A_v| = \frac{h_{fe}}{h_{ie}} R_3 \tag{3-36}$$

$$20 \log_{10} |A_{vC1}| = 20 \log_{10} |A_v| - 3 \tag{3-37}$$

式 (3-37) を変形していくと，式 (3-38) が得られる（対数の性質については，基礎 1-2 の表 1-2 参照）．

$$-3 = 20\log_{10}|A_{vC1}| - 20\log_{10}|A_v|$$

$$-3 = 20\log_{10}\frac{|A_{vC1}|}{|A_v|}$$

$$-\frac{3}{20} = -0.15 = \log_{10}\frac{|A_{vC1}|}{|A_v|}$$

$$\frac{|A_{vC1}|}{|A_v|} = 10^{-0.15} \fallingdotseq \frac{1}{\sqrt{2}} \tag{3-38}$$

つまり，利得が3〔dB〕ダウンするのは，$|A_{vC1}|$ を表す式 (3-35) が，$|A_v|$ を表す式 (3-36) の $1/\sqrt{2}$ 倍になることと等価である．この条件を満たすのは，式 (3-35) において式 (3-39) が成立することである．

$$\omega C_1 h_{ie} = 1 \tag{3-39}$$

式 (3-39) に式 (3-40) の関係を代入して整理すれば，C_1 を考慮した低域遮断周波数 f_{C1} を表す式 (3-41) が得られる．

$$\omega = 2\pi f_{C1} \tag{3-40}$$

$$f_{C1} = \frac{1}{2\pi C_1 h_{ie}} \tag{3-41}$$

② 出力側の結合コンデンサ C_2 による影響

図 3-32 に，出力側の結合コンデンサ C_2 を考慮した簡易式の等価回路を示す．R_i は，出力側に接続する回路の入力抵抗である．この

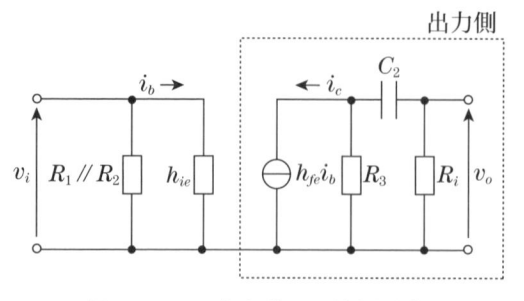

図 3-32 C_2 を考慮した等価回路　　図 3-33 出力側の等価回路

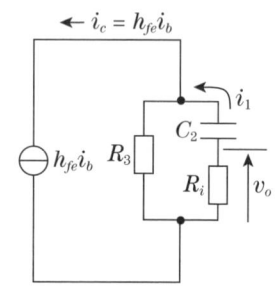

3-4 エミッタ接地増幅回路

回路の低域遮断周波数 f_{C2} を計算する式を導出する．**図 3-33** は，図 3-32 の出力側（破線で囲んだ部分）を抜き出した等価回路である．C_2 に流れる電流を i_1 とすれば，i_1 は式 (3-42) のように表すことができる（分流の式 (1-11) 参照）．

$$i_1 = h_{fe} i_b \cdot \frac{R_3}{R_3 + \left(\dfrac{1}{j\omega C_2} + R_i\right)} \tag{3-42}$$

また，v_i と v_o は，それぞれ式 (3-43)，式 (3-44) のようになる．

$$v_i = i_b h_{ie} \tag{3-43}$$

$$v_o = -i_1 R_i \tag{3-44}$$

これより，C_2 を考慮した場合の電圧増幅度 A_{vC2} の大きさは，式 (3-45) で表すことができる．

$$|A_{vC2}| = \left|\frac{v_o}{v_i}\right| = \left|\frac{i_1 R_i}{i_b h_{ie}}\right| \tag{3-45}$$

式 (3-45) を変形していくと，式 (3-46) が得られる．ただし，変形の過程で用いた R_L は R_3 と R_i の並列合成抵抗である．

$$\begin{aligned}
|A_{vC2}| &= \left|\frac{v_o}{v_i}\right| = \left|\frac{R_i R_3 h_{fe} i_b}{R_3 + \left(\dfrac{1}{j\omega C_2} + R_i\right)} \cdot \frac{1}{i_b h_{ie}}\right| \\
&= \left|\frac{h_{fe}}{h_{ie}} \cdot \frac{R_i R_3}{R_3 + \dfrac{1}{j\omega C_2} + R_i}\right| \\
&= \left|\frac{h_{fe}}{h_{ie}} \cdot \frac{\dfrac{R_i R_3}{R_i + R_3}}{\dfrac{R_3 + \dfrac{1}{j\omega C_2} + R_i}{R_i + R_3}}\right| = \left|\frac{h_{fe} R_L}{h_{ie}} \cdot \frac{1}{1 + \dfrac{1}{j\omega C_2 (R_3 + R_i)}}\right|
\end{aligned}$$

$$= \frac{h_{fe}R_L}{h_{ie}} \cdot \frac{1}{\sqrt{1+\left(\dfrac{1}{\omega C_2(R_3+R_i)}\right)^2}} \qquad (3\text{-}46)$$

式 (3-36) ～式 (3-38) を用いて既に説明したように，利得が 3〔dB〕ダウンするのは，$|A_{vC2}|$ を表す式 (3-46) が，$|A_v|$ を表す式 (3-36) の $1/\sqrt{2}$ 倍になることと等価である．ただし，$R_3 \ll R_i$ とする．この条件を満たすのは，式 (3-47) が成立することである．

$$\omega C_2(R_3+R_i)=1 \qquad (3\text{-}47)$$

式 (3-47) に式 (3-40) と同様の関係を代入して整理すれば，C_2 を考慮した低域遮断周波数 f_{C2} を表す式 (3-48) が得られる．

$$f_{C2} = \frac{1}{2\pi C_2(R_3+R_i)} \qquad (3\text{-}48)$$

③　バイパスコンデンサ C_3 による影響

図 3-34 に，安定抵抗 R_4 と並列に接続したバイパスコンデンサ C_3 を考慮した簡易式の等価回路を示す．この回路の低域遮断周波数 f_{C3} を計算する式を導出する．R_4 と C_3 の合成インピーダンス Z_c は，式 (3-49) のようになる．

$$Z_c = \frac{\dfrac{R_4}{j\omega C_3}}{R_4+\dfrac{1}{j\omega C_3}} = \frac{R_4}{1+j\omega C_3 R_4} \qquad (3\text{-}49)$$

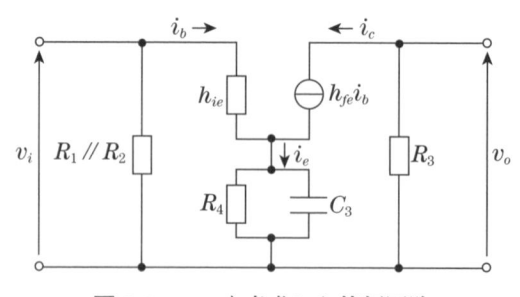

図 3-34　C_3 を考慮した等価回路

3-4 エミッタ接地増幅回路

$i_e \fallingdotseq i_c$ とすると，式 (3-50) が成立する．
$$v_i = i_b h_{ie} + h_{fe} i_b Z_c = i_b(h_{ie} + h_{fe} Z_c) \tag{3-50}$$

これより，C_3 を考慮した場合の電圧増幅度 A_{vC3} の大きさは，式 (3-51) で表すことができる．

$$|A_{vC3}| = \left|\frac{v_o}{v_i}\right| = \left|\frac{h_{fe} i_b R_3}{i_b(h_{ie} + h_{fe} Z_c)}\right| = \left|\frac{h_{fe} R_3}{h_{ie}} \cdot \frac{h_{ie}}{h_{ie} + h_{fe} Z_c}\right| \tag{3-51}$$

式 (3-51) が，$|A_v|$ を表す式 (3-36) の $1/\sqrt{2}$ 倍になる低域遮断周波数 f_{C3} を求めるために，式 (3-52) のインピーダンス Z を考える．

$$Z = \frac{h_{ie}}{h_{ie} + h_{fe} Z_c} \tag{3-52}$$

式 (3-52) に，式 (3-49) を代入して整理すると，式 (3-53) が得られる．

$$Z = \frac{h_{ie}}{h_{ie} + \dfrac{h_{fe} R_4}{1 + j\omega C_3 R_4}} = \frac{1 + j\omega C_3 R_4}{\left(1 + \dfrac{h_{fe} R_4}{h_{ie}}\right) + j\omega C_3 R_4}$$

$$= \frac{1 + \dfrac{1}{j\omega C_3 R_4}}{1 + \dfrac{\left(1 + \dfrac{h_{fe} R_4}{h_{ie}}\right)}{j\omega C_3 R_4}} \tag{3-53}$$

式 (3-54) は，Z の大きさ $|Z|$ を示す式である．

$$|Z| = \frac{\sqrt{1 + \left(\dfrac{1}{\omega C_3 R_4}\right)^2}}{\sqrt{1 + \left(\dfrac{1 + \dfrac{h_{fe} R_4}{h_{ie}}}{\omega C_3 R_4}\right)^2}} \tag{3-54}$$

式 (3-54) において，ω の値を大きくしていくと $|Z| = 1$ となる．このときは，式 (3-51) が中域周波数での増幅度 $|A_v|$ を示す式 (3-36) と一致する．また，式 (3-54) の ω の値を小さくしていったときは，

第3章　トランジスタ増幅回路

式 (3-55) が成立する ω が存在する.

$$\frac{1 + \dfrac{h_{fe} R_4}{h_{ie}}}{\omega C_3 R_4} = 1 \tag{3-55}$$

一方で，式 (3-55) が成立したときにおいても，式 (3-56) に示す関係が成り立っている．

$$\frac{1}{\omega C_3 R_4} \fallingdotseq 0 \tag{3-56}$$

式 (3-54) に，式 (3-55) と式 (3-56) を代入すれば，$|Z| = 1/\sqrt{2}$ となる．このとき，$|A_{vC3}|$ を表す式 (3-51) が，$|A_v|$ を表す式 (3-36) の $1/\sqrt{2}$ 倍になる．よって，式 (3-55) を変形すれば，C_3 を考慮した低域遮断周波数 f_{C3} を表す式 (3-57) が得られる．

$$\omega C_3 R_4 = 1 + \frac{h_{fe}}{h_{ie}} R_4$$

より，

$$f_{C3} = \frac{1}{2\pi C_3 R_4}\left(1 + \frac{h_{fe}}{h_{ie}} R_4\right) \fallingdotseq \frac{h_{fe}}{2\pi C_3 h_{ie}} \tag{3-57}$$

これまでに得た，C_1，C_2，C_3 によるそれぞれの低域遮断周波数 f_{C1}，f_{C2}，f_{C3} を示す式 (3-41)，式 (3-48)，式 (3-57) を比較すると，h_{fe} を分子に持つ式 (3-57) が最も大きな値となることがわかる．つまり，低域遮断周波数を決めるのに最も強く影響するのは，バイパスコンデンサ C_3 の値である．

(4) 高域遮断周波数の計算

図 3-35 に示すように，高域周波数ではトランジスタのベース-コレクタ間の接合容量 C_{ob} が無視できなくなり，式 (3-58) で表される電流 i_{cb} が流れる．この i_{cb} のために，ベース電流 i_b は減少して i_b' となるため利得が低下する．

3-4 エミッタ接地増幅回路

接合容量

図 3-35 C_{ob} を考慮した等価回路

$$i_{cb} = j\omega C_{ob}(v_i - v_o') \tag{3-58}$$

$v_o' = v_i A_v$, A_v は負であることより，式 (3-58) を変形すると，式 (3-59) のようになる．

$$i_{cb} = j\omega C_{ob}(v_i - v_i A_v) = j\omega C_{ob}(1+|A_v|)v_i \tag{3-59}$$

$$C_i = C_{ob}(1+|A_v|) \tag{3-60}$$

この式から，接合容量 C_{ob} は，入力側からみると式 (3-60) で表される静電容量 C_i が接続されているのと等価であることがわかる．これをミラー効果と呼ぶ．**図 3-36** に，ミラー効果による C_i を考慮した等価回路を示す．ここでは，図 3-36 における高域遮断周波数の式を導出しよう．考えやすくするために，テブナンの定理による 41 ページの式②によって，**図 3-37** に示すように電圧源を電流源に変換する．R_i は電源 v_i の内部抵抗，i_i は端子 ab 間を短絡したときの電流である．

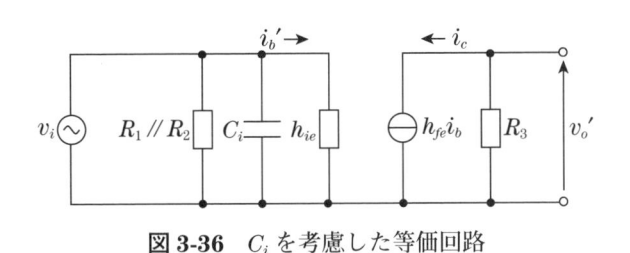

図 3-36 C_i を考慮した等価回路

第3章 トランジスタ増幅回路

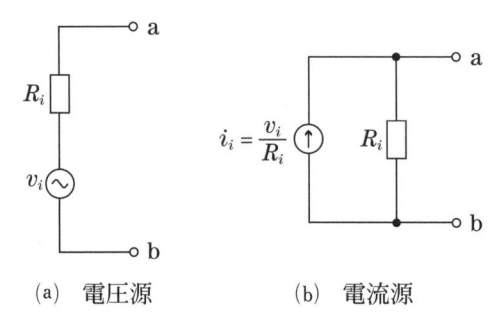

(a) 電圧源　　　　(b) 電流源

図 3-37 電圧源から電流源への変換

このようにして，図 3-36 を描き直すと**図 3-38** のようになる．

合成並列抵抗 R を式 (3-61)，R' を式 (3-62) のように定義する．また，C_i のインピーダンス Z_{Ci} を考えた合成並列インピーダンス R'' を式 (3-63) のように定義する．

$$R = R_i /\!/ R_1 /\!/ R_2 \tag{3-61}$$

$$R' = R_i /\!/ R_1 /\!/ R_2 /\!/ h_{ie} = R /\!/ h_{ie} \tag{3-62}$$

$$R'' = R_i /\!/ R_1 /\!/ R_2 /\!/ Z_{Ci} = R /\!/ Z_{Ci}$$

$$= \frac{\dfrac{R}{j\omega C_i}}{R + \dfrac{1}{j\omega C_i}} = \frac{R}{1 + j\omega C_i R} \tag{3-63}$$

C_i がないときのベース電流 i_b，あるときの i_b' は，分流の式 (23 ページ式 (1-11)) を用いてそれぞれ式 (3-64) と式 (3-65) で表される．

$$i_b = i_i \cdot \left(\frac{R}{R + h_{ie}} \right) \tag{3-64}$$

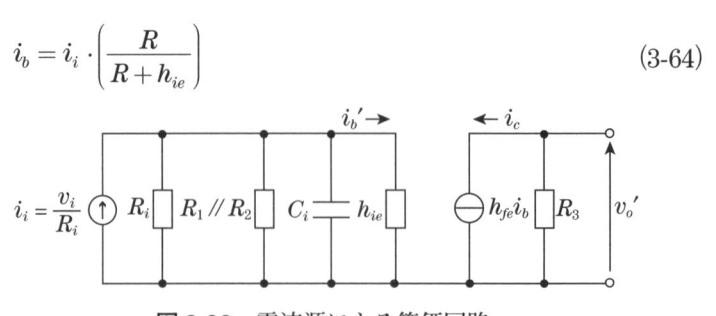

図 3-38 電流源による等価回路

3-4 エミッタ接地増幅回路

$$i_b' = i_i \cdot \left(\frac{R''}{R'' + h_{ie}}\right) \tag{3-65}$$

C_i の有無による出力電圧の比は，式 (3-66) のように電流比と同じであるから，式 (3-67) のように，i_b' と i_b の比を計算する．

$$\frac{v_o'}{v_o} = \frac{-h_{fe}i_b'R_3}{-h_{fe}i_bR_3} = \frac{i_b'}{i_b} \tag{3-66}$$

$$\frac{i_b'}{i_b} = \frac{\dfrac{R}{1+j\omega C_i R}}{\dfrac{R}{1+j\omega C_i R}+h_{ie}} \cdot \frac{R+h_{ie}}{R}$$

$$= \frac{R+h_{ie}}{R+h_{ie}+j\omega C_i R h_{ie}} = \frac{1}{1+j\omega C_i\left(\dfrac{Rh_{ie}}{R+h_{ie}}\right)}$$

$$= \frac{1}{1+j\omega C_i R'} \tag{3-67}$$

式 (3-67) の大きさを考えると，式 (3-68) のようになる．

$$\left|\frac{i_b'}{i_b}\right| = \frac{1}{\sqrt{1+(\omega C_i R')^2}} \tag{3-68}$$

110 ページ式 (3-38) で示したように，利得が 3 [dB] ダウンするのは，式 (3-68) が $1/\sqrt{2}$ になることと等価である．この条件を満たす高域遮断周波数 f_{Ci} は，式 (3-69) のようになる．

$$\omega C_i R' = 1$$

より，

$$f_{Ci} = \frac{1}{2\pi C_i R'} \tag{3-69}$$

第3章　トランジスタ増幅回路

＜例題3-4＞　図 **3-39** に示すエミッタ接地増幅回路において，$I_C = 2$ 〔mA〕を流す場合に，次の条件で $R_1 \sim R_4$ の値を決めてバイアス回路を設計しなさい．また，中域周波数における電圧増幅率 A_v と電圧利得 G_v を計算しなさい．

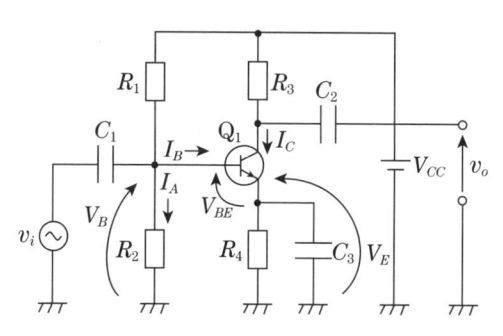

図 3-39　エミッタ接地増幅回路

＜設計条件＞

$V_{CC} = 9$〔V〕,　$I_A = 20 I_B$,　$V_E = 0.1 V_{CC}$

$h_{FE} = 180$,　$h_{fe} = 190$,　$h_{ie} = 2.7$〔kΩ〕

$V_{BE} = 0.7$〔V〕

＜解答＞　$I_E \fallingdotseq I_C$ と考えて，次のように $R_1 \sim R_4$ を計算する．

$$I_B = \frac{I_C}{h_{FE}} = \frac{2 \times 10^{-3}}{180} \fallingdotseq 11 \,〔\mu A〕$$

$$V_B = V_{BE} + V_E = 0.7 + (0.1 \times 9) = 1.6 \,〔V〕$$

式 (3-22) より，

$$R_1 = \frac{V_{CC} - V_B}{I_A + I_B} = \frac{9 - 1.6}{(20 \times 11 + 11) \times 10^{-6}} \fallingdotseq 32 \,〔k\Omega〕$$

式 (3-23) より，

$$R_2 = \frac{V_B}{I_A} = \frac{1.6}{20 \times 11 \times 10^{-6}} \fallingdotseq 7.3 \,[\text{k}\Omega]$$

式 (3-26) より，

$$R_3 = \frac{V_{CC} - V_E}{2I_C} = \frac{9 - (0.1 \times 9)}{2 \times 2 \times 10^{-3}} \fallingdotseq 2 \,[\text{k}\Omega]$$

式 (3-24) より，

$$R_4 = \frac{V_E}{I_E} \fallingdotseq \frac{0.1 \times 9}{2 \times 10^{-3}} = 450 \,[\Omega]$$

また，式 (3-30) より，

$$A_v = -\frac{h_{fe}}{h_{ie}} R_3 = -\frac{190 \times 2000}{2700} \fallingdotseq -140.7$$

式 (3-31) より，

$$G_v = 20 \log_{10} |A_v| = 20 \log_{10} 140.7 \fallingdotseq 43 \,[\text{dB}]$$

＜演習 3-6＞ 図 3-39 について，例題 3-4 と同じ設計条件で $C_1 = C_2 = 10 \,[\mu\text{F}]$，$C_3 = 500 \,[\mu\text{F}]$ としたとき，それぞれのコンデンサによる低域遮断周波数 f_{C1}, f_{C2}, f_{C3} を計算しなさい．ただし，出力端子に接続する抵抗 $R_i = 3 \,[\text{k}\Omega]$ とする．

＜演習 3-7＞ 演習 3-6 で計算した f_{C1}, f_{C2}, f_{C3} から，各コンデンサが低域遮断周波数決定に与える影響について説明しなさい．

3-5 トランジスタ負帰還増幅回路

　回路の出力信号を入力側に戻すことを帰還という．帰還には，正帰還と負帰還があり，正帰還については第 7 章の発振回路で説明する．ここでは，負帰還を用いた増幅回路について理解しよう．

第3章 トランジスタ増幅回路

(1) 負帰還とは

図 **3-40** に，負帰還増幅回路の構成例を示す．この回路では，出力電圧 v_o の一部を帰還率 F の帰還回路によって入力側に電圧として戻している．増幅回路がエミッタ接地増幅回路のように負の増幅度を持つならば，入力電圧 v_i とは逆位相の出力電圧 v_o を戻して負帰還をかけたことになる．図 3-40 では，式 (3-70) が成立する．この式から，負帰還増幅回路の電圧増幅度 A_{vf} を表す式 (3-71) が得られる．

$$\left. \begin{array}{l} v_1 = v_i + F v_o \\ v_o = -|A_v| v_1 \end{array} \right\} \tag{3-70}$$

$$A_{vf} = \frac{v_o}{v_i} = -\frac{|A_v|}{1+|A_v|F} \tag{3-71}$$

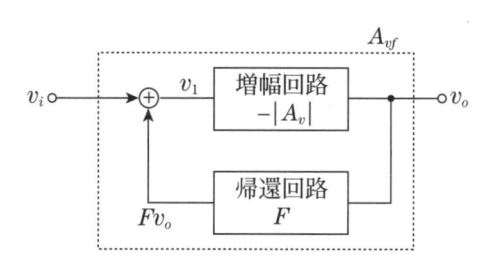

図 3-40 負帰還増幅回路の構成例

(2) トランジスタ負帰還増幅回路の特性

図 **3-41** に，エミッタ接地の負帰還増幅回路を示す．これは，106 ページ図 3-27 に示したエミッタ接地増幅回路からバイパスコンデンサ C_3 を取り除いた回路である．

図 3-41 の交流分だけを考えるために，結合コンデンサ C_1, C_2 と直流電源 V_{CC} を短絡させて，図 **3-42** に示す回路を得る．この回路を見ると，出力電流 i_c が帰還抵抗 R_4 によって入力側に電圧 v_f として戻っていることがわかる．また，出力側では帰還信号を v_{ce} と直列に取り出し，入力側では v_{be} と直列に注入しているために，直列帰還-直列

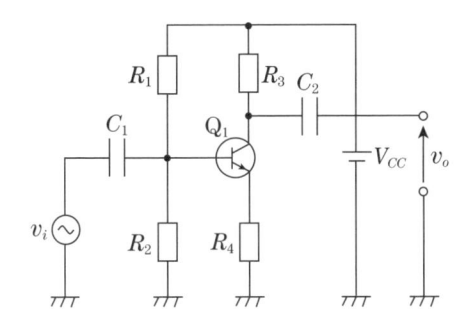

図 3-41 負帰還増幅回路（エミッタ接地）

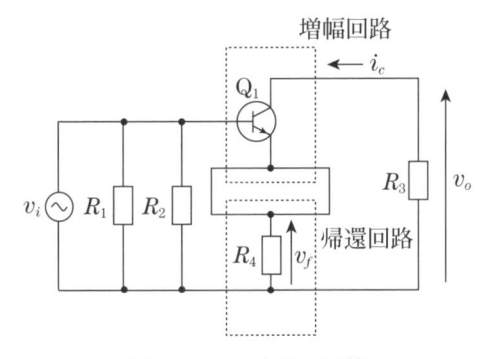

図 3-42 交流分の回路

注入方式の帰還回路であると考えることができる．

図 3-43 に，負帰還増幅回路の等価回路を示す．この等価回路から，電圧に着目した帰還率 F を表す式 (3-72) が得られる．

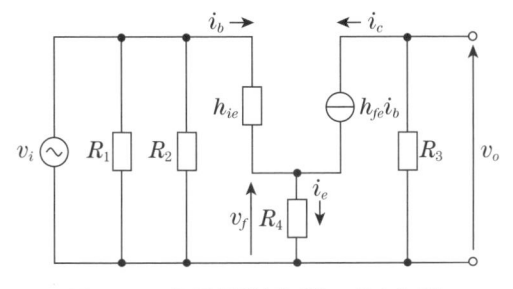

図 3-43 負帰還増幅回路の等価回路

$$F = \left|\frac{v_f}{v_o}\right| = \frac{i_e R_4}{i_c R_3} \fallingdotseq \frac{R_4}{R_3} \tag{3-72}$$

$$|A_v| = \frac{h_{fe}}{h_{ie}} R_3 \tag{3-73}$$

また，式 (3-72) および，帰還をかけない場合の電圧増幅度 A_v を示す式 (3-73)（式 (3-30) 参照）を式 (3-71) に代入すれば，負帰還増幅回路の電圧増幅度 A_{vf} を表す式 (3-74) が得られる．

$$A_{vf} = -\frac{h_{fe} R_3}{h_{ie} + h_{fe} R_4} \tag{3-74}$$

式 (3-74) において，$h_{ie} \ll h_{fe} R_4$ とすれば，近似式 (3-75) が得られる．

$$A_{vf} \fallingdotseq -\frac{R_3}{R_4} \tag{3-75}$$

式 (3-75) は，負帰還増幅回路の電圧増幅度 A_{vf} が，抵抗比だけで決まることを示している．つまり，A_{vf} を温度変化などに依存する h_{fe} や I_C などに依存する h_{ie} とは無関係に設定できるのである．この他にも，負帰還増幅回路は，周波数特性や入出力インピーダンスの改善，雑音の軽減などの利点を持っている．ただし，負帰還をかけない場合と比べると増幅度が低下してしまうのが欠点である．

＜例題 3-5 ＞ 図 3-44 に，エミッタ接地増幅回路のバイパスコンデンサ C_3 の有無によって負帰還をかけない回路とかけた回路の周波数と電圧利得の特性例を示す．中域周波数の利得，低域遮断周波数，高域遮断周波数について比較しなさい．

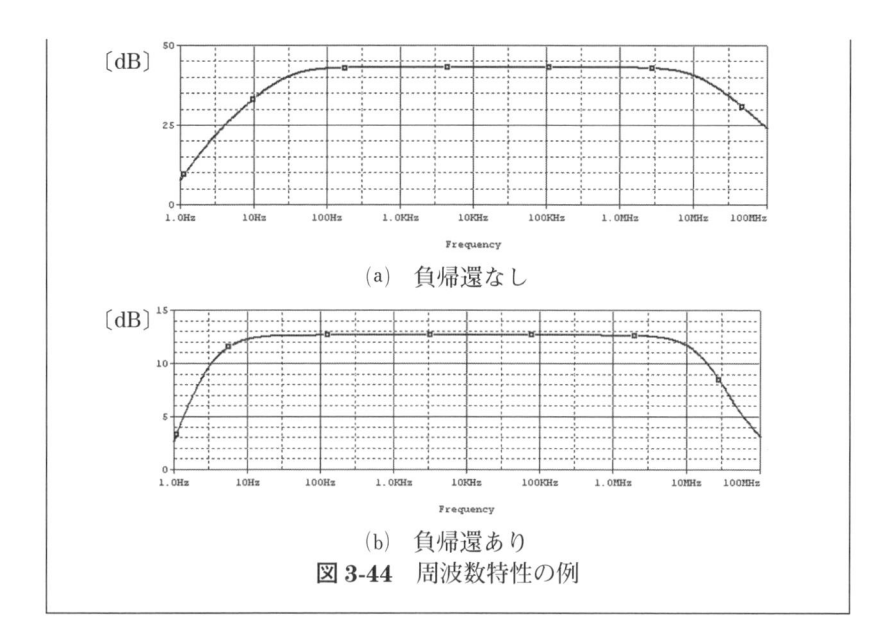

3-5 トランジスタ負帰還増幅回路

(a) 負帰還なし

(b) 負帰還あり

図 3-44　周波数特性の例

<解答>　グラフから，表 3-3 に示すおよその値が読み取れる．ただし，グラフの横軸（周波数）は，対数目盛であることに注意しよう．表 3-3 から，負帰還をかけると中域での利得は低下するが 3〔dB〕ダウンの周波数帯域は広がっていることがわかる．

表 3-3　負帰還有無の比較

項目	負帰還なし	負帰還あり
中域利得	43〔dB〕	12.5〔dB〕
低域遮断周波数	20〔Hz〕	2〔Hz〕
高域遮断周波数	10〔MHz〕	15〔MHz〕

<演習 3-8>　図 3-41 に示した負帰還増幅回路において，負帰還をかけない場合と比べた入出力インピーダンスの変化について説明しなさい．

第3章 トランジスタ増幅回路

コラム☆ダイオードでトランジスタを作る？

図3-45(a)に示すように，npn形トランジスタはn形半導体とp形半導体をn-p-nのように接続した構造をしている．一方，ダイオードはpn接合を有した電子デバイスである．では，図(b)に示すようにダイオード2本を組み合わせればトランジスタと同様の動作をさせることができるだろうか？

答は，ノーである．以下に理由を説明する．

トランジスタは，63ページ図2-13で説明したように，エミッタから多くの自由電子がベースを通り抜けてコレクタ領域へ達する．このためには，ベース領域をたいへん薄くする必要がある．一般的なnpn形トランジスタでは，100〔μm〕程度のn-p-n層のうち，p層(ベース領域)の厚さは1〜10〔μm〕程度である．一方，

(a) トランジスタ　　(b) ダイオード接続

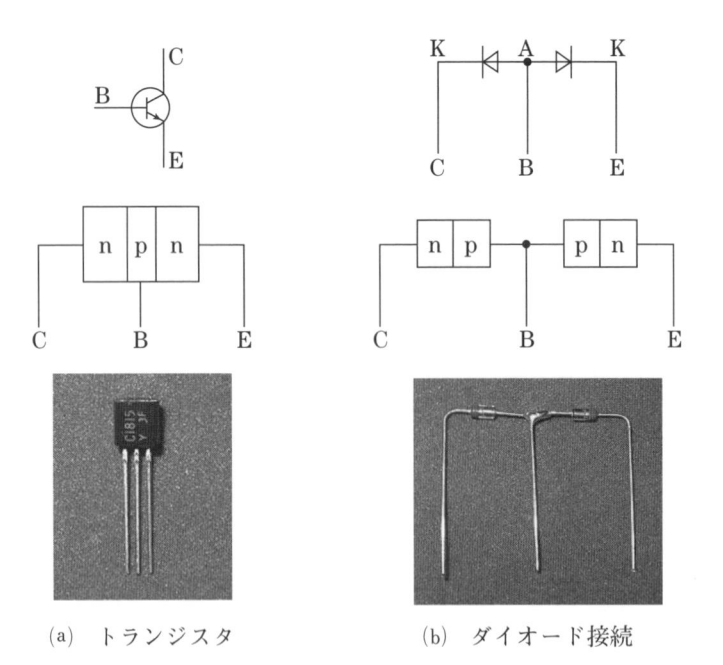

図3-45 トランジスタとダイオード接続

コラム☆ダイオードでトランジスタを作る？

ダイオードのp層の厚さは相当大きく，トランジスタのベース領域のような動作はしない．また，トランジスタでは，エミッタに順方向，コレクタに逆方向の電圧をかけて使用することから，エミッタ側のn形半導体は不純物濃度を多くして抵抗率を低くし，コレクタ側のn形半導体は不純物濃度を少なくして抵抗率を高くしてある．ダイオードのように，同じ抵抗率のn形半導体を用いたのではエミッタやコレクタの特徴を実現できない．

別の見方をすれば，図3-46に示すようにnpn形トランジスタのベース領域では，多数キャリヤの正孔と少数キャリヤの自由電子の双方が移動するために2系統の通路が必要である．これらの通路は，薄板状になっているベース領域が実現している．ダイオードをリード線によって2個接続しても，この2系統の通路は実現できない．

つまり，p形半導体とn形半導体の接合面は，ドナーやアクセプタの種類は異なるにしても，共有結合が連続していることが必要なのである．2種類の半導体を，単に貼り合わせただけでは，トランジスタのみならず，ダイオードの動作さえも実現することはできない．

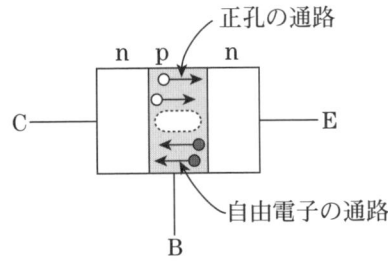

図3-46　ベース領域の通路

第3章 トランジスタ増幅回路

章末問題3

1 トランジスタ増幅回路において,動作点を適切に設定しないとどのような不都合が生じるか説明しなさい.

2 図3-47の回路について,示した条件を考慮して次の①~⑥に答えなさい.

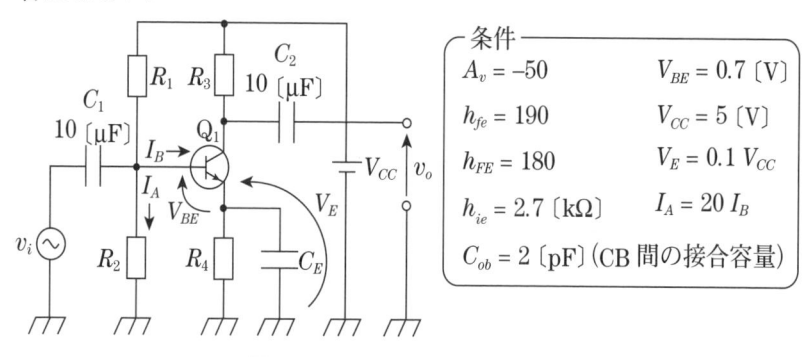

条件
$A_v = -50$ $V_{BE} = 0.7$ 〔V〕
$h_{fe} = 190$ $V_{CC} = 5$ 〔V〕
$h_{FE} = 180$ $V_E = 0.1\, V_{CC}$
$h_{ie} = 2.7$ 〔kΩ〕 $I_A = 20\, I_B$
$C_{ob} = 2$ 〔pF〕(CB間の接合容量)

図3-47 トランジスタ増幅回路

① バイアス回路の名称を答えなさい.

② 簡易式の中域周波数 h パラメータ交流等価回路を描きなさい.

③ 抵抗 $R_1 \sim R_4$ の値を計算しなさい.ただし,$R_1, R_2 \gg h_{ie}$ とする.

④ 低域遮断周波数を 100 〔kHz〕にする場合の C_E の値を計算しなさい.

⑤ v_i の内部抵抗を 20 〔Ω〕として,高域遮断周波数の値を計算しなさい.

⑥ C_E を取り外したときの電圧増幅度と電圧利得を計算しなさい.

3 トランジスタ増幅回路では,高周波になると増幅度が低下する理由を説明しなさい.

第 4 章　FET 増幅回路

　FET（電界効果トランジスタ）は，入力インピーダンスが大きく，ゲート端子に電流が流れないので，トランジスタと比べると回路の解析が容易である．この章では，接合形 FET を用いた基本的な増幅回路について説明する．前に学んだトランジスタ増幅回路と比較しながら学習を進めればより効果的であろう．

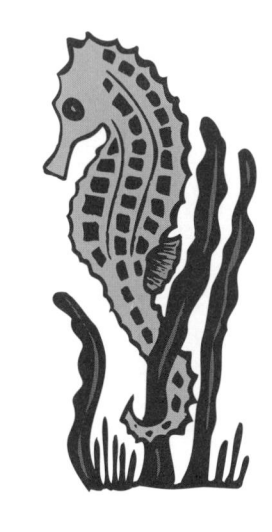

第4章　FET増幅回路

☆この章で使う基礎事項☆

基礎4-1　FETの特徴
・入力インピーダンスが大きい.
・ゲートに加える電圧でドレーン・ソース間の電流を制御する
・雑音が少ない.
・バイポーラトランジスタに対して，ユニポーラトランジスタと呼ばれる.
・接合形とMOS形があり，それぞれにnチャネル形とpチャネル形がある.
・デプレション形とエンハンスメント形がある.

基礎4-2　FETの3定数
① 　ドレーン抵抗 r_d（ドレーン・ソース間の抵抗）

$$r_d = \left(\frac{\Delta V_{DS}}{\Delta I_D}\right)_{V_{GS}=一定} \ [\Omega] \tag{4-1}$$

② 　相互コンダクタンス g_m

$$g_m = \left(\frac{\Delta I_D}{\Delta V_{GS}}\right)_{V_{DS}=一定} \ [S] \tag{4-2}$$

③ 　増幅率 μ

$$\mu = \left(\frac{\Delta V_{DS}}{\Delta V_{GS}}\right)_{I_D=一定} \tag{4-3}$$

これらの3定数には，次の関係がある.

$$\mu = g_m \cdot r_d \tag{4-4}$$

基礎 4-3　FET の等価回路（1-6 ノートンの定理参照）

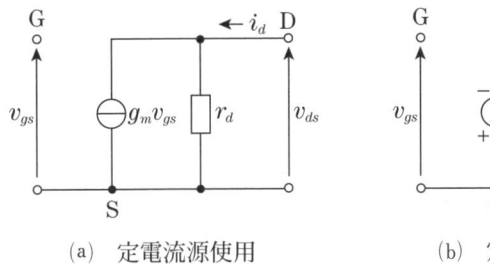

(a)　定電流源使用　　　　　　(b)　定電圧源使用

図 4-1　FET の等価回路（ソース接地）

第4章 FET 増幅回路

4-1 FET のバイアス回路

トランジスタ増幅回路と同様に，FET 増幅回路でもバイアス回路を構成して信号の増幅を行う．ここでは，各種のバイアス回路の特徴や動作点の設定などについて学習しよう．

(1) FET 固定バイアス回路

図 4-2 に，接合形 FET を用いた固定バイアス回路を示す．この回路のドレーン・ソース間の電圧 V_{DS} は，式 (4-5) で表すことができる．

$$V_{DS} = V_{DD} - I_D R_D \tag{4-5}$$

例えば，$V_{DD} = 9$ [V]，$R_D = 1.1$ [kΩ] としたときを考えよう．式 (4-5) に，$V_{DS} = 0$ などを代入して計算すると $I_D ≒ 8$ [mA] となり，図 4-3 の V_{DS}-I_D 特性のグラフに示す点 B が決まる．これにより，点 A ($V_{DS} = V_{DD} = 9$ [V]) と点 B から負荷線 AB を得ることができる．

負荷線の中心付近に動作点 P を設定すれば，$V_{GS} = V_{GG} = -1.0$ [V] とすればよいことがわかる．また，ゲート電流が流れないことから，R_G は 1 [MΩ] 程度の高抵抗を使用すればよい．

図 4-4 は，動作点 P を V_{GS}-I_D 曲線上に記入した例であるが，V_{GS}-I_D 特性は式 (4-6) で表すことができる．これより，FET の V_P と I_{DSS}

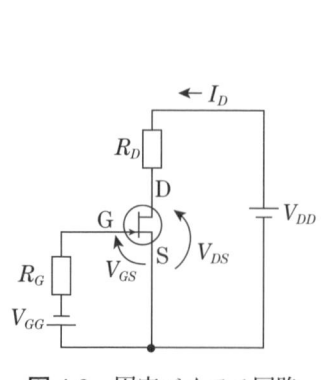

図 4-2　固定バイアス回路　　　図 4-3　動作点の設定例

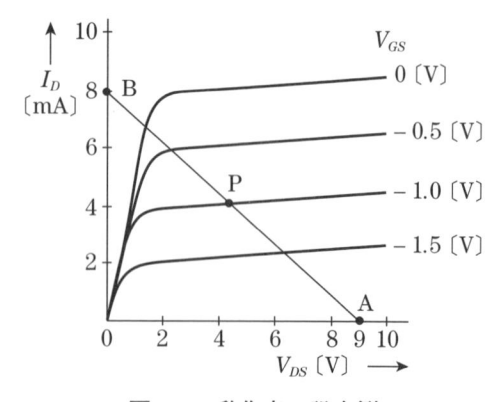

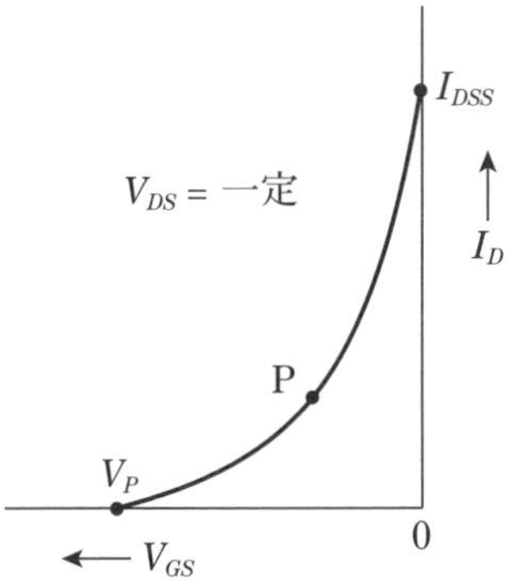

4-1 FETのバイアス回路

図4-4 $V_{GS}-I_D$特性

がわかれば式 (4-7) を用いて V_{GG} を計算することも可能である．

$$I_D = I_{DSS}\left(1-\frac{V_{GS}}{V_P}\right)^2 \tag{4-6}$$

$$V_{GG} = V_{GS} = V_P\left(1-\sqrt{\frac{I_D}{I_{DSS}}}\right) \tag{4-7}$$

固定バイアス回路は，構成が簡単でありソースの電位がゼロなので，電源の利用率が良いことが長所である．しかし，電源が2個必要であることが欠点である．また，FETは温度が上昇すると I_D が減少する（負の温度係数を持つ）が，固定バイアス回路は，この影響を直接的に受けてしまう．

(2) **FET自己バイアス回路**

図 **4-5** に，FETを用いた自己バイアス回路を示す．この回路において，ゲート電流は流れないために R_G での電圧降下はゼロである．このため，式 (4-8) に示す負の電圧 V_{GS} がゲートにかかっている．

$$V_S + V_{GS} = 0$$

より，

$$V_{GS} = -V_S = -I_D R_S \tag{4-8}$$

また，V_{DS} は式 (4-9) で表される．

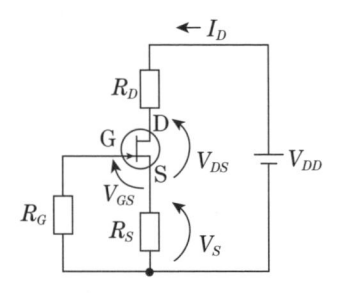

図 4-5 自己バイアス回路

$$V_{DS} = V_{DD} - I_D(R_D + R_S) \tag{4-9}$$

動作点 P を負荷線の中心付近に設定することにすれば，抵抗 R_D と R_S は，それぞれ式 (4-10) と式 (4-11) で計算することができる．

$$R_D = \frac{0.5(V_{DD} - V_S)}{I_D} \tag{4-10}$$

$$R_S = \frac{V_S}{I_D} \tag{4-11}$$

R_G については，ゲート電流が流れないことから，1 〔MΩ〕程度の高抵抗を使用すればよい．

固定バイアス回路と自己バイアス回路のドレーン電流 I_D の安定度について考えよう．図 4-6 に示す V_{GS}-I_D 特性において，例えば，曲

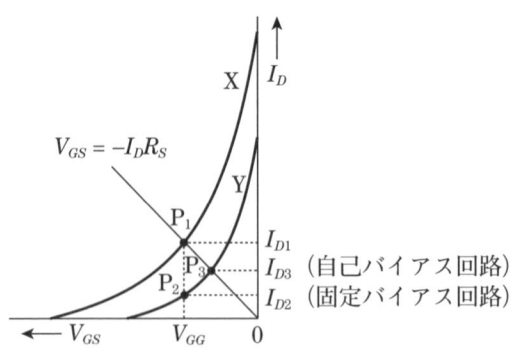

図 4-6　I_D の変動

4-1 FET のバイアス回路

線 X のような特性を持つ FET_1 を動作点 P_1，ドレーン電流 $I_D = I_{D1}$ で使用しているとする．このとき，FET_1 を FET_2 に交換したために特性が曲線 Y に変化したとしよう．または，同じ FET_1 を使用した場合でも，温度変化などによって，特性が曲線 Y に変化したと考えてもよい．

固定バイアス回路では，V_{GG} の値は同じなので動作点 P_1 は P_2 へ，ドレーン電流は $I_D = I_{D2}$ へと移動する．一方，自己バイアス回路の場合，動作点は式 (4-8) で表される傾き $-R_S$ の直線上を移動するために，P_1 は P_3 へ，ドレーン電流は $I_D = I_{D3}$ へと移動する．このように，自己バイアス回路は，固定バイアス回路に比べて I_D の変動が少ないため，広く用いられている．

FET 増幅回路においても，96 ページの図 3-11 に示したようなトランジスタ増幅回路と同様のバイアス回路を構成することができる．しかし，FET ではゲート電流が流れないため，それも自己バイアス回路の一種であると考えることができる．また，そのバイアス回路は，エンハンスメント形用にゲート電圧を正に設定できるが，入力インピーダンスが低くなるために FET の長所を生かせないことや，電源の利用率が良くないなどの欠点がある．

＜例題 4-1＞ トランジスタ増幅回路では，温度が上昇すると h_{fe} が上昇してコレクタ電流が増加する．そして，コレクタ電流が増加したことで，トランジスタの温度がさらに上昇するという悪循環が起こることがある．この現象を熱暴走という．では，FET 増幅回路の熱暴走について説明しなさい．

＜解答＞ FET のドレーン電流は，温度上昇に伴って減少する負の温度係数を持つ（131 ページ参照）．このため，トランジスタ増幅

第4章　FET増幅回路

回路のような熱暴走は生じない．

＜演習 4-1 ＞ 図 4-7 に示す FET 増幅回路のバイアス回路について，次の①～④に答えなさい．ただし，V_{DD} = 12 〔V〕，I_D = 4 〔mA〕，V_{GS} = −1.5 〔V〕とする．

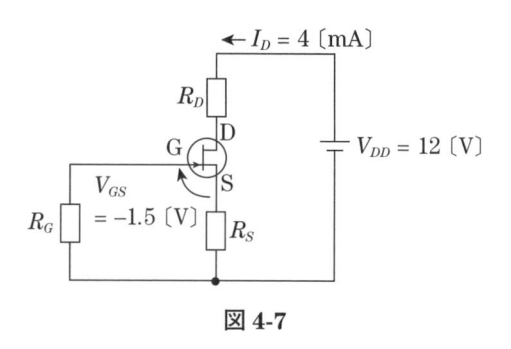

図 4-7

① バイアス回路の名称は何というか
② 抵抗 R_S の値はいくらになるか
③ 抵抗 R_D の値はいくらになるか
④ 抵抗 R_G の値はいくらになるか

4-2　FETの等価回路

ここでは，FET の各種接地方式と交流等価回路の考え方について説明する．

(1) FET の接地方式

トランジスタ増幅回路と同様に，FET 増幅回路には，図 4-8 に示す3つの接地方式がある．表 4-1 に，各接地方式の比較を示す．FET では，入力電流（ゲート電流）が極めて小さな値となり電流増幅度 A_i は無限大となるため，表 4-1 には A_i と A_p を記載していない．

4-2　FETの等価回路

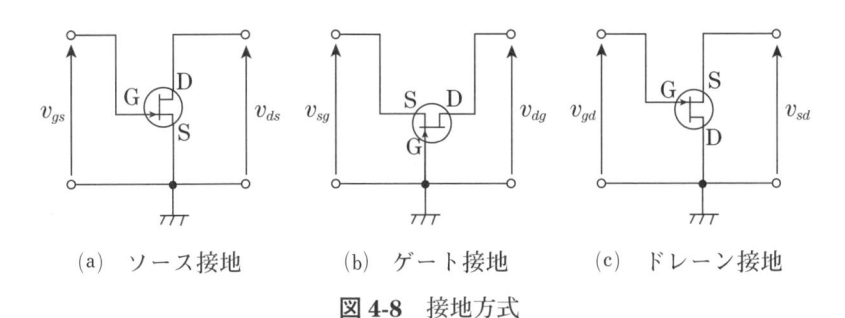

(a) ソース接地　　(b) ゲート接地　　(c) ドレーン接地

図 4-8　接地方式

表 4-1　各接地方式の比較

比較項目	ソース接地	ゲート接地	ドレーン接地
電圧増幅度 A_v	大きい	大きい	約 1 倍
入力抵抗 R_i	大きい	中程度	大きい
出力抵抗 R_o	中程度	大きい	小さい

　ソース接地方式は，大きな電圧増幅度が得られることに加えて，入力抵抗も大きくなるために広く用いられている．ゲート接地方式は，FETの長所である入力抵抗が大きい点を活かせないため，使用されることは少ない．ドレーン接地方式は，ソースホロワとも呼ばれ（第5章参照），バッファ（緩衝増幅器）としてインピーダンス変換などに使用される．

(2)　FETの交流等価回路

　FETの交流等価回路について考えよう．図 4-9 は，FETの v_{gs}-i_d 特性である．この図は，図 4-4 に示した V_{GS}-I_D 特性を交流分について考えているので，動作点Pを原点に置いてある．FETに入力する増幅したい交流信号 v_{gs} は，この動作点Pを中心に変化し，出力電流 i_d となる．

　v_{gs}-i_d 特性は曲線であるが，図 4-9 では近似的に直線として描いている．この直線の傾きが相互コンダクタンス g_m であるから，式 (4-12) が得られる．

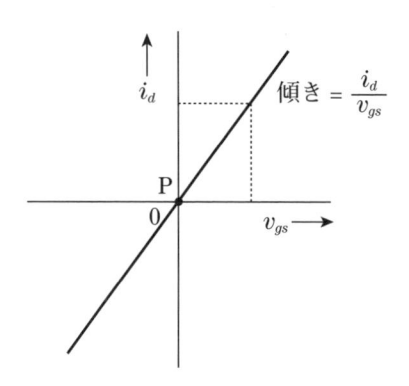

図 4-9　v_{gs} - i_d 特性（交流分）

$$g_m = \frac{i_d}{v_{gs}}$$

$$i_d = g_m v_{gs} \tag{4-12}$$

　これより，**図 4-10** に示すソース接地の交流等価回路が得られる．一方，**図 4-11** に示す v_{ds}-i_d 特性は，図 4-3 に示した V_{DS}-I_D 特性の交流分を示している．図 4-10 に示した簡易型交流等価回路は，v_{ds} の変化が i_d には影響しない場合，つまり，図 4-11 のグラフが動作点 P において横軸（v_{ds} 軸）と水平である場合を考えていた．しかし，実際にはグラフは図 4-11 に示したように傾きを持っており，v_{ds} の増加に

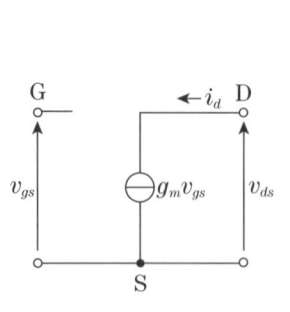

図 4-10　簡易型交流等価回路　　図 4-11　v_{ds} - i_d 特性

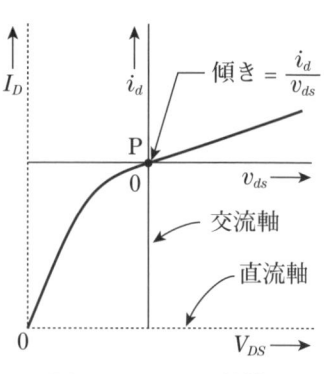

4-2 FETの等価回路

伴って i_d もわずかながら増加する．図4-11では，グラフの傾きを強調して描いているが，実際の傾きはわずかである．

図4-11において，v_{ds} に伴って変化する電流を $i_d{}'$ として考えたグラフの傾きは，抵抗 r_d の逆数となる（基礎4-2　FETの3定数式(4-1)参照）．このため，$i_d{}'$ を示す式(4-13)が得られる．

$$\frac{i_d{}'}{v_{ds}} = \frac{1}{r_d}$$

$$i_d{}' = \frac{v_{ds}}{r_d} \tag{4-13}$$

図4-10の簡易型交流等価回路に，式(4-13)の $i_d{}'$ を反映させれば，**図4-12**(a)に示すソース接地のより正確な定電流源交流等価回路が得られる．

図4-12(b)は，(a)を定電圧源によって表した交流等価回路である（42ページの例題1-9参照）．**図4-13**に，定電圧源を用いたゲート接地と

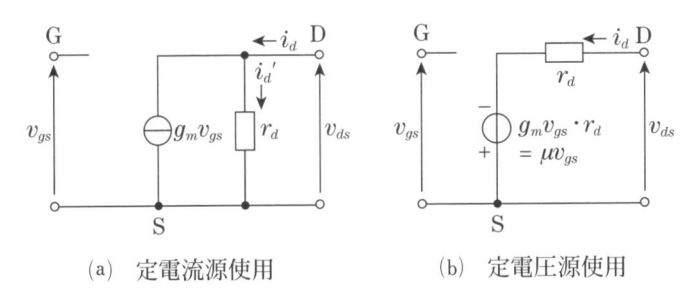

(a) 定電流源使用　　　　(b) 定電圧源使用

図4-12　ソース接地の交流等価回路

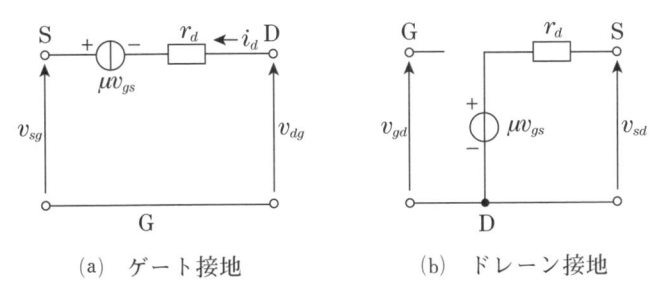

(a) ゲート接地　　　　(b) ドレーン接地

図4-13　定電圧源交流等価回路

第4章 FET 増幅回路

ドレーン接地の交流等価回路を示す.

図 4-12, 図 4-13 に示した等価回路は, 接合形, MOS 形のどちらにも使用できる. ただし, MOS 形は, ゲートに入力静電容量があるために, 回路によっては突入電流や高周波電流に留意する必要がある.

(3) ソース接地増幅回路

ここでは, 広く用いられているソース接地増幅回路について, 電圧利得などを計算する式を導出しよう. **図 4-14** は, 自己バイアス回路によるソース接地増幅回路の回路図と定電流源交流等価回路である. 回路図には, バイアス回路を交流回路から切り離すための結合コンデンサ C_1, C_2 と抵抗 R_3 による交流分の電圧降下を防ぐためのバイパスコンデンサ C_3 を挿入している (102 〜 103 ページ参照).

等価回路から考えると, 回路の入力インピーダンス Z_i と出力インピーダンス Z_o は, 式 (4-14) のようになる.

$$\left. \begin{array}{l} Z_i = R_1 \\ Z_o = r_d /\!/ R_2 = \dfrac{r_d R_2}{r_d + R_2} \end{array} \right\} \tag{4-14}$$

入力電圧 v_i と出力電圧 v_o は, 式 (4-15) のようになるため, 電圧増幅度 A_v は式 (4-16) で表すことができる. ただし, R_L は r_d と R_2 の

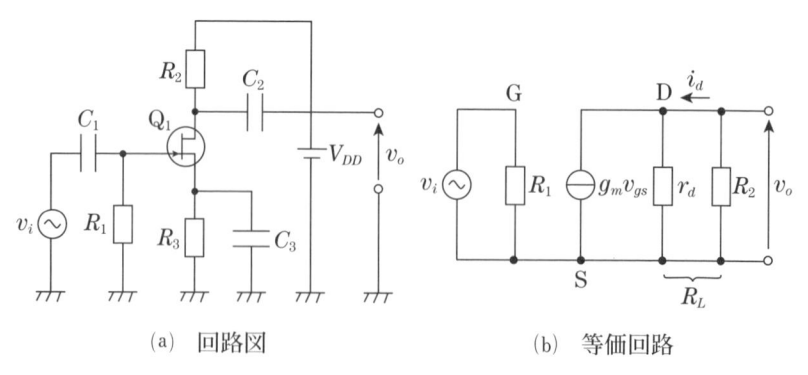

(a) 回路図 (b) 等価回路

図 4-14 ソース接地増幅回路

並列合成抵抗である.

$$\left.\begin{array}{l} v_i = v_{gs} \\ v_o = -g_m v_{gs} R_L \end{array}\right\} \tag{4-15}$$

$$A_v = \frac{v_o}{v_i} = \frac{-g_m v_{gs} R_L}{v_{gs}} = -g_m R_L \tag{4-16}$$

また,式 (4-4) を変形した式 (4-17) の関係を式 (4-16) に代入すれば,A_v は式 (4-18) と表すこともできる.ちなみに,一般的な接合形 FET の g_m は 1 〜 10 〔mS〕程度,r_d は 100 〔kΩ〕程度の値である.

$$g_m = \frac{\mu}{r_d} \tag{4-17}$$

$$A_v = -\frac{\mu}{r_d} R_L = -\frac{\mu}{r_d} \frac{r_d \cdot R_2}{r_d + R_2} = -\frac{\mu R_2}{r_d + R_2} \tag{4-18}$$

106 ページ図 3-27 のエミッタ接地増幅回路と同様に,ソース接地増幅回路においても,低域遮断周波数に大きく影響するのはバイパスコンデンサ C_3 である.低域遮断周波数 f_{C3} を表す式は,エミッタ接地増幅回路と同様の計算をして導出することができる.一方で,トランジスタの h パラメータと FET の相互コンダクタンス g_m は,式 (4-19) の換算が行える.

$$g_m = \frac{h_{fe}}{h_{ie}} \tag{4-19}$$

この関係を 114 ページの式 (3-57) に代入すれば,図 4-14 に示したソース接地増幅回路の C_3 によって決まる低域遮断周波数 f_{C3} を表す式 (4-20) が得られる.

$$f_{C3} = \frac{h_{fe}}{2\pi C_3 h_{ie}} = \frac{g_m}{2\pi C_3} \tag{4-20}$$

第4章 FET 増幅回路

＜例題 4-2＞ 図 4-15 は，図 4-14(a)に示したソース接地増幅回路の定電圧源等価回路である．この等価回路から，電圧増幅度 A_v を表す式を導出しなさい．

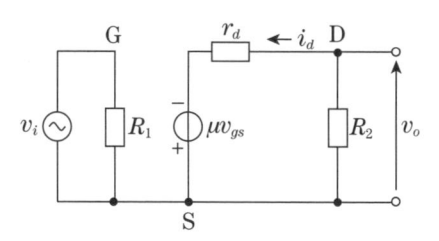

図 4-15 ソース接地増幅回路の定電圧源等価回路

＜解答＞ 等価回路の出力側で成り立つ式 (4-21) から，式 (4-22) が得られる．

$$(r_d + R_2)i_d = \mu v_{gs} \tag{4-21}$$

$$v_i = v_{gs} = \frac{(r_d + R_2)i_d}{\mu} \tag{4-22}$$

式 (4-22) と出力電圧 v_o の式 (4-23) から，電圧増幅度 A_v を表す式 (4-24) が導出できる．

$$v_o = -R_2 i_d \tag{4-23}$$

$$A_v = \frac{v_o}{v_i} = \frac{-R_2 i_d \mu}{(r_d + R_2)i_d} = \frac{-R_2 \mu}{r_d + R_2} \tag{4-24}$$

また，式 (4-25) の関係を式 (4-24) に代入すれば，式 (4-26) となる．

$$\mu = g_m r_d \tag{4-25}$$

$$A_v = \frac{-R_2 g_m r_d}{r_d + R_2} = -g_m(r_d /\!/ R_2) = -g_m R_L \tag{4-26}$$

式 (4-26) は，図 4-14(b)に示したソース接地増幅回路の定電流源等価回路から導出した式 (4-16) と一致する．

<演習 4-2> 図 4-16 に示すゲート接地増幅回路について，定電圧源等価回路を描き，電圧増幅度 A_v を表す式を導出しなさい．

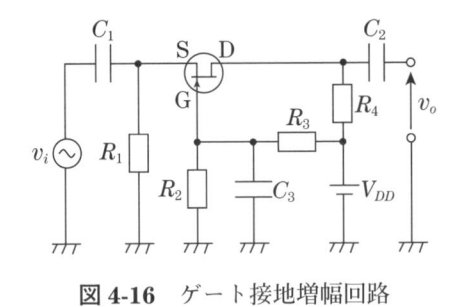

図 4-16 ゲート接地増幅回路

4-3　FET 負帰還増幅回路

ここでは，自己バイアス回路を用いたソース接地増幅回路において，2 種類の負帰還をかけた場合の電圧増幅度を表す式の導出などについて説明する．

(1) **直列帰還 - 直列注入方式**

図 4-17 は，図 4-14 に示した自己バイアス回路を用いたソース接地増幅回路から，バイパスコンデンサ C_3 を取り外した回路である．ト

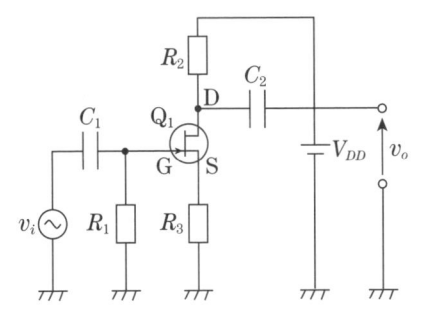

図 4-17　ソース接地負帰還増幅回路

第4章 FET増幅回路

　ランジスタを用いた場合（121ページ図3-41,図3-42参照）と同様に，図4-17は直列帰還‐直列注入方式（図4-21(a)参照）の負帰還増幅回路となる．**図4-18**に示す定電流源を用いた等価回路から，負帰還をかけた場合の電圧増幅度 A_{vf} を表す式を導出しよう．

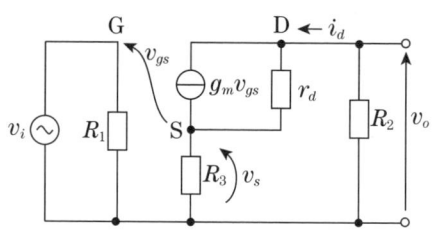

図 4-18　定電流源等価回路

　出力電圧 v_o を示す式を変形すると，ドレーン電流 i_d は，式(4-27)のようになる．

$$v_o = -i_d R_2$$

より，

$$i_d = -\frac{v_o}{R_2} \tag{4-27}$$

　C_3 を取り除くと，R_3 による電圧降下 v_s が無視できなくなる．このため，ゲート・ソース間の電圧 v_{gs} は，式(4-28)のようになる．

$$v_{gs} = v_i - v_s = v_i - i_d R_3 = v_i + \frac{v_o R_3}{R_2} \tag{4-28}$$

　ドレーン電流 i_d を示す式を変形すると，出力電圧 v_o を示す式(4-29)が得られる．

$$i_d = g_m v_{gs} + \frac{v_o - i_d R_3}{r_d}$$

より，

$$v_o = -g_m v_{gs} r_d + (r_d + R_3) i_d \tag{4-29}$$

式 (4-29) に，式 (4-27) と式 (4-28) を代入すると，式 (4-30) となる．

$$v_o = -g_m \left(v_i + \frac{v_o R_3}{R_2} \right) r_d - (r_d + R_3) \frac{v_o}{R_2} \quad (4\text{-}30)$$

式 (4-30) を変形すると，負帰還増幅回路の電圧増幅度 A_{vf} を表す式 (4-31) が得られる．

$$\begin{aligned} A_{vf} = \frac{v_o}{v_i} &= \frac{-g_m r_d R_2}{R_2 + g_m r_d R_3 + r_d + R_3} \\ &= \frac{-g_m R_2}{1 + g_m R_3 + \dfrac{R_2 + R_3}{r_d}} \end{aligned} \quad (4\text{-}31)$$

式 (4-31) において，式 (4-32) が成立すると仮定すれば，A_{vf} は近似的に式 (4-33) で表すことができる．

$$(R_2 + R_3) \ll r_d \quad (4\text{-}32)$$

$$A_{vf} = \frac{-g_m R_2}{1 + g_m R_3} \quad (4\text{-}33)$$

式 (4-33) は，負帰還をかけない場合の増幅度を示す式 (4-26) の $|g_m R_L| \fallingdotseq |g_m R_2|$ を分母の 1 より大きな値 ($1 + g_m R_3$) で割っているために，式 (4-26) よりも小さな値となる．つまり，負帰還をかけることで，電圧増幅度が減少することを示している．

(2) 並列帰還 - 並列注入方式

図 **4-19** は，図 4-14 に示したソース接地増幅回路において，バイパスコンデンサ C_3 をそのままにして，帰還抵抗 R_f を追加した回路であり，図 **4-20** はその等価回路である．

図 4-17 は直列帰還 - 直列注入方式であったが，図 4-19 は並列帰還 - 並列注入方式と呼ばれる帰還の方法である．図 **4-21**(b)によって，回路構成を確認されたい．

図 4-20 に示した定電流源を用いた等価回路から，並列帰還 - 並列

第4章 FET増幅回路

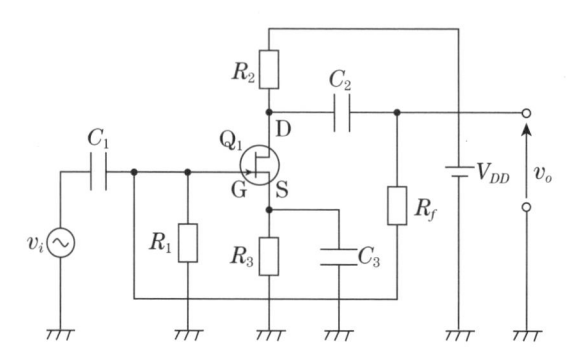

図 4-19 ソース接地負帰還増幅回路（並列帰還–並列注入方式）

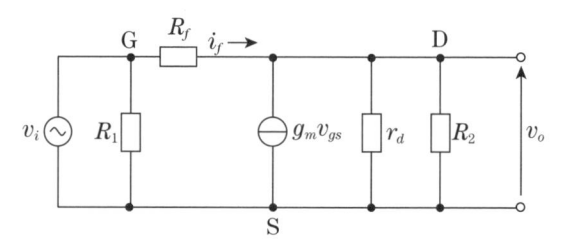

図 4-20 定電流源等価回路

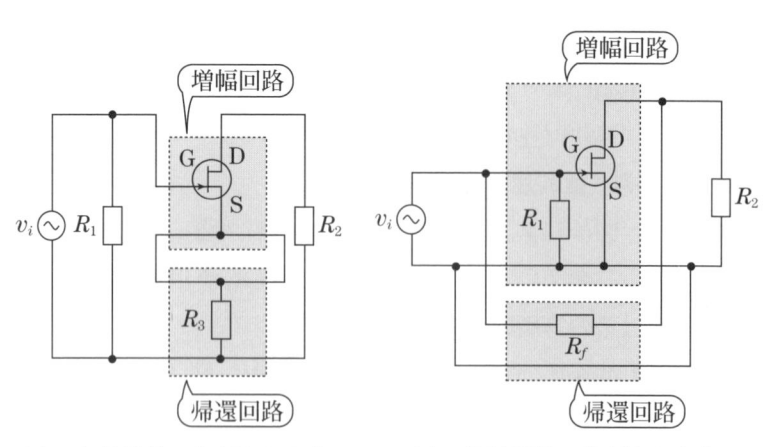

(a) 直列帰還–直列注入方式　　(b) 並列帰還–並列注入方式

図 4-21 帰還の方式

4-3 FET負帰還増幅回路

注入方式で負帰還をかけた場合の電圧増幅度 A_{vf} を表す式を導出しよう．帰還抵抗 R_f に流れる電流 i_f に着目して，キルヒホッフの法則によって式を立てると式(4-34)のようになる．

$$\frac{v_i - v_o}{R_f} = g_m v_{gs} + \frac{v_o}{r_d} + \frac{v_o}{R_2} \tag{4-34}$$

$v_{gs} = v_i$ であることを用いて，式(4-34)を変形すれば，電圧増幅度 A_{vf} を表す式(4-35)が得られる．

$$A_{vf} = \frac{v_o}{v_i} = \frac{r_d R_2 - g_m r_d R_2 R_f}{R_f R_2 + r_d R_f + r_d R_2} \tag{4-35}$$

式(4-35)に，式(4-36)の関係を代入して式(4-37)とする．

$$g_m = \frac{\mu}{r_d} \tag{4-36}$$

$$A_{vf} = \frac{R_2(r_d - \mu R_f)}{R_f R_2 + r_d R_f + r_d R_2} \tag{4-37}$$

$R_2 \ll R_f$ とすれば，式(4-37)は，式(4-38)のように近似できる．

$$\begin{aligned} A_{vf} &\fallingdotseq \frac{R_2(r_d - \mu R_f)}{R_f R_2 + r_d R_f} \\ &= \frac{-\mu R_2}{r_d + R_2} + \frac{r_d R_2}{R_f(r_d + R_2)} \end{aligned} \tag{4-38}$$

<例題 4-3> 図 4-22(a)(b)に，FETソース接地増幅回路のバイパスコンデンサ C_3 の有無によって，負帰還をかけない回路とかけた回路の周波数と電圧利得の特性例を示す．中域周波数の利得，低域周波数特性について比較しなさい．

第4章 FET増幅回路

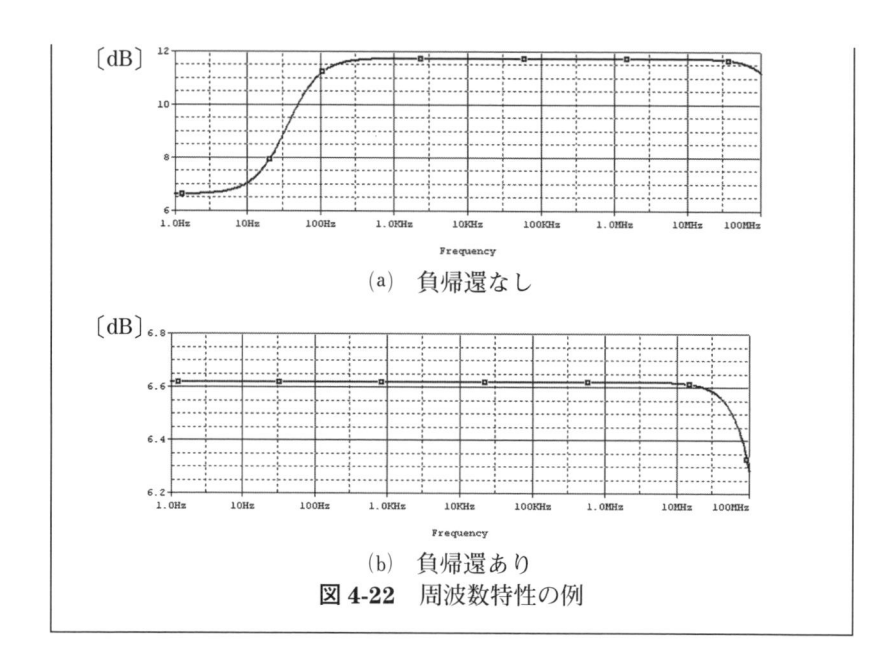

(a) 負帰還なし

(b) 負帰還あり

図 4-22　周波数特性の例

　<解答>　グラフから，中域周波数での電圧増幅度を読み取ると，およそ A_v = 11.7 [dB]，A_{vf} = 6.6 [dB] となり，負帰還をかけたために増幅度が低下したことが確認できる．また，低域周波数特性を見ると，負帰還をかけた場合には安定した利得が得られていることがわかる．

<演習4-3>　図4-21に，直列帰還-直列注入方式と並列帰還-並列注入方式の負帰還増幅回路の構成を示した．各回路についての入力インピーダンスと出力インピーダンスについて，負帰還をかけない場合との大小を比較しなさい．

コラム☆真空管

1904年にフレミングによって発明された二極真空管ならびに，その2年後にフォレストによって発明された三極真空管は，1949年にトランジスタが発明されるまでの間，能動素子の主役であった．図 4-23 に，二極真空管の原理図を示す．

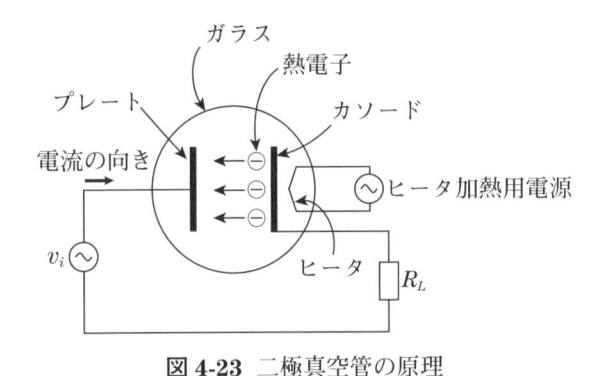

図 4-23 二極真空管の原理

二極真空管は，ヒータによって加熱したカソード電極から放出される熱電子をプレート電極で受けることによって，電流をプレート極からカソード極の一方向のみに流す整流作用を持っている（第9章参照）．図 4-24 に，二極真空管（左 ST 管 12F，右 MT 管 5MK9）の外観例を示す．

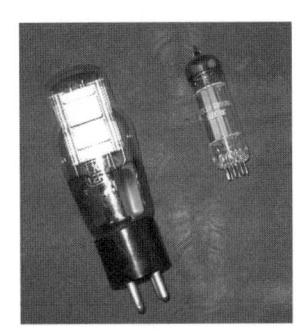

図 4-24 二極真空管の外観例

第4章　FET増幅回路

　図 **4-25** は，三極真空管を用いた増幅回路の原理を示している．三極真空管は，カソード電極 K とプレート電極 P の間にグリッド電極 G を挿入してある．これにより，グリッド電極にかける負の電圧で，プレート電極に達する熱電子の量（電流の大きさ）を制御できるようになった．つまり，FET がゲート電圧でドレーン電流を制御するのと同様に，グリッド電圧でプレート電流を制御する増幅作用を実現したのである．

　その後，グリッド電極の数を増やした四極管や五極管などの多極管が発明され，真空管を用いた多くの電子回路が実用化された．ブラウン管として知られるディスプレイも真空管の一種である．現代では，能動素子の主役がトランジスタや IC などの半導体に代わったが，オーディオ愛好家などには，今でも真空管アンプの音を好むファンも少なくない．

　図 **4-26** は，著者がラジオ少年（ラジオ製作などに夢中の子供）時代を懐かしみながら近年に製作した真空管ラジオの外観である．4 本の真空管で高周波増幅，検波，低周波増幅，整流を行う高 1 ラジオ（192 ページ図 5-43 参照）と呼ばれた形式である．

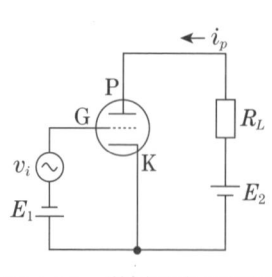

図 **4-25**　増幅回路の原理　　　図 **4-26**　真空管ラジオ（自作）

章末問題 4

1 図 4-27 は，電流帰還バイアス回路を用いたドレーン接地増幅回路とその定電圧源交流等価回路（137 ページ図 4-13(b)参照）である．電圧増幅度 A_v を示す式を導出しなさい．

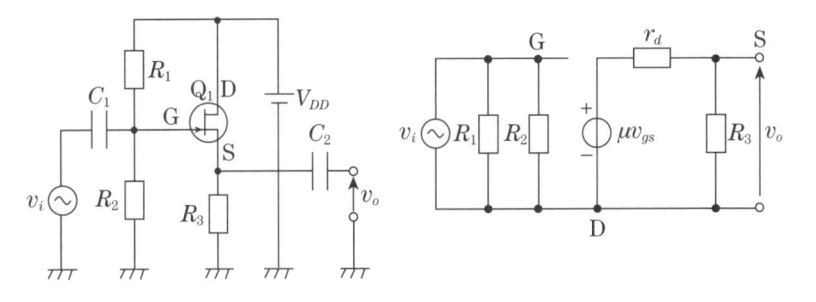

図 4-27 ドレーン接地増幅回路

2 図 4-28 は，自己バイアス回路を用いたソース接地増幅回路である．条件を満たすバイアス回路を設計し，電圧増幅度と利得を計算しなさい．また，低域遮断周波数を 20 [Hz] にする際の C_3 の値を計算しなさい．

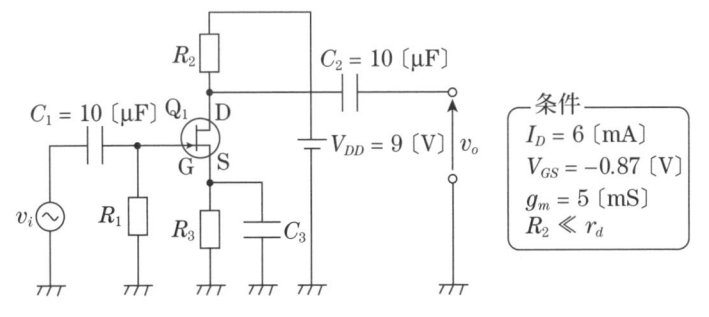

条件
$I_D = 6$ [mA]
$V_{GS} = -0.87$ [V]
$g_m = 5$ [mS]
$R_2 \ll r_d$

図 4-28 ソース接地増幅回路

第4章 FET増幅回路

3 前問で設計した増幅回路（図 4-28）において，C_3 を取り外した場合の電圧増幅度と利得を計算しなさい．また，この場合の帰還方式は何と呼ばれるか答えなさい．

第5章　各種の増幅回路

　これまでに，トランジスタやFETの構造や等価回路を用いた増幅回路の動作について学習してきた．この章では，差動増幅回路や緩衝増幅回路，ダーリントン回路，電力増幅回路などの考え方について説明する．必要に応じて前に学んだ章を復習しながら理解していこう．

第 5 章　各種の増幅回路

☆この章で使う基礎事項☆

基礎 5-1　トランスの巻数比

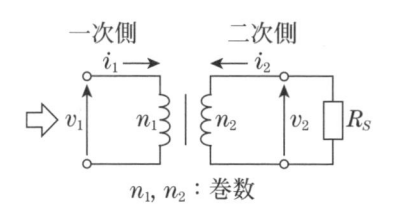

(a)　図記号（鉄心入り）　　(b)　小型トランスの外観例

図 5-1　トランス（変成器）

巻数比 $n = \dfrac{n_1}{n_2} = \dfrac{v_1}{v_2} = \dfrac{i_2}{i_1}$ (5-1)

電力 $p = v_1 i_1 = v_2 i_2$ (5-2)

一次側から見た負荷抵抗 $R_L = n^2 R_s$ (5-3)

基礎 5-2　共振回路

図 5-2 は，インダクタンス L〔H〕，内部抵抗 r〔Ω〕のコイルとコンデンサ C〔F〕を接続した回路である．図(a)(b)どちらの回路も，共振周波数 f_0 を式 (5-4) のように計算できる．共振周波数では，回路のインピーダンス $|Z|$ が，図(a)の直列共振回路では最小，図(b)の並列共振回路では最大となる．

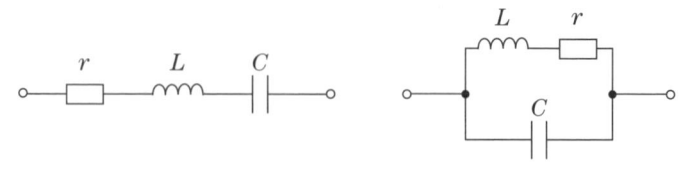

(a)　直列共振回路　　(b)　並列共振回路

図 5-2　共振回路

共振周波数 $f_0 = \dfrac{1}{2\pi\sqrt{LC}}$ \hfill (5-4)

基礎 5-3　交流ブリッジ回路の平衡条件

図 **5-3** において，平衡条件を示す式 (5-5) が成立していれば，AB 間には電流が流れない．

$$Z_1 \cdot Z_3 = Z_2 \cdot Z_4 \hfill (5\text{-}5)$$

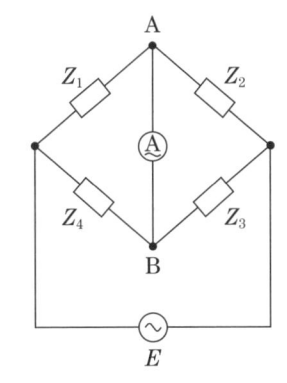

図 **5-3**　交流ブリッジ回路

第 5 章　各種の増幅回路

5-1　増幅回路の結合

トランジスタや FET 増幅回路では，大きな利得を得るために，複数の増幅回路を結合した多段増幅回路が用いられることが多い．ここでは，増幅回路を結合する代表的な方法について説明する．

(1) RC 結合増幅回路

図 5-4 に RC 結合増幅回路の例を示す．この回路は，第 3 章で学んだ電流帰還バイアス回路を用いたトランジスタのエミッタ接地増幅回路（106 ページ図 3-27 参照）を 2 段結合した例である．

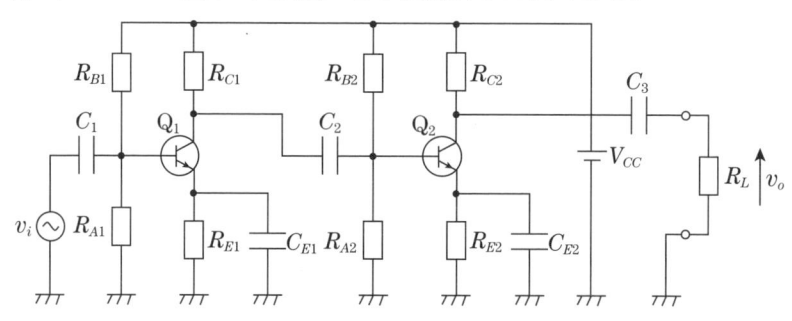

図 5-4　RC 結合増幅回路の例

RC 結合増幅回路は，結合コンデンサによって前段の増幅回路の出力を次段の増幅回路の入力へ接続している．このため，前段と次段の増幅回路は直流的には切り離されているので，バイアス回路の設計が容易である．また，周波数帯域が比較的広い利点があるために，低周波の小信号増幅回路として用いられることが多い．

(2) トランス結合増幅回路

図 5-5 にトランス結合増幅回路の例を示す．この回路は，前段と次段をトランス（変成器：図 5-1 参照）によって電磁的に結合する．

トランス結合増幅回路は，前段の出力インピーダンスと次段の入力インピーダンスをトランスによって整合することができるので，電力

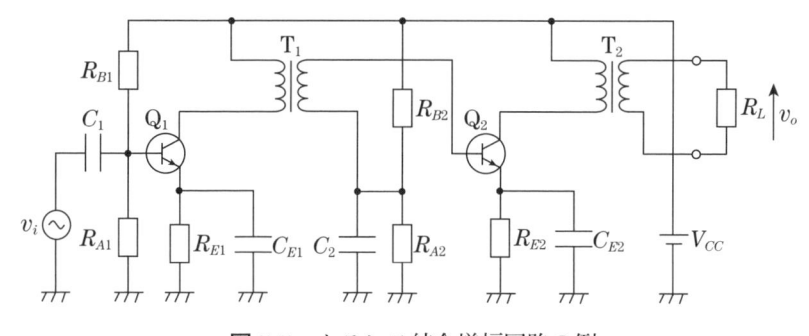

図 5-5 トランス結合増幅回路の例

損失の少ない効率的な結合ができる.このために,終段の出力にスピーカを接続する電力増幅回路（175 ページ参照）に使用されることが多い.また,前段と後段の増幅回路を直流的に絶縁できるので,バイアス回路が安定して動作する利点がある.一方で,増幅回路の周波数特性がトランスの性能に依存し,RC 結合増幅回路や直結増幅回路よりも周波数特性が良くないことが多い.また,小型で特性の優れたトランスは高価になってしまうのが欠点である.さらに,電磁的な結合を行っているために,外部磁気の影響を受けることがある.

(3) **直接結合増幅回路**

図 **5-6** に直接結合増幅回路の例を示す.この回路は,コンデンサやトランスを用いずに,前段と次段を直接的に結合している.RC 結合増幅回路やトランス結合増幅回路では,直流信号を次段へ伝えることができないが,直接結合増幅回路では直流の増幅が行える.しかし,図 5-6 に示した回路では,$V_{B1} < (V_{C1} = V_{B2}) < V_{C2}$ のように,次段のベース電圧 V_{B2} が V_{C1} と同じ大きさになってしまい,適切なバイアス電圧（入力電圧）がかけられない.これは,段数が多い後段のベース電圧ほどその値が大きくなることを示している.

この問題を解決するために,ダイオードの順方向電圧を利用して,レベルシフトする（電圧をずらす）方法がある（220 ページ図 6-28 参

第5章　各種の増幅回路

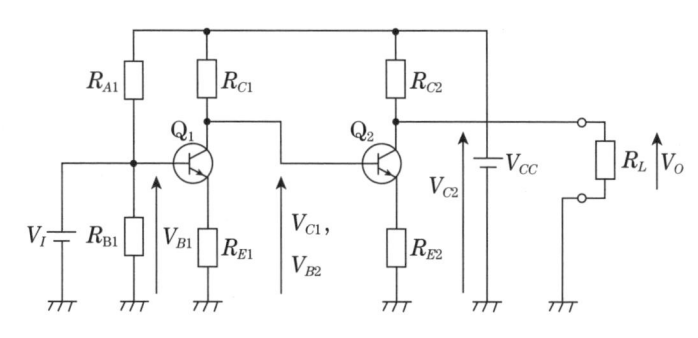

図 5-6　直接結合増幅回路の例

照).　**図 5-7** に示す回路では，2個のシリコンダイオードを直列接続して次段トランジスタのベースに接続することでレベルシフトを行っている．目安としては，抵抗 R_o に流れる電流 I_o を，前段トランジスタのコレクタ電流 I_{C1} の10％程度にすればよい．

　しかしながら，この回路では前段と次段の増幅回路が直流的に接続されているので，バイアス回路の設計が困難である．また，回路の一部にバイアス電圧の変動などが生じた場合には，その影響が全体に及んでしまうこともある．このため，直流電圧の増幅には第6章で説明するオペアンプが用いられることが多い．

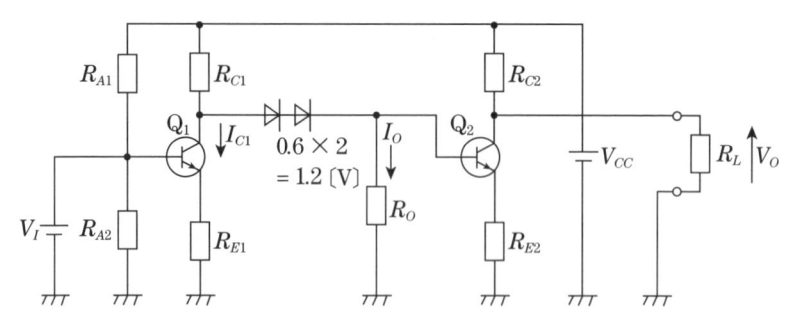

図 5-7　レベルシフトを用いた直接結合増幅回路の例

＜例題 5-1＞　次の①〜④の説明文の誤りを訂正しなさい．
　① RC 結合増幅回路は，バイアス回路と交流回路が抵抗によっ

て絶縁されているため，バイアス回路の設計が容易である．
② トランス結合増幅回路は，前段と次段を直流的に絶縁できない．
③ 直結増幅回路は，部品数が少なく，バイアス回路の設計は容易である．
④ 2段結合の増幅回路の利得は，1段目の利得 G_{v1} と 2段目の利得 G_{v2} の積で計算できる．

＜解答＞
① （誤）抵抗→（正）コンデンサ
② （誤）絶縁できない→（正）絶縁できる
③ （誤）容易である→（正）前段と次段が直流的に絶縁されていないので容易ではない
④ （誤）積→（正）和，87ページ式(3-3)参照

＜演習 5-1＞ 自己バイアス回路を用いた FET ソース接地増幅回路について，図 5-4 に示したトランジスタ回路と同様の 2 段 RC 結合増幅回路の回路図を描きなさい．

5-2　差動増幅回路

差動増幅回路は，雑音や入力の変動などの影響を受けにくい高性能な増幅回路である．第 6 章で学ぶオペアンプは，差動増幅回路を基本としている．

(1) 差動増幅回路の原理

図 5-8 に，差動増幅回路を示す．トランジスタと電源を各 2 個使用していることが特徴である．

第5章　各種の増幅回路

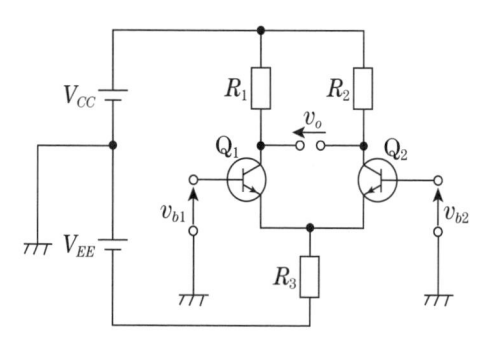

図 5-8　差動増幅回路

図 5-9 は，差動増幅回路の 2 箇所の入力（ベース端子）に同じ電圧を加えた状態を示している．図(a)のように，どちらの入力も 0 〔V〕（グラウンド電位）にした場合を考えよう．このときに注意すべきは，ベースをグラウンドに接続してあるが，エミッタからみたベースの電位は 0 〔V〕ではない点である．なぜなら，電源 V_{EE} と抵抗 R_3 からなるバイアス回路によって，エミッタから見るとベースは正の電圧がかかっている．つまり，ベースにはバイアス電圧がかかっているのである．そして，コレクタ電流 I_{C1} を流すための電圧は電源 V_{CC} が受け持っている．図(a)において，$R_1 = R_2$ であれば I_{C1} と I_{C2} は同じ大きさになる

(a)　$V_{B1} = V_{B2} = 0$　　　　(b)　$V_{B1} = V_{B2} = E$

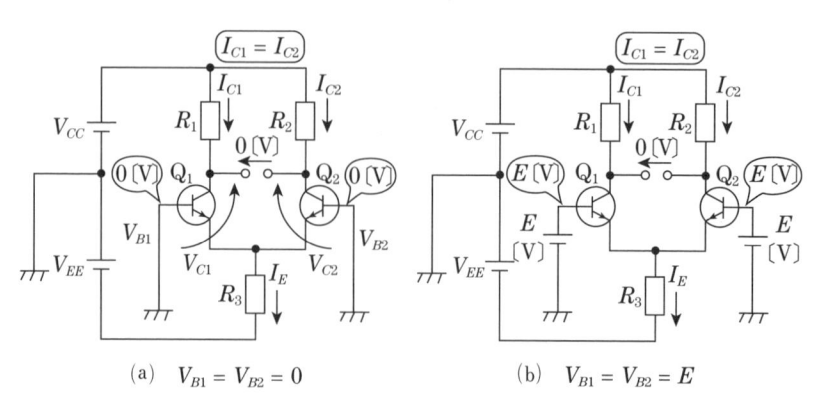

図 5-9　$V_{B1} = V_{B2}$ とした差動増幅回路

ため，V_{C1} と V_{C2} も同じ大きさになる．これにより，出力端子（両コレクタ端子間）の電圧は 0 [V] となる．

図(b)は，どちらの入力にも電圧 E [V] を加えた場合を示している．このときには，ベース電流 I_{B1} と I_{B2} はともに増加するため，I_{C1} と I_{C2} も増加する．ただし，I_{C1} と I_{C2} の増加分は等しいから，図(a)と同様に出力端子（両コレクタ端子間）の電圧は 0 [V] となる．

次に，入力端子に異なった電圧を加えた場合を考えよう．**図 5-10** は，$V_{B1} = E$ [V]，$V_{B2} = 0$ [V] とした場合の差動増幅回路である．

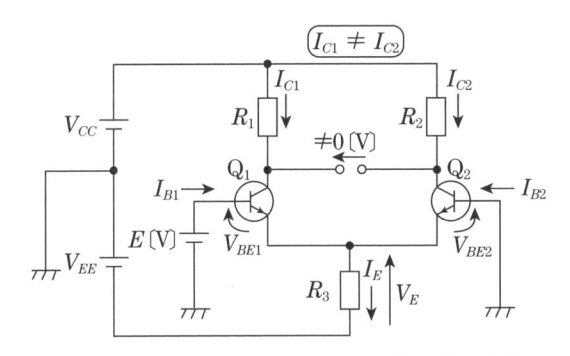

図 5-10　$V_{B1} = E$ [V], $V_{B2} = 0$ [V] の差動増幅回路

トランジスタ Q_1 のベースに E [V] を加えたことで，グラウンド電位であった場合に比べて I_{B1} が増加し，I_{C1} も増加する．さて，I_{C2} はどうなるであろうか．Q_2 のベースには 0 [V] を加えてあるので，これによる I_{C2} の増加は生じない．しかし，次に述べる動作によって，I_{B1} が増加することが起因して，I_{C2} は減少するのである．

＜ $V_{B1} = E$ [V]，$V_{B2} = 0$ [V] のときの動作＞

① 　$V_{B1} = E$ [V] としたことで，I_{B1} が増加し，I_{C1} も増加する．

② 　I_{C1} の増加により，I_E が増加し，R_3 の端子電圧 V_E が増加する．

③ 　一定電圧 $V_{EE} = V_{BE2} + V_E$ であるため，V_E の増加により V_{BE2} が減少する．

第5章　各種の増幅回路

④　V_{BE2} の減少により，I_{B2} が減少するため I_{C2} も減少する．

さらに，I_{C2} の減少によって I_E が減少する．つまり，I_{C1} の増加分と I_{C2} の減少分が同じ大きさであることを考えれば，結局は I_E が一定になるように動作していることになる．また，そのときの出力電圧すなわち V_{C1} と V_{C2} の差は，入力電圧の差（図5-10 では，E〔V〕）が増幅された値となる．このように，差動増幅回路は，2個の入力信号の差を増幅する回路である．1個の信号を増幅したい場合には，一方の端子を接地するか，他方の端子とは逆相にした信号を入力すればよい．

差動増幅回路に，外部からの雑音が加わった場合を考えてみよう．2個の入力端子には同じ雑音が加わる可能性が高いので，このときには，雑音が相殺されるために出力には雑音の影響が現れない．また，入力の変動などの影響も，2個のトランジスタの特性が同じであれば，相殺されるために出力には影響しない．

直流増幅が行えることも差動増幅回路の利点である．トランジスタの V_{BE} は温度により変化する．このために，例えばエミッタ接地増加回路では，V_{BE} の変動分が出力に大きく現れてしまう．この現象を温度ドリフトという．交流信号については，結合コンデンサによって，この影響を取り除いた信号を取り出すことができるが，直流信号に対しては結合コンデンサが使用できないために，V_{BE} の変動が大きな問題となってしまう．一方，差動増幅回路では，2個のトランジスタに V_{BE} の変動分が同様に現れるため，差分を取り出す出力において，この影響は相殺される．

ただし，差動増幅回路では，2個のトランジスタの特性が揃っていることが必要である．近年では，IC技術の発展によって，この条件を満たす高性能な差動増幅回路がオペアンプ（第6章参照）として実用化されている．

(2) 差動増幅回路の増幅度

差動増幅回路の増幅度などについて考えよう．**図 5-11** は，図 5-8 に示した差動増幅回路の交流等価回路である．

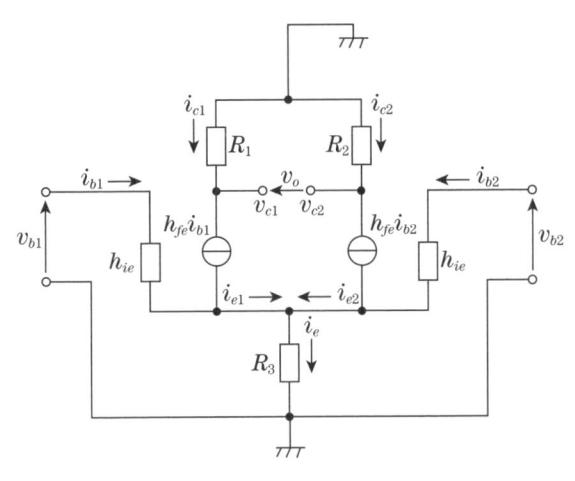

図 5-11 交流等価回路

この等価回路から得られる式 (5-6) を変形して，式 (5-7) とする．

$$\left. \begin{array}{l} v_{b1} = i_{b1}h_{ie} + i_e R_3 \\ v_{b2} = i_{b2}h_{ie} + i_e R_3 \end{array} \right\} \tag{5-6}$$

$$\left. \begin{array}{l} i_{b1} = \dfrac{v_{b1} - i_e R_3}{h_{ie}} \\ i_{b2} = \dfrac{v_{b2} - i_e R_3}{h_{ie}} \end{array} \right\} \tag{5-7}$$

さらに，等価回路から，式 (5-8) と式 (5-9) を得る．

$$\left. \begin{array}{l} i_{c1} = h_{fe} i_{b1} \\ i_{c2} = h_{fe} i_{b2} \end{array} \right\} \tag{5-8}$$

$$\left. \begin{array}{l} v_{c1} = -i_{c1} R_1 \\ v_{c2} = -i_{c2} R_2 \end{array} \right\} \tag{5-9}$$

第 5 章　各種の増幅回路

これらの式 (5-7)〜式 (5-9) から，差動増幅回路の出力電圧 v_o を表す式 (5-10) が得られる．ただし，$R_1 = R_2 = R$ としている．

$$v_o = v_{c1} - v_{c2} = R(-i_{c1} + i_{c2}) = R(-h_{fe}i_{b1} + h_{fe}i_{b2})$$

$$= Rh_{fe}\left(\frac{-v_{b1} + i_e R_3 + v_{b2} - i_e R_3}{h_{ie}}\right)$$

$$= -\frac{h_{fe}}{h_{ie}} R(v_{b1} - v_{b2}) \tag{5-10}$$

差動増幅回路に，振幅の等しい同相の入力を加えた場合の，入力信号 v_{b1} と出力信号 v_{c1} の比の大きさ $|A_v|$ は，式 (5-11) のようになる．

$$|A_v| = \left|\frac{v_{c1}}{v_{b1}}\right| = \frac{i_{c1} R}{i_{b1} h_{ie} + i_e R_3} \tag{5-11}$$

この A_v は，同相利得と呼ばれる．本来，A_v は利得ではなく増幅度であるが，差動増幅回路やオペアンプを扱う場合には慣用的に利得ということが多い．また，$i_{b1} = i_{b2}$ であるから，電流 i_e は式 (5-12) のようになる．

$$i_e = h_{fe}i_{b1} + h_{fe}i_{b2} + i_{b1} + i_{b2} = 2i_{b1}(h_{fe} + 1) \tag{5-12}$$

式 (5-11) に式 (5-12) を代入して整理すると，式 (5-13) のようになる．

$$|A_v| = \frac{h_{fe}R}{h_{ie} + 2R_3(h_{fe} + 1)} \tag{5-13}$$

式 (5-13) において，$1 << h_{fe}$，$h_{ie} << 2R_3(h_{fe} + 1)$ とすれば，同相利得 $|A_v|$ は式 (5-14) で表すことができる．

$$|A_v| = \frac{R}{2R_3} \tag{5-14}$$

一方，差動増幅回路に，振幅の等しい逆相の入力を加えた場合には，式 (5-15) が成り立つ．

$$\left.\begin{array}{l} v_{b1} = -v_{b2} \\ i_{e1} = -i_{e2} \end{array}\right\} \tag{5-15}$$

このとき，入力信号 v_{b1} と出力信号 v_{c1} の比を差動利得 A_{vd} という．式 (5-11) に $i_e = 0$ を代入すれば，A_{vd} の大きさを表す式 (5-16) が得られる．

$$|A_{vd}| = \left|\frac{v_{c1}}{v_{b1}}\right| = \frac{i_{c1}R}{i_{b1}h_{ie}} \tag{5-16}$$

さらに，式 (5-16) に式 (5-8) を代入すれば，式 (5-17) のようになる．

$$|A_{vd}| = \frac{h_{fe}R}{h_{ie}} \tag{5-17}$$

差動増幅回路は，同相利得 $|A_v|$ が小さく，差動利得 $|A_{vd}|$ が大きいほど高性能である．このため，式 (5-18) に示す CMRR（common mode rejection ratio：同相信号除去比）を定義して性能判断の目安にしている．

$$\text{CMRR} = \frac{|A_{vd}|}{|A_v|} = \frac{h_{ie} + 2R_3(h_{fe}+1)}{h_{ie}} \tag{5-18}$$

<例題 5-2> 図 5-12 に示す条件において，差動増幅回路のバイアス回路を設計しなさい．

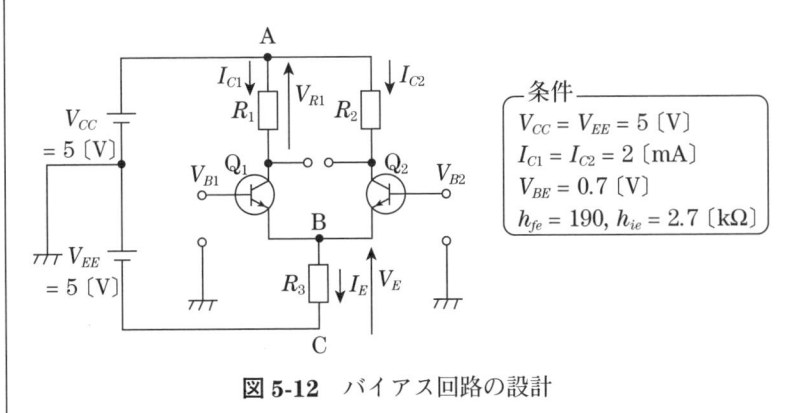

図 5-12 バイアス回路の設計

条件
$V_{CC} = V_{EE} = 5$ [V]
$I_{C1} = I_{C2} = 2$ [mA]
$V_{BE} = 0.7$ [V]
$h_{fe} = 190$，$h_{ie} = 2.7$ [kΩ]

第5章　各種の増幅回路

＜解答＞ ベース電圧 V_{B1} と V_{B2} を 0〔V〕（グラウンドに接続）した場合の各部の電圧を考える．

$$R_3 = \frac{V_E}{I_E} \fallingdotseq \frac{V_{EE}-V_{BE}}{I_{C1}+I_{C2}} = \frac{5-0.7}{2(2\times 10^{-3})} \fallingdotseq 1 \text{〔kΩ〕}$$

図 5-12 の点 A と点 C の間には，$V_{CC}+V_{EE}=10$〔V〕がかかっているので，点 A と点 B の間は $10-V_E=10-(4.3)=5.7$〔V〕となる．$V_{R1}=V_{CE}=5.7\times 0.5$ とすれば，R_1 と R_2 の値が計算できる．

$$R_1 = R_2 = \frac{V_{R1}}{I_{C1}} = \frac{5.7\times 0.5}{2\times 10^{-3}} \fallingdotseq 1.4 \text{〔kΩ〕}$$

＜演習 5-2＞ 例題 5-2 で設計した回路において，同相利得 A_v と差動利得 A_{vd} の大きさを示し，CMRR の値を計算しなさい．

5-3　電圧ホロワ回路

電圧ホロワ回路は，高い入力インピーダンスと低い出力インピーダンスを持った増幅度 1 の増幅回路であり，緩衝増幅回路（buffer：バッファ）とも呼ばれる．ここでは，トランジスタと FET による電圧ホロワ回路について説明する．

(1) 電圧の伝達

図 5-13 は，回路 A から回路 B へ電圧を伝えるために両回路を直接的に接続した図である．伝達したい回路 A の信号電圧 v_s は，出力インピーダンス R_s と回路 B の入力インピーダンス R_i によって式 (5-19) のように分圧されて，入力電圧 v_i として回路 B に伝わる．

$$v_i = \frac{R_i}{R_s+R_i}v_s \tag{5-19}$$

5-3 電圧ホロワ回路

図 5-13 電圧 v_s の伝達

電力の伝達を考えると，$R_s=R_i$ で最大になる．

式 (5-19) において，$R_s \ll R_i$ であれば，$v_i = v_s$ となり，v_s はそのまま回路 B に伝達される．つまり，入力インピーダンスは大きく，出力インピーダンスは小さいほど，効率的に電圧の伝達が行われる．電圧ホロワは，この条件に合致する増幅回路である．このため，図 5-14 に示すように，2 つの回路を結合する際に，各回路が他方の回路の影響を受けないように緩衝（相互の影響を和らげるという意味）増幅回路として使用されることが多い．

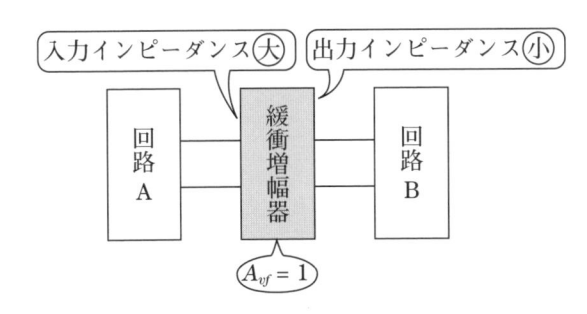

図 5-14 回路の結合

(2) エミッタホロワ回路

図 5-15 (a) に，トランジスタを用いたエミッタホロワ回路を示す．この回路を 121 ページの図 3-41 に示したエミッタ接地の負帰還増幅回路と比べると，コレクタに接続してあった抵抗を短絡し，出力をエミッタから取り出している点が異なる．図 5-15 (b) に示すエミッタホ

第5章 各種の増幅回路

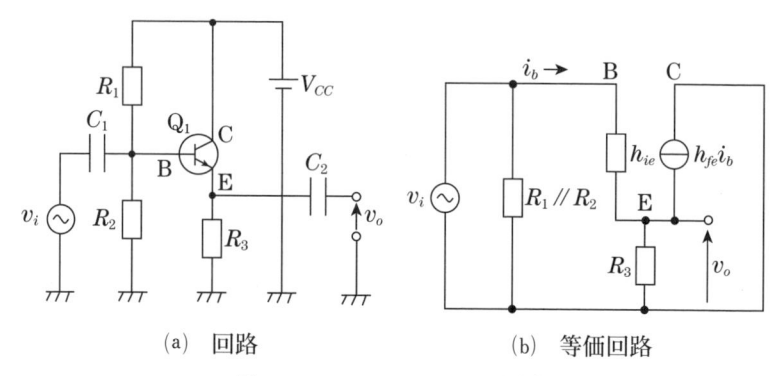

(a) 回路 (b) 等価回路

図 5-15 エミッタホロワ回路

ロワ回路の交流等価回路を見ると，この回路はコレクタ接地増幅回路となっていることがわかる．

等価回路において，$(h_{ie} + R_3) \ll R_1, R_2$ とすれば，式 (5-20) が得られる．これより，エミッタホロワ回路の電圧増幅度 A_{vf} を表す式 (5-21) が導出でき，入力と出力は同相であることがわかる．

$$\left.\begin{array}{l} v_i = h_{ie}i_b + R_3(i_b + h_{fe}i_b) \\ v_o = R_3(i_b + h_{fe}i_b) \end{array}\right\} \quad (5\text{-}20)$$

$$A_{vf} = \frac{v_o}{v_i} = \frac{R_3(1 + h_{fe})}{h_{ie} + R_3(1 + h_{fe})} \quad (5\text{-}21)$$

式 (5-21) において，$h_{ie} \ll R_3(1 + h_{fe})$ とすれば $A_{vf} = 1$ となる．また，式 (5-22) は，回路の入力インピーダンス Z_i を示している．この式からわかるように，Z_i はトランジスタの入力インピーダンス h_{ie} よりも相当大きくなる．

$$Z_i = \frac{v_i}{i_b} = h_{ie} + R_3(1 + h_{fe}) \quad (5\text{-}22)$$

次に，出力インピーダンス Z_o の式を導出するために，ノートンの定理を使用する．図 5-15 (b) において，出力端子を開放したときの電圧を v，短絡したときの電流を i_i とすれば，式 (5-23) が成立する．

5-3 電圧ホロワ回路

$$\left.\begin{array}{l} v = v_o = A_{vf} v_i \fallingdotseq v_i \\ i_i = i_b + h_{fe} i_b = (1 + h_{fe}) \dfrac{v_i}{h_{ie}} \end{array}\right\} \quad (5\text{-}23)$$

これより，出力インピーダンス Z_o は，式(5-24)のようになる（41ページ式②参照）．

$$Z_o = \frac{v}{i_i} = \frac{h_{ie}}{1 + h_{fe}} \quad (5\text{-}24)$$

この式より，Z_o はトランジスタの入力インピーダンス h_{ie} よりも相当小さくなることがわかる．

(3) ソースホロワ回路

図 5-16(a)に，FET を用いたソースホロワ回路を示す．この回路を 141 ページの図 4-17 に示したソース接地の負帰還増幅回路を比べると，ドレーンに接続してあった抵抗を短絡し，出力をソースから取り出している点が異なる．図 5-16(b)に示すソースホロワ回路の交流等価回路を見ると，この回路はドレーン接地増幅回路となっていることがわかる．

等価回路において，式(5-25)が成立する．この式から v_{gs} を消去して整理すれば電圧増幅度 A_{vf} を表す式(5-26)が得られる．

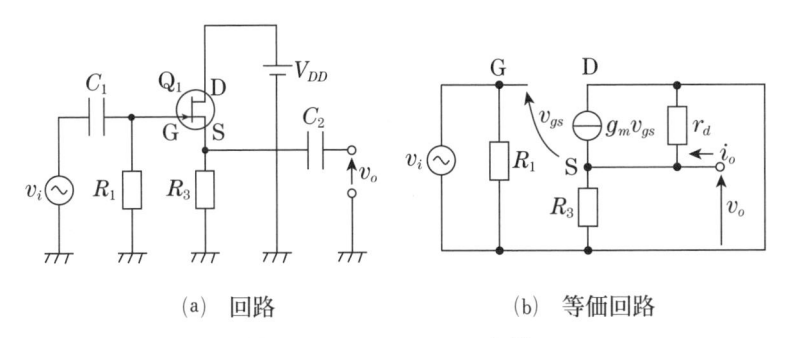

(a) 回路　　　　(b) 等価回路

図 5-16 ソースホロワ回路

第5章 各種の増幅回路

$$\left.\begin{array}{l} v_i = v_{gs} + v_o \\ \dfrac{v_o}{R_3} = g_m v_{gs} - \dfrac{v_o}{r_d} \end{array}\right\} \quad (5\text{-}25)$$

$$A_{vf} = \frac{v_o}{v_i} = \frac{g_m}{g_m + \dfrac{1}{r_d} + \dfrac{1}{R_3}} \fallingdotseq 1 \quad (5\text{-}26)$$

これより，ソースホロワ回路は，入力と出力は同相，また $1 \ll r_d$，R_3 とすれば電圧増幅度は1となることがわかる．

回路の入力インピーダンス Z_i は，R_1（高抵抗）と等しくなる．また，入力電圧 v_i を短絡（$v_i = 0$）と考えて得られる式 (5-27) と出力電流 i_o を表す式 (5-28) から v_{gs} を消去して整理すれば，出力インピーダンス Z_o は式 (5-29) のようになる．式 (5-29) において，$1 \ll r_d$，R_3 とすれば，Z_o は小さな値（g_m の逆数）となる．

$$v_{gs} = -v_o \quad (5\text{-}27)$$

$$i_o = -g_m v_{gs} + \frac{v_o}{r_d} + \frac{v_o}{R_3} \quad (5\text{-}28)$$

$$Z_o = \frac{v_o}{i_o} = \frac{1}{g_m + \dfrac{1}{r_d} + \dfrac{1}{R_3}} \fallingdotseq \frac{1}{g_m} \quad (5\text{-}29)$$

オペアンプを使用した電圧ホロワ回路については，第6章（210ページ）で扱う．

＜例題 5-3＞ 図 5-17 に示すエミッタホロワのバイアス回路について，条件を満たす抵抗 R_1，R_2，R_3 の値を答えなさい．また，電圧増幅度 A_{vf} を計算しなさい．

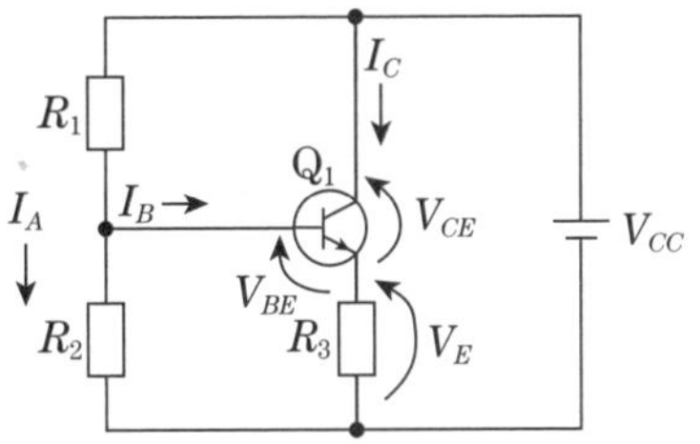

5-3 電圧ホロワ回路

図 5-17 エミッタホロワのバイアス回路

条件
$V_{CC} = 9 \text{ [V]}, I_C = 2.5 \text{ [mA]}$
$I_A = 20 I_B, h_{ie} = 2.7 \text{ [k}\Omega\text{]}$
$h_{fe} = 180, h_{FE} = 180$
$V_{BE} = 0.7 \text{ [V]}$

＜解答＞

$$V_E = V_{CE} = \frac{V_{CC}}{2} = \frac{9}{2} = 4.5 \text{ [V]}$$

$$I_B = \frac{I_C}{h_{FE}} = \frac{2.5 \times 10^{-3}}{180} \fallingdotseq 14 \text{ [}\mu\text{A]}$$

$$R_1 = \frac{V_{CC} - (V_E + V_{BE})}{I_A + I_B} = \frac{9 - (4.5 + 0.7)}{(20 \times 14 + 14) \times 10^{-6}} \fallingdotseq 12.9 \text{ [k}\Omega\text{]}$$

$$R_2 = \frac{V_E + V_{BE}}{I_A} = \frac{4.5 + 0.7}{20 \times 14 \times 10^{-6}} \fallingdotseq 18.6 \text{ [k}\Omega\text{]}$$

$$R_3 \fallingdotseq \frac{V_E}{I_C} = \frac{4.5}{2.5 \times 10^{-3}} = 1.8 \text{ [k}\Omega\text{]}$$

式 (5-21) より,

$$A_{vf} = \frac{R_3(1 + h_{fe})}{h_{ie} + R_3(1 + h_{fe})} = \frac{1860 \times (1 + 180)}{2700 + 1860 \times (1 + 180)} \fallingdotseq 0.99$$

＜演習 5-3＞ 緩衝増幅回路を使用する目的について簡単に説明しなさい．

第5章 各種の増幅回路

5-4 トランジスタの複数接続回路

ここでは，大きな電流増幅度を得るためのダーリントン回路と，一定の電流を取り出すためのカレントミラー回路について説明する．

(1) ダーリントン回路

図 5-18 (a)に，npn形トランジスタ2個を使用したダーリントン (darlington) 回路における各部に流れる電流を示す．各トランジスタの電流増幅率をそれぞれ h_{fe1}, h_{fe2} とすれば，コレクタ電流の和 i_c を表す式 (5-30) が得られる．

$$i_c = h_{fe1} i_b + h_{fe2}(1 + h_{fe1}) i_b$$
$$= i_b \{(h_{fe1} + 1)(h_{fe2} + 1) - 1\} \qquad (5\text{-}30)$$

図(b)に示すように，ダーリントン回路全体を等価的に1個のトランジスタと考えれば，その h_{fe} は，式 (5-31) のようになる．

$$h_{fe} = \frac{i_c}{i_b} = (h_{fe1} + 1)(h_{fe2} + 1) - 1 \fallingdotseq h_{fe1} \cdot h_{fe2} \qquad (5\text{-}31)$$

つまり，ダーリントン回路の h_{fe} を2個のトランジスタの電流増幅率の積で表されるたいへん大きな値とすることができる．接続するト

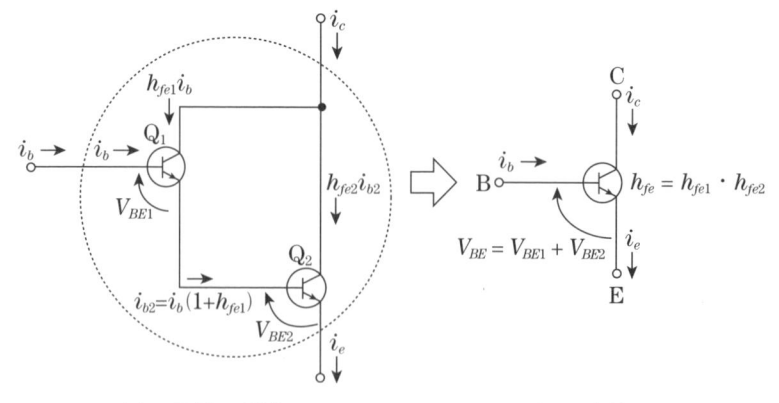

(a) 各部の電流 　　　　　　　(b) 全体の h_{fe}

図 5-18　ダーリントン回路

ランジスタの数を増やせば，全体の増幅率をさらに大きくすることも可能である．ただし，図(b)に示すように全体の V_{BE} は，$V_{BE1} + V_{BE2}$ となるため，バイアス回路の設計には注意が必要である．

ダーリントン回路は，入力側から見て Q_2 の入力抵抗が直列注入，出力側から見て Q_1 の出力抵抗が並列帰還を行う働きをしている．このため，並列帰還-直列注入方式の負帰還回路だと考えることができる（144 ページ図 4-21 参照）．したがって，入力抵抗は大きく，出力抵抗は小さくなる利点がある．

図 **5-19** に示すように，1 個のパッケージにダーリントン回路を組み込んだトランジスタも市販されている．このトランジスタは，図 5-18(a)に示したように，npn 形トランジスタ 2 個によるダーリントン回路を内蔵しているが，外観からは一般のトランジスタと区別できない．

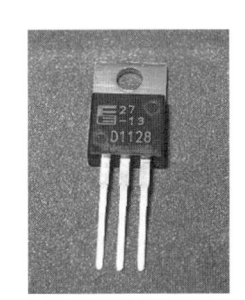

$h_{FE} = 700$ （最小）
$V_{BE} = 2.0$〔V〕（最大）
$I_C = 5$〔A〕（最大）
$P_C = 30$〔W〕（無限大放熱板）

図 **5-19** ダーリントン形トランジスタの外観例（2SD1128）

(2) **カレントミラー回路**

図 **5-20** に，カレントミラー回路を示す．この回路では，トランジスタのベース同士，エミッタ同士が接続されているから $V_{BE1} = V_{BE2}$ となる．また，2 個のトランジスタの特性がそろっていれば $I_B \ll 1$ と考えて，$I_{C1} = I_{C2}$ となる．このように，I_{C1} を基準にして考えれば，それと同じ大きさの電流を I_{C2} として得られるために，電流 I_{C1} を映すという意味でカレントミラー（current mirror）回路と呼ばれる．

第 5 章　各種の増幅回路

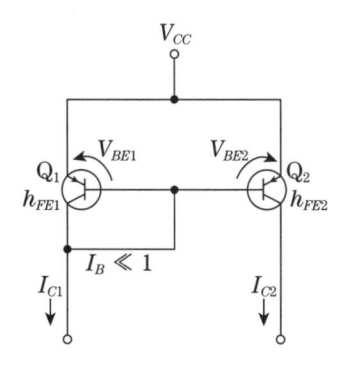

図 5-20　カレントミラー回路

図 5-21 は，カレントミラー回路の応用例を示している．差動増幅回路（158 ページ図 5-8 参照）のコレクタ 2 個の出力端子は，どちらもグラウンドとは無関係に出力されているために使用しにくい場合がある．図 5-21 に示すように，差動増幅回路にカレントミラー回路を接続すれば，Q_1 と Q_2 のコレクタ電流 I_{C1} が等しくなり，出力電流 I_o = $I_{C1} - I_{C4}$ を得ることができる．つまり，抵抗を接続すれば，グラウンド間との出力電圧を取り出すことができる．

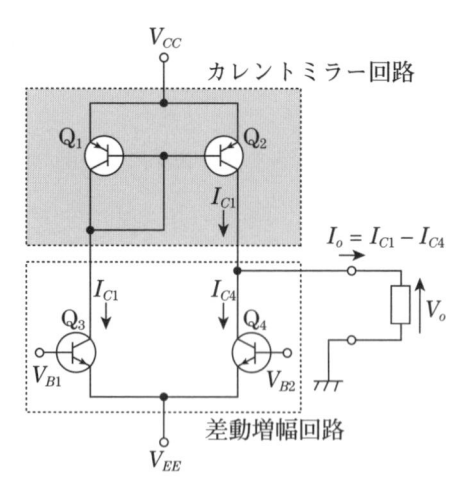

図 5-21　カレントミラー回路の応用例

5-4 トランジスタの複数接続回路

＜例題 5-4＞ 図 5-22 は，Q_1 に npn 形，Q_2 に pnp 形トランジスタを用いたダーリントン回路である．このように，異なる形のトランジスタを接続した回路は，インバーテッド・ダーリントン回路と呼ばれる．図 5-22 を等価的に 1 個のトランジスタと考えた場合について，次の①〜④の問に答えなさい．

① npn 形と pnp 形のどちらのトランジスタになるか
② 端子 X，Y，Z をトランジスタの端子名に対応させなさい
③ 全体の電流増幅率 h_{fe} はどうなるか
④ 端子 YZ 間の電圧について述べよ

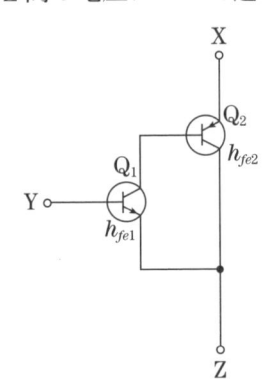

図 5-22 インバーテッド・ダーリントン回路
（Q_1：npn 形，Q_2：pnp 形）

＜解答＞ 図 5-23 に，各部の電流などを示す．

① i_b, i_c, i_e の電流の向きを考えると，npn 形になることがわかる．

② X：コレクタ，Y：ベース，Z：エミッタ

③ $h_{fe} = \dfrac{i_c}{i_b} \fallingdotseq \dfrac{i_{c2}}{i_{b1}} = \dfrac{h_{fe1} h_{fe2} i_{b1}}{i_{b1}} = h_{fe1} h_{fe2}$

④ 図 5-18 のダーリントン回路とは異なり，Q_1 の V_{BE1} と同じになる．

第5章 各種の増幅回路

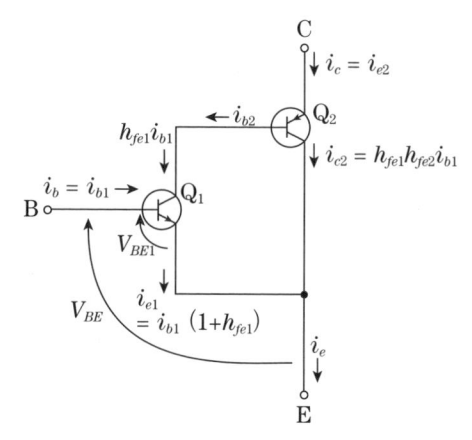

図 5-23 各部の電流

＜演習 5-4＞ 図 5-24 に示す回路を等価的に 1 個のトランジスタと考えた場合，次の問に答えなさい．

① npn 形と pnp 形のどちらのトランジスタになるか．
② 端子 X，Y，Z をトランジスタの端子名に対応させなさい．
③ 全体の電流増幅率 h_{fe} はどうなるか．

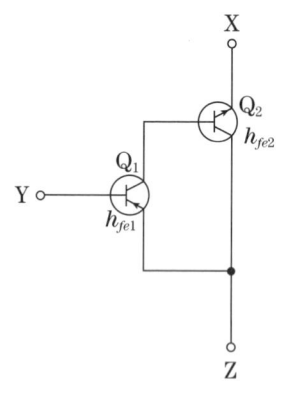

図 5-24 ダーリントン回路（Q_1：pnp 形，Q_2：npn 形）

5-5 電力増幅回路

電力増幅回路は，例えば十分な音量でスピーカを鳴らしたい場合などに使用する．ここでは，A級およびB級と呼ばれる電力増幅回路などについて説明する．

(1) 電力増幅用トランジスタ

電力増幅回路では，トランジスタを広い動作領域で使用する．つまり，電圧や電流の変化量が大きくなるため，トランジスタの非線形特性が無視できなくなる．このため，線形性を前提にした等価回路ではなく，特性曲線を用いて解析することが多い．

また，トランジスタに大きな I_C を流すために，I_C と V_{CE} の積で表されるコレクタ損失 P_C による発熱に注意しなければならない．このため，図 5-25(a)に示すように，トランジスタが I_C，V_{CE}，P_C の最大定格内で動作するように回路を設計する必要がある．さらに，図(b)に示すように，トランジスタの熱を発散させる放熱板（ヒートシンク）の有無などは P_C の最大値に大きく関わることを知っておこう．

図 5-26(a)に小信号増幅用，(b)に電力増幅用のトランジスタの外観例を示す．図(c)は，放熱板の外観例である．

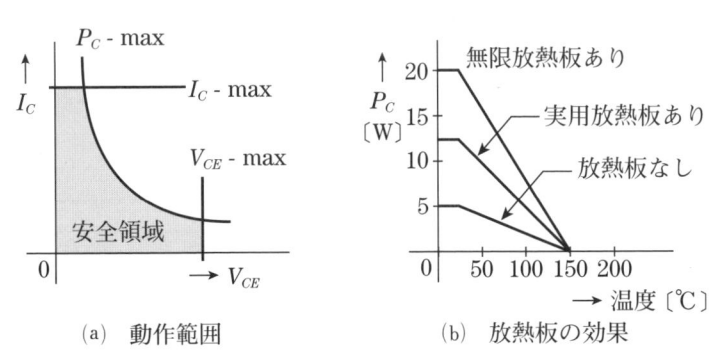

(a) 動作範囲　　(b) 放熱板の効果

図 5-25　電力増幅用トランジスタの特性例

第5章　各種の増幅回路

(a) 小信号増幅用

(b) 電力増幅用 　　　　　　　　(c) 放熱板

図 5-26　トランジスタと放熱板の外観例

表 5-1 は，小信号増幅用（図 5-26(a)左の 2SC1815）と電力増幅用（図 5-26(b)下の 2SD1763）のトランジスタの特性比較である．電力増幅回路では，効率が良く，出力信号に歪みが少ないことが特に重要となる．

電力増幅回路には，A級，B級などの種類があるが，これらは**図 5-27**に示すように，動作点の設定位置が異なっている．

① A級電力増幅回路：動作点を負荷線の中央付近（点A）に設定するため，歪みのない出力電流 i_c が得られる．入力信号がゼロのときでも直流電流 I_C が流れるので効率は良くない．

表 5-1　トランジスタの特性比較

最大定格	小信号増幅用 (2SC1815)	電力増幅用 (2SD1767)
V_{CE}	50〔V〕	120〔V〕
I_C	0.15〔A〕	1.5〔A〕
P_C	0.4〔W〕（放熱板なし）	20〔W〕（無限放熱板）

5-5 電力増幅回路

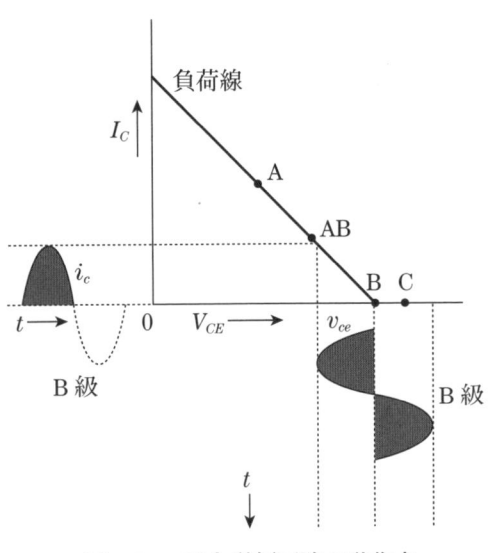

図 5-27 電力増幅回路の動作点

② B級電力増幅回路：動作点を負荷線の端点Bに設定するため，図5-27に示したように，出力電流i_cは半周期分しか得られない．しかし，この半周期分については，大きな振幅のi_cを得ることが可能である．また，入力信号がゼロのときは直流電流I_Cが流れないので効率が良い．

③ AB級電力増幅回路：動作点をA級とB級の中央付近（点AB）に設定する．A級よりも歪みは大きいが効率は向上する．

④ C級電力増幅回路：動作点をB級よりもさらに右方向にずらし，負荷線からはずれた点Cに設定する．このため，I_Cの流れる時間が短くなり効率はより高くなる．出力電流i_cは半周期分より小さくなり，歪みは大きくなる（多くの高調波を含む）が，出力に周波数同調回路を設けて目的の周波数を取り出す工夫をして高周波増幅に用いられる．

第5章　各種の増幅回路

(2) A級電力増幅回路

図5-28にA級電力増幅回路の動作特性,図5-29に回路の例を示す.A級では,動作点Pを負荷線の中央付近に設定するために,歪みのない出力電流i_cを得ることができる.一方で,入力信号がないときでも直流電流I_Cが流れるために効率は良くない.

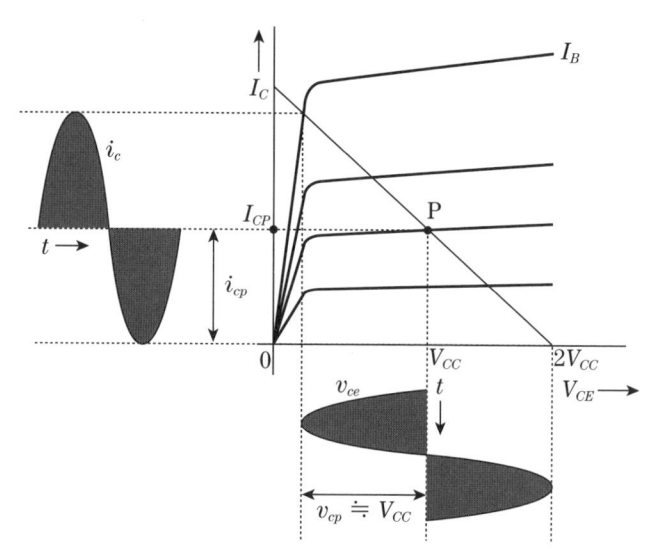

図5-28　A級電力増幅回路の動作特性

(a) 回路例　　　(b) インピーダンス整合

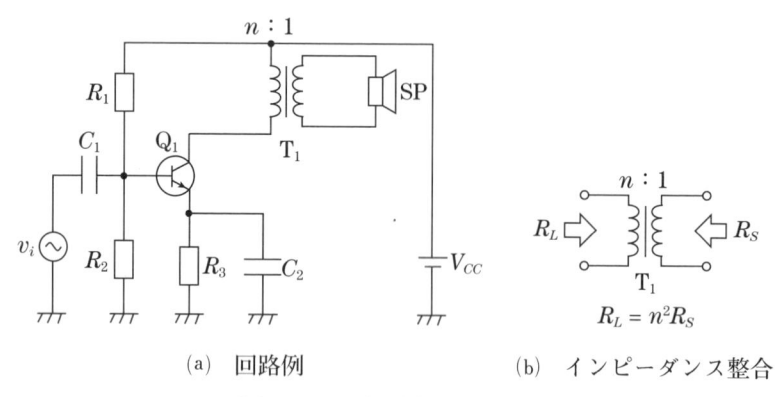

$$R_L = n^2 R_S$$

図5-29　A級電力増幅回路の例

A級電力増幅回路では，出力にスピーカを接続する場合には，トランスを用いたインピーダンス整合を行うことが多い．図 5-29(b) に示したように，出力トランス T_1 の巻線比（基礎 5-1 参照）によって，増幅回路の出力インピーダンス R_L とスピーカ SP のインピーダンス R_S（数～数十〔Ω〕）の整合をとることができる．図 5-28 において，v_{ce} が V_{CC} の 2 倍（$2V_{CC}$）まで振れているのは，トランス T_1 に生じる逆起電力の影響である．コレクタ電流が減少する際に，レンツの法則により減少を妨げる向きに逆起電力 v_L を生じるため $v_{ce} = V_{CC} + v_L$ となる．このため，V_{CE} は電源電圧 V_{CC} よりも大きくなるのでトランジスタの選定には注意が必要である．

電力効率 η（イータ，電源効率ともいう）は，最大出力電力 P_O と電源から供給される平均電力 P_{DC} の比である．A 級電力増幅回路における P_O と P_{DC} は，それぞれ式 (5-32)，式 (5-33) のようになる．

$$P_O = \frac{v_{cp}}{\sqrt{2}} \times \frac{i_{cp}}{\sqrt{2}} = \frac{v_{cp} i_{cp}}{2} \tag{5-32}$$

$$P_{DC} = V_{CC} \times I_C \tag{5-33}$$

v_{ce} の最大振幅の大きさ $v_{cp} \fallingdotseq V_{CC}$ とすれば，i_c の平均値 $I_C = I_{CP}$ となるから，電力効率 η は式 (5-34) のようになる．

$$\eta = \frac{P_O}{P_{DC}} \times 100 = \frac{v_{cp} i_{cp}}{2 V_{CC} I_C} \times 100 = 50 \,〔\%〕 \tag{5-34}$$

(3) B 級プッシュプル電力増幅回路

図 5-30 に B 級プッシュプル電力増幅回路の動作特性を示す．B 級では，動作点 P を負荷線の端点に設定するために，入力信号の半周期分しか増幅できないが，その半周期分については大きな振幅を扱うことができる．

プッシュプル回路は，B 級増幅においてトランジスタを 2 個用いて，入力信号の正と負の半周期をそれぞれのトランジスタで増幅す

第5章 各種の増幅回路

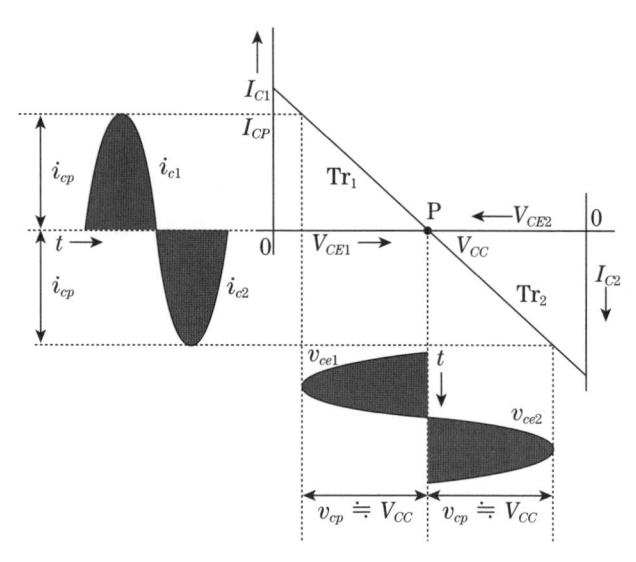

図 5-30　B級プッシュプル電力増幅回路の動作特性

るように工夫した回路である．プッシュプル回路には，出力端子が1組の SEPP（single-ended push-pull）回路と2組の DEPP（double-ended push-pull）回路がある．また，出力トランスを使用しない回路を OTL（output transformer less）方式という．図 5-31 に，SEPP 方式 B級電力増幅回路を示す．この回路は，Tr_1 に npn 形，Tr_2 に pnp 形を使用している．このように，異なった形のトランジスタを用いた

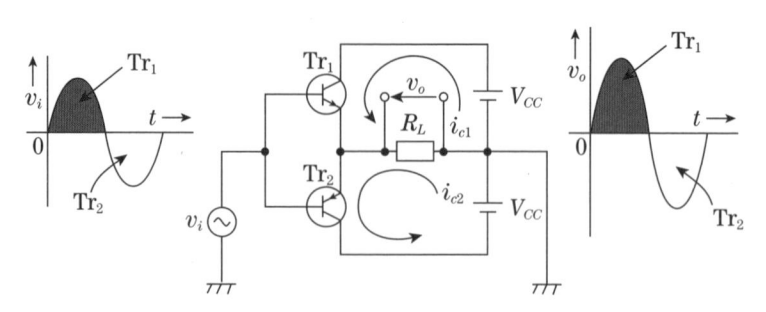

図 5-31　SEPP 方式 B級電力増幅回路

回路をコンプリメンタリ回路という.

この回路では，入力信号 v_i が正の半周期に Tr_1，負の半周期に Tr_2 が増幅を担当している．これにより，出力 v_o として正負両方の波形を得ることができる．コンプリメンタリ回路では，特性の揃った異なる形のトランジスタを組み合わせる必要がある．トランジスタ規格表には，あるトランジスタと特性の揃った形違いのトランジスタの型番が掲載されていることが多い.

B級プッシュプル電力増幅回路（図 5-30 参照）の電力効率 η を導出しよう．B級電力増幅回路における P_O と P_{DC} は，それぞれ式 (5-35)，式 (5-36) のようになる．ただし，動作点 P では $I_{C1} = I_{C2} = 0$ であるから，i_{c1} と i_{c2} を合わせた平均値は I_{CP} の平均値と等しくなる.

$$P_O = \frac{v_{cp}}{\sqrt{2}} \times \frac{i_{cp}}{\sqrt{2}} = \frac{v_{cp} i_{cp}}{2} \tag{5-35}$$

$$P_{DC} = V_{CC} \times \frac{2}{\pi} I_{CP} \tag{5-36}$$

v_{ce1}，v_{ce2} の最大振幅の大きさ $v_{cp} \fallingdotseq V_{CC}$ とすれば，η は式 (5-37) のようになる.

$$\eta = \frac{P_O}{P_{DC}} \times 100 = \frac{v_{cp} i_{cp}}{2 V_{CC} \frac{2}{\pi} I_{CP}} = \frac{\pi}{4} \times 100 \fallingdotseq 78.5 \,[\%] \tag{5-37}$$

これより，A級電力増幅回路（$\eta = 50\,[\%]$）よりも高効率であることがわかる．また，式 (5-38) に，式 (5-35) を代入して整理すると，式 (5-39) が得られる.

$$R_L = \frac{v_{cp}}{i_{cp}} \tag{5-38}$$

$$R_L = \frac{v_{cp}^2}{2 P_O} \fallingdotseq \frac{V_{CC}^2}{2 P_O} \tag{5-39}$$

第5章 各種の増幅回路

式 (5-39) に，現実的な値として，例えば $V_{CC} = 12$ [V]，$P_O = 10$ [W] を代入して計算すると，式 (5-40) のようになる．

$$R_L = \frac{12^2}{2 \times 10} = 7.2 \,[\Omega] \tag{5-40}$$

この値は，スピーカの入力抵抗に近い．このため，出力トランスを用いてインピーダンス整合をせず，スピーカを出力端子に直接接続しても支障ない．出力トランスを使用しない OTL 方式は，コイルの影響がないため周波数特性が向上する利点がある．

図 5-31 に示した SEPP 方式 B 級電力増幅回路には，2 つの問題点がある．1 つは，電源 V_{CC} を 2 個使用していることである．この問題を解決するために，図 **5-32** に示すように大きな容量を持つコンデンサ C を接続した回路を構成する．この回路では，Tr_1 が ON になって i_{c1} を流しているときに C が充電される．そして，Tr_2 が ON になったときには C の放電によって i_{c2} が流れる．これにより，1 個の V_{CC} による単電源回路とすることができる．

次の問題点は，図 **5-33** に示すように，入力電圧 v_i がトランジスタのベース・エミッタ間の順方向電圧より小さい場合に，ベース電流が流れないことである．このために，出力電圧 v_o が振幅ゼロの付近で

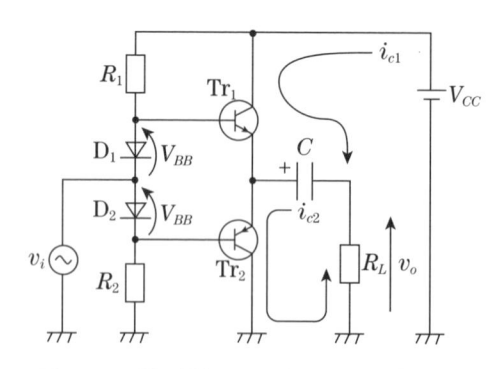

図 **5-32** 単電源 SEPP 方式電力増幅回路

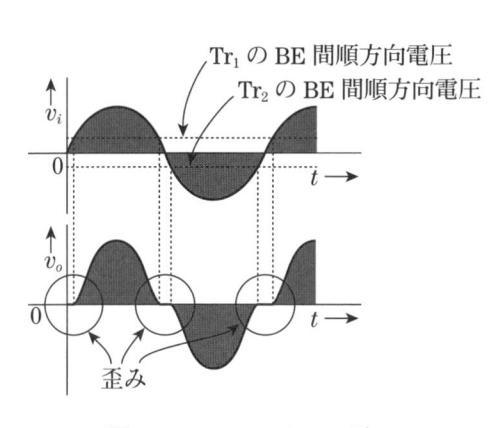

図中ラベル：
- Tr_1 の BE 間順方向電圧
- Tr_2 の BE 間順方向電圧
- v_i
- v_o
- 歪み

図 5-33 クロスオーバ歪み

歪んでしまう．これをクロスオーバ歪みという．

　クロスオーバ歪みを防ぐためには，ベースに直流バイアス電圧を加えてやればよい．図 5-32 は，ダイオード D_1, D_2 の順方向電圧を利用してバイアス電圧 V_{BB} を得ている例である．この対策をとった場合には，温度変化によるダイオードの順方向電圧とトランジスタの V_{BE} の変化量がほぼ同じであるため，回路を安定化させる効果もある（97 ページ参照）．また，動作点が AB 級電力増幅回路に近くなる．

―――――――――――――――――――――――

＜例題 5-5＞　図 5-29 に示した電力増幅回路において，回路の出力インピーダンス（出力トランスの一次側インピーダンス R_L）が 1150 〔Ω〕，電源 V_{CC} が 9 〔V〕の場合について，次の値を計算しなさい．

① 　8 〔Ω〕のスピーカを接続する場合のトランスの巻線比 n
② 　電源から供給される平均電力 P_{DC}
③ 　最大出力電力 P_O
④ 　電力効率 η

第 5 章　各種の増幅回路

<解答>

$$n = \sqrt{\frac{R_L}{R_S}} = \sqrt{\frac{1150}{8}} \fallingdotseq 12$$

$$P_{DC} = V_{CC}I_C \fallingdotseq V_{CC}\frac{V_{CC}}{R_L} = \frac{9^2}{1150} \fallingdotseq 70\,[\mathrm{mW}]$$

$$P_O \fallingdotseq \frac{V_{CC}I_C}{2} = V_{CC}\frac{V_{CC}}{2R_L} \fallingdotseq 35\,[\mathrm{mW}]$$

$$\eta = \frac{P_O}{P_{DC}} \times 100 = \frac{35}{70} \times 100 = 50\,[\%]$$

<演習 5-5> 図 5-32 に示した電力増幅回路において，R_L として接続した入力インピーダンスが 8 [Ω] のスピーカから 3.3 [W] の出力電力を得るための電源 V_{CC} の電圧値を計算しなさい．ただし，電力効率 η は，トランジスタの内部抵抗などの影響により 66% であるとする．

5-6　高周波増幅回路

　この章では，ラジオ放送で使用している電波の周波数（AM で数百 [kHz] 以上，FM で数十 [MHz] 以上）などの高周波の信号を増幅するための回路について説明する．

(1) **高周波増幅用トランジスタ**

　トランジスタの電流増幅率 h_{fe} は，周波数が高くなるほど減少する．このため，高周波増幅では h_{fe} が 1 になるトランジェント周波数 f_T（108 ページ図 3-30 参照）の高いトランジスタを使用する必要がある．

　また，**図 5-34** に示すように，トランジスタは内部に静電容量を持っており，高周波ではこれらの影響を考慮する必要が生じてくる．図の

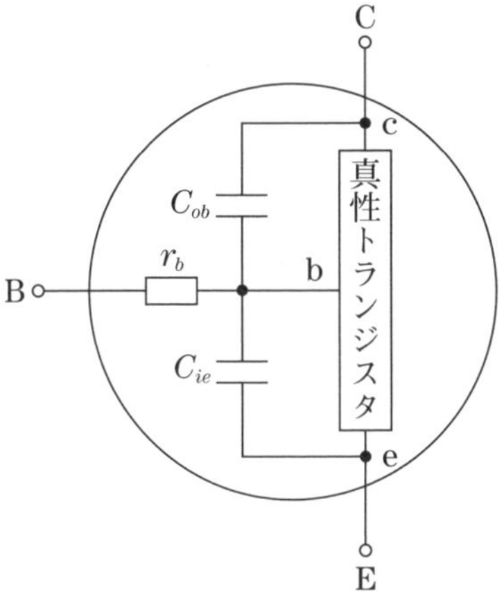

5-6 高周波増幅回路

図 5-34 真性トランジスタと寄生素子

r_b はベース電極とベース領域中央付近の間に生じる広がり抵抗と呼ばれる抵抗分であり，小さい方が好ましい．r_b，C_{ob}，C_{ie} を寄生素子といい，寄生素子を除いた部分を真性トランジスタという．

コレクタ出力容量 C_{ob} は，出力側から入力側への帰還容量となるために発振の原因となってしまうことがある．以上のことから，高周波増幅に使用するトランジスタは，h_{fe}（h_{FE}）や f_T が大きく，C_{ob} が小さいことが条件となる．型番では，2SB（pnp 形）と 2SD（npn 形）が低周波用，2SA（pnp 形）と 2SC（npn 形）が高周波用のトランジスタを示している．**表 5-2** に，トランジスタの規格例を示す．

表 5-2 トランジスタの規格例

項目	2SB1475 （低周波増幅用）	2SC3130 （高周波増幅用）
直流電流増幅率 h_{FE}	110 〜 400	75 〜 400
トランジェント周波数 f_T〔MHz〕	50	1400
コレクタ出力容量 C_{ob}〔pF〕	15	1.4
最大コレクタ損失 P_C〔W〕	0.15	0.15

第5章 各種の増幅回路

　高周波増幅回路では，配線間に生じる分布容量が極力小さくなるようにする工夫や，高周波に適した部品の選定などが重要となる．例えば，コンデンサは，絶縁体を導体で巻き込んだ構造になっているフィルム形やマイラ形（13ページ図1-15(a)左から1個目）を使用するとインダクタンスの影響を生じてしまう．このため，高周波ではセラミック形コンデンサ（13ページ図1-15(a)右から1個目）などを使用するとよい．

(2) 同調回路の基礎

　高周波増幅回路では，対象とする信号の周波数に対して有効な増幅が行えるように，特定周波数の信号を取り出す同調回路が使用される．同調回路は，テレビやラジオなどにおいて，受信したい放送局の電波を選択する際にも用いられている．

　図 5-35 は，並列共振現象を利用した同調回路である．点 ab 間のインピーダンス Z は，式 (5-41) のようになる．ここで，コイルの内部インピーダンス r を $r \ll \omega L$ とすると，式 (5-42) が成立するときに Z の大きさは最大となる．このように，並列共振回路では，ある条件で回路のインピーダンスが最大になる．式 (5-42) に，$\omega = 2\pi f_0$ を代入して整理すると，共振周波数 f_0 は，式 (5-43) のようになる（基礎 5-2，式 (5-4) 参照）．

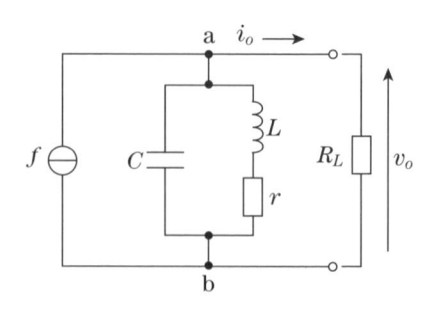

図 5-35　同調回路

5-6　高周波増幅回路

$$Z = \frac{\left(\dfrac{1}{j\omega C}\right)(r+j\omega L)}{\dfrac{1}{j\omega C}+(r+j\omega L)} = \frac{\dfrac{L}{C}\left(1+\dfrac{r}{j\omega L}\right)}{r+j\left(\omega L-\dfrac{1}{\omega C}\right)} \qquad (5\text{-}41)$$

$$\omega L - \frac{1}{\omega C} = 0 \qquad (5\text{-}42)$$

$$f_0 = \frac{1}{2\pi\sqrt{LC}} \qquad (5\text{-}43)$$

つまり，増幅したい信号の周波数 $f\,(=f_0)$ について式 (5-43) が成立するように，L と C の値を設定すれば，Z の大きさが最大となるため出力 v_o は最大値となる．

また，式 (5-44) で示した回路の良さ (quality) と呼ばれる Q は，共振回路の鋭さを表す指標である．図 **5-36** に示すように，$|Z|$ の周波数特性は Q によって変化する．Q が大きいほど，$|Z|$ の周波数選択性が鋭くなるため，目的とする f_0 以外の周波数成分は取り出されなくなる．

$$Q = \frac{\omega L}{r} = \frac{1}{\omega C r} = \frac{1}{r}\sqrt{\frac{L}{C}} \qquad (5\text{-}44)$$

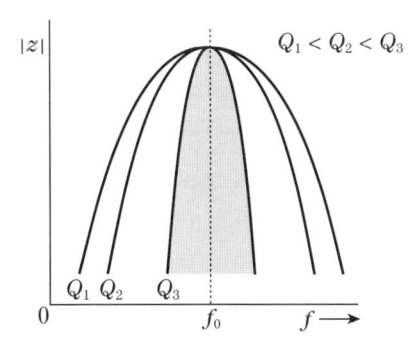

図 **5-36**　Q による周波数帯域の変化

第5章　各種の増幅回路

(3) 同調増幅回路

高周波信号に対して，複数の増幅回路を結合した多段増幅を行う場合には，対象とする高周波信号を同調回路によって選択して受け渡しする．図 5-37 に，単同調増幅と呼ばれる基本回路を示す．この回路では，前段トランジスタ Q_1 側の C_1 と L_1 によって並列共振回路を構成している．取り出した高周波信号は，トランス T_1 の電磁結合によって L_2 から後段トランジスタ Q_2 に入力される．

一方，図 5-38 は，複同調増幅と呼ばれる基本回路である．この回路では，前段側の C_1 と L_1 および，後段側の C_2 と L_2 によって共振周波数の等しい2個の並列共振回路を構成している．図 5-39 に，単同調増幅と複同調増幅の周波数特性例を示す．最大利得から3〔dB〕低下する周波数の帯域幅 B を考えると，複同調増幅の方が広くなる．

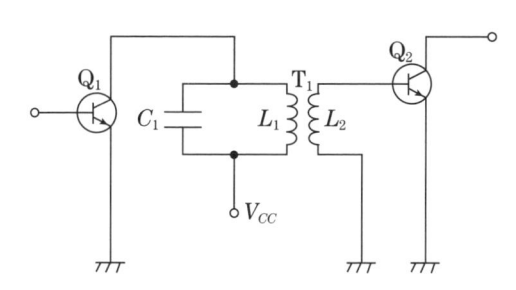

図 5-37　単同調増幅の基本回路

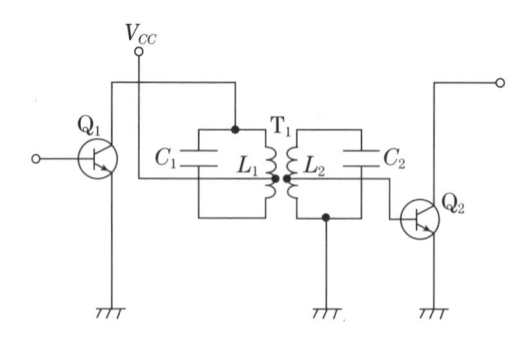

図 5-38　複同調増幅の基本回路

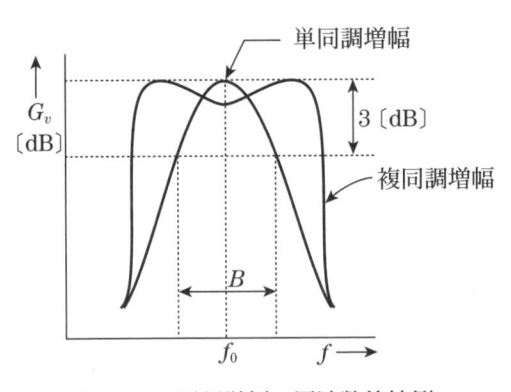

図 5-39　同調増幅の周波数特性例

また，複同調増幅は，単同調増幅に比べて調整が面倒であるが，帯域外の周波数における増幅度の減衰が大きく周波数選択性がよい．

(4) **中和回路**

図 5-40 は，図 5-37 に示した単同調増幅の基本回路と同様の図である．今は，破線で接続してあるコンデンサ C_N を無視して考える．この回路の一部を取り出して変形して描くと図 5-41 (a)のようになる．ここでは，簡単に考えるために，C_1 は省略している．

高周波を扱う場合には，トランジスタのコレクタ出力容量 C_{ob}（185ページ図 5-34 参照）が無視できなくなる．このため，図(a)に示したように点 a から点 d に C_{ob} を通して帰還電流が流れ，Z に生じる端子電圧（帰還電圧）がベース電圧となって想定外の動作をしてしまう．図(a)を，図(b)のようなブリッジ回路に変形して考えよう．点 c と点 d の間にコンデンサ C_N を挿入している．交流ブリッジ回路の平衡条件（基礎 5-3，式 (5-5) 参照）より，Z に電流が流れない条件は式 (5-45) が成立するときである．式 (5-45) を変形すると，式 (5-46) のようになる．

第5章 各種の増幅回路

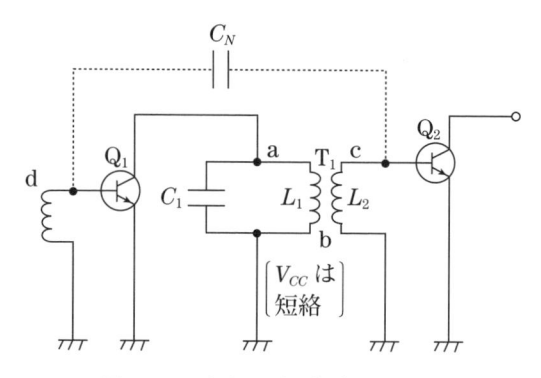

図 5-40 中和回路 (C_N) の挿入

(a) 図 5-40 の一部 (b) ブリッジ回路

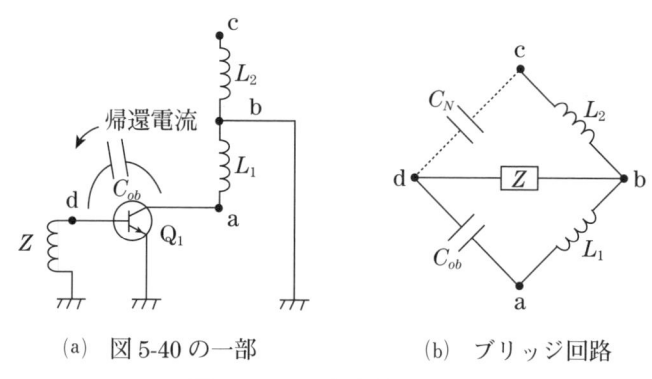

図 5-41 C_{ob} を考慮した回路

$$(j\omega L_2)\left(\frac{1}{j\omega C_{ob}}\right) = (j\omega L_1)\left(\frac{1}{j\omega C_N}\right) \tag{5-45}$$

$$C_N = \frac{L_1}{L_2} C_{ob} \tag{5-46}$$

このように，中和コンデンサと呼ばれる C_N を用いて中和回路（図5-40 参照）を構成すれば，帰還電圧の発生を防ぐことができる．

＜例題 5-6＞ 図 5-42 に示す共振回路において，それぞれの共振周波数を計算しなさい．また，周波数選択性が良いのは(a)と(b)

のどちらか答えなさい．ただし，$r \ll \omega L$ とする．

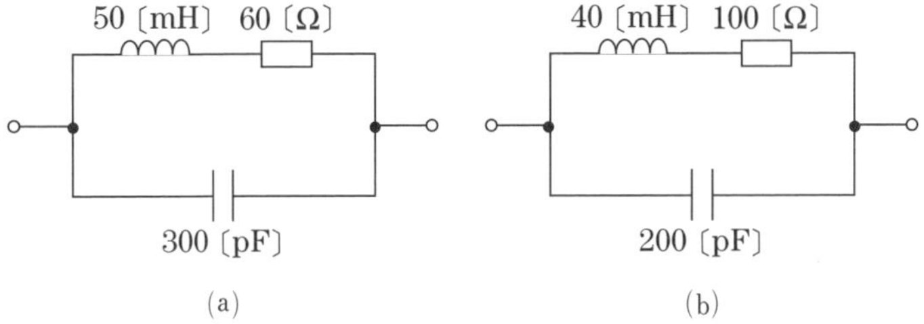

図 5-42 共振回路

<解答> 式 (5-43) より，

$$f_a = \frac{1}{2\pi\sqrt{LC}} = \frac{1}{2 \times 3.14 \times \sqrt{50 \times 10^{-3} \times 300 \times 10^{-12}}}$$

$$\fallingdotseq 41.1 \text{[kHz]}$$

$$f_b = \frac{1}{2 \times 3.14 \times \sqrt{40 \times 10^{-3} \times 200 \times 10^{-12}}}$$

$$\fallingdotseq 56.3 \text{[kHz]}$$

式 (5-44) より，

$$Q_a = \frac{1}{r}\sqrt{\frac{L}{C}} = \frac{1}{60}\sqrt{\frac{50 \times 10^{-3}}{300 \times 10^{-12}}} \fallingdotseq 215.2$$

$$Q_b = \frac{1}{100}\sqrt{\frac{40 \times 10^{-3}}{200 \times 10^{-12}}} \fallingdotseq 141.4$$

$Q_b < Q_a$ より，図(a)の回路の方が，周波数選択性が良い．

<演習 5-6> 複同調増幅回路の特徴を単同調増幅回路と比較して答えなさい．

第5章　各種の増幅回路

> **コラム☆ラジオ受信機の構成**
>
> 図 **5-43** は，148 ページ図 4-26 に示したラジオ受信機の回路構成である．この回路は，高周波増幅回路を 1 段有しているために高 1 ラジオと呼ばれた．このように，周波数の変換を行わずに増幅などを進めていく方式をストレート（straight）方式という． 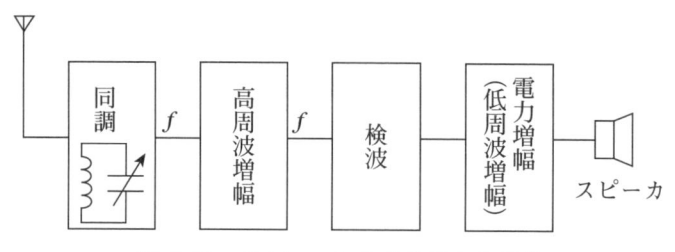
>
> **図 5-43**　ストレート方式ラジオの構成
>
> 一方，図 **5-44** は，スーパヘテロダイン（super-heterodyne）方式と呼ばれるラジオの構成例である．この方式では，同調回路で選択した周波数 f の信号を周波数変換回路と局部発振回路によって，中間周波数と呼ばれる周波数に変換してから増幅を行う．同調回路と局部発振回では，連動する可変コンデンサ（バリアブルコンデンサ：バリコン）を用いて，どのような f に対しても周 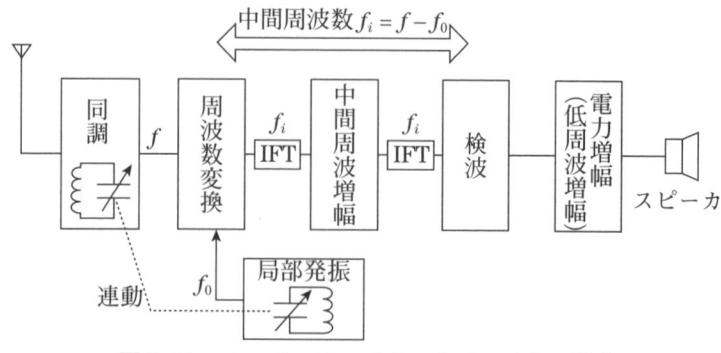
>
> 中間周波数 $f_i = f - f_0$
>
> **図 5-44**　スーパヘテロダイン方式ラジオの構成

波数変換回路が同じ中間周波数 f_i を出力できるようになっている．

中間周波数 f_i は，AM ラジオ 455〔kHz〕，FM ラジオ 10.7〔MHz〕が一般的である．このため，AM ラジオであれば，IFT（intermediate frequency transformer：中間周波トランス）と呼ばれる単同調回路用のコイル（コンデンサを内蔵している場合もある）を 455〔kHz〕で同調（共振）するように調整しておく．こうすることで，受信する放送局の周波数にかかわらず，特定の周波数 f_i を効果的に増幅するように中間周波増幅回路を構成できる．また，中間周波数 f_i は，放送局の周波数 f よりも低いために，増幅度の低下が少なくなる長所がある．図 **5-45** に連動バリコン，図 **5-46** にシールドケース付 IFT の外観例を示す．IFT は，スーパヘテロダイン方式ラジオの性能を左右する特に重要な部品である．

図 **5-45** 連動バリコンの外観例   図 **5-46** IFT の外観例

章末問題 5

1 直結増幅回路において，レベルシフト回路が必要な理由を簡単に説明しなさい．

2 差動増幅回路の長所をあげなさい．

3 図 **5-47** に示す増幅回路について，次の①と②に答えなさい．

第5章 各種の増幅回路

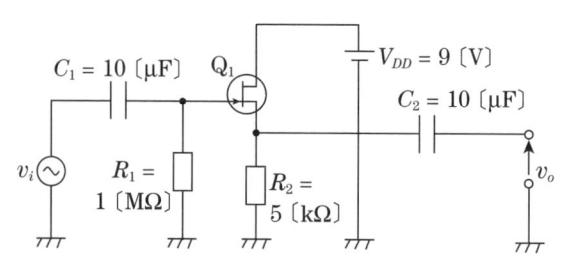

図 5-47 FET 増幅回路

① FET の接地方式と回路の名称を答えなさい．

② FET の相互コンダクタンス $g_m = 5$ [mS] としたときの回路の電圧増幅度 A_{vf} と出力インピーダンス Z_o の値を答えなさい．

4 図 5-48 に示すようにトランジスタを 3 段に接続した．トランジスタ Q_1, Q_2, Q_3 の h_{FE} は 40，V_{BE} は 0.6 [V] である．回路全体を等価的に 1 個のトランジスタと見たときの $h_{FE}{'}$ と $V_{BE}{'}$ の値を答えなさい．

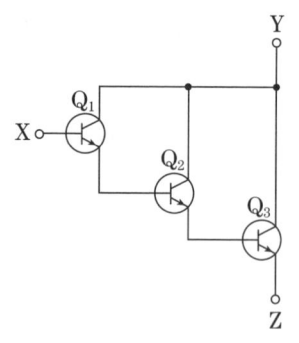

図 5-48 トランジスタの接続

5 SEPP 方式 B 級電力増幅回路において問題となるクロスオーバ歪みの発生原因とその対策について簡単に説明しなさい．

6 高周波増幅回路に用いるトランジスタの条件をあげなさい．

7 回路の良さ Q によって表される共振回路の鋭さについて簡単に説明しなさい．

第6章　オペアンプ回路

　増幅回路は，電子回路の基本となる機能であり，増幅度が大きい，入力インピーダンスが高い，出力インピーダンスが低いことなどが要求される．オペアンプICは，これらの条件を満たした高性能な増幅回路であり，各種の電子回路に広く採用されている．

第6章 オペアンプ回路

☆この章で使う基礎事項☆

基礎 6-1　差動増幅回路の特徴

・2個の入力端子を持ち，入力信号の差を増幅する．

・雑音や温度変化，電源電圧の変動などの影響を受けにくい．

・2個の電源電圧で動作する．

・同相信号除去比 CMRR は，性能を表す指標である．

$$\text{CMRR} = \frac{差動利得}{同相利得} \tag{6-1}$$

基礎 6-2　負帰還増幅回路

入出力インピーダンスや周波数特性を改善し，雑音を軽減するが，増幅度は低下する．

$$A_{vf} = \frac{v_o}{v_i} = \frac{-|A_v|}{1+|A_v|F} \tag{6-2}$$

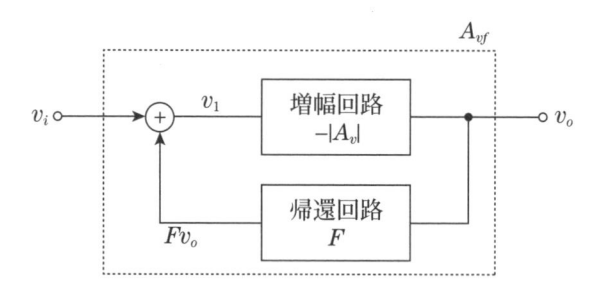

図 6-1　負帰還増幅回路の構成例

この章で使う基礎事項

基礎 6-3　低域遮断周波数など

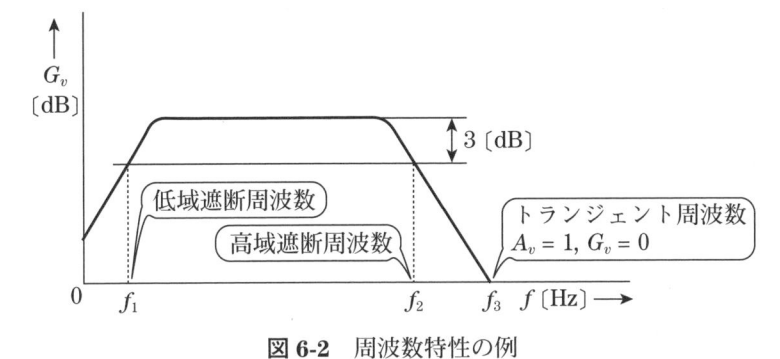

図 6-2　周波数特性の例

第6章 オペアンプ回路

6-1 オペアンプ基本増幅回路

オペアンプ（operational amplifier）は，演算増幅回路と呼ばれたり，OPアンプと表記されたりすることもある．ここでは，オペアンプを用いた基本的な増幅回路について説明する．

(1) オペアンプIC

オペアンプは，高性能な差動増幅回路と捉えることができる．現在のオペアンプは，IC化された部品として扱うことが一般的である．図6-3(a)にオペアンプICの外観例，図(b)にピン配置例を示す．

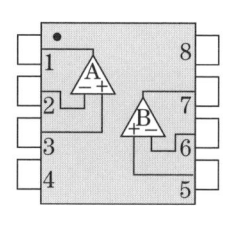

1. A OUTPUT
2. A −INPUT
3. A +INPUT
4. V−
5. B +INPUT
6. B −INPUT
7. B OUTPUT
8. V+

(a) 外観例　　(b) ピン配置例（NMJ4558．図(a)左上）

図6-3　オペアンプIC

また，オペアンプの図記号は，JISでは図6-4(a)のように規定されているが，一般には図(b)に示す表記が慣用されている．このため，本書では，図(b)の慣用図記号を用いて解説を進める．記号 − は反転入力端子，記号 + は非反転入力端子を表している．

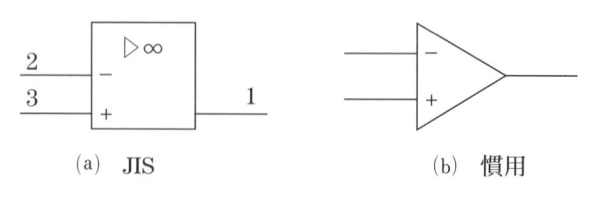

(a) JIS　　　　　　　　　(b) 慣用

図6-4　オペアンプの図記号

6-1 オペアンプ基本増幅回路

図 6-5 に，オペアンプ IC の内部回路例を示す．内部回路は，入力部，増幅部，バイアス部，出力部に別けて考えることができる．

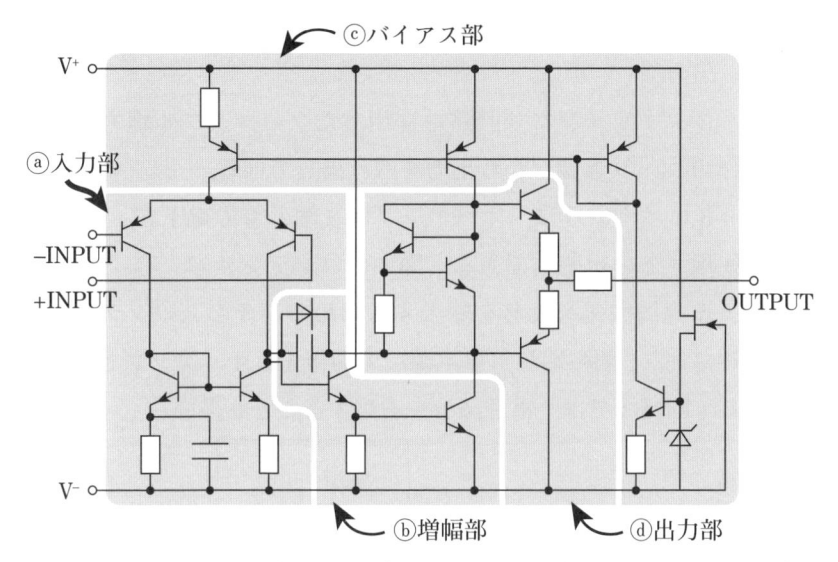

図 6-5　オペアンプの内部回路例(NJM4558：新日本無線データシートより)

ⓐ　入力部

　IC 化によって特性の揃ったトランジスタを作ることができるため，高性能な差動増幅回路（157 ページ参照）として動作する．下部のカレントミラー回路（171 ページ参照）は，差動増幅回路の出力を取り出す働きをしている．

ⓑ　増幅部

　大きな増幅度を得られるダーリントン回路（170 ページ参照）である．増幅部のコンデンサは，位相補償コンデンサと呼ばれる．この容量は，ミラー効果（115 ページ参照）により，入力側からは大きな容量として作用するため高周波での増幅度を低下させる．このように，増幅度を犠牲にして発振を防止しているのである．

第6章 オペアンプ回路

ⓒ バイアス部

オペアンプのトランジスタを安定して動作させるためのカレントミラー回路（171 ページ参照）である．

ⓓ 出力部

コンプリメンタリ回路を採用したプッシュプル電力増幅回路（179 ページ参照）から出力を取り出している．

図 6-6 に示すように，オペアンプは 2 個の電源電圧 E_1, E_2 を接続して使用するのが基本である．図中のコンデンサ C_1, C_2 は，電圧変動による高周波雑音などを除去するためのバイパスコンデンサである．この他，1 個の電源（単電源）で動作するオペアンプも市販されている．回路図では，電源部分を省略することも多い．

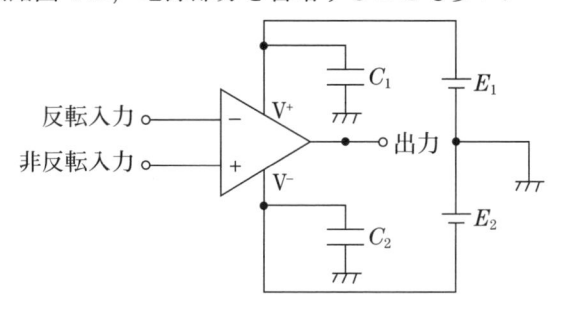

図 6-6 電源のかけ方

オペアンプの性能を示す代表的な指標には，利得帯域幅積（GB 積），スルーレート，電源電圧変動除去比，CMRR（基礎 6-1 式 (6-1) 参照）などがある．

① 利得帯域幅積（GB 積：gain × band）

図 6-7 は，オペアンプ NJM4558 の周波数特性である．周波数 f が高くなるのに伴って電圧利得 G_v が低下している部分では，例えばⒶとⒷにおける $G_v \times f$ の値〔dB〕が等しくなる（ただし，G_v は電圧増幅度 A_v に変換して計算する）．この $G_v \times f$ の値を超える条件（図 6-7 では，網掛けの外）ではオペアンプを動作させることはできない．つまり，

6-1 オペアンプ基本増幅回路

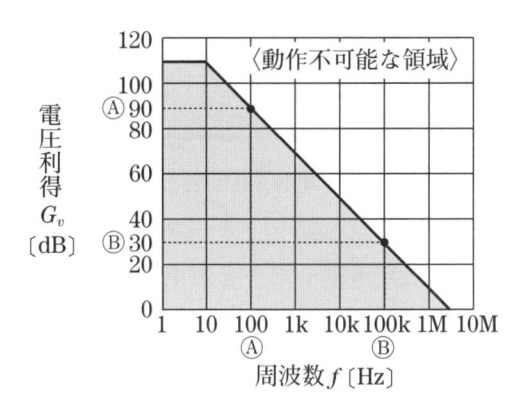

図 6-7 周波数特性（NJM4558：新日本無線データシートより）

利得帯域幅積は，設計の限界を知る指標となる．

② スルーレート

スルーレートとは出力波形の変化を1〔μs〕当たりの電圧の変化量で表した値〔V/μs〕である．スルーレートが大きいオペアンプほど入力の変化に追従する性能が高くなる．

③ 入力オフセット電圧

理想的なオペアンプは，両方の入力端子をグラウンドに接続すれば出力電圧がゼロになる．実際のオペアンプでは，どちらかの入力端子にわずかな電圧をかけて出力がゼロになるように調整することがある．このための電圧を入力オフセット電圧という．

④ 電源電圧変動除去比

電源電圧変動除去比とは，電源電圧の変動分 ΔV とそれに伴う入力オフセット電圧の変動分 ΔV_{IO} の比をデシベルで表した値である．この値が大きいほど，入力オフセット電圧の変化が少ない高性能なオペアンプである．

オペアンプの特徴は，次のとおりである．

・増幅度が大きい．

第6章 オペアンプ回路

・入力インピーダンスが高く，出力インピーダンスが低い．
・直流から交流までの広い周波数において増幅が行える．
・高周波増幅は得意ではない．

また，本来は電圧増幅度 A_v と電圧利得 G_v は異なる値である(87ページ式(3-1)，式(3-2)参照)．しかし，オペアンプを扱う場合には，増幅度といいながら利得 G_v を指す場合も慣用的に多い．状況によって適宜に判断して頂きたい．

(2) 反転増幅回路

図 6-8 に，オペアンプによる反転増幅回路の基本形を示す．

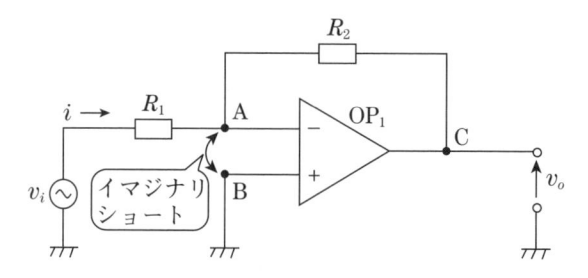

図 6-8 反転増幅回路の基本形

入力電圧 v_i は，オペアンプの反転入力端子 (−) に入力されているため，v_i が正のときには出力端子である点Cの電位は負となる．この負電圧は，抵抗 R_2 によって点Aに帰還されているので，点Aの電位は下がっていく．点Aの電位がグラウンドより低くなると，点Cの電位は正となり，先ほどとは逆に点Aの電位は上がっていく．そして，点Aの電位がグラウンドより高くなると，点Cの電位は負となる．これらの動作は，一瞬にして繰り返されるために，点Aはグラウンドと等しい電位で安定する．このため，点Aは，グラウンドに接続されている点Bと同じ電位となる．つまり，オペアンプは入力インピーダンスが非常に大きいにもかかわらず，点Aと点Bはあたかもショートしている状態とみることができる．この現象をイマジ

ナリショート（imaginary short：仮想短絡）という．

次に，反転増幅回路の電圧増幅度 A_{vf} を考えよう．図 6-8 において，点 A と点 B はイマジナリショートしているために，R_1 に流れる電流 i は，式 (6-3) で表すことができる．

$$i = \frac{v_i}{R_1} \tag{6-3}$$

オペアンプの入力インピーダンスは非常に大きいので，i はオペアンプ内には流れず，R_2 を経由して点 C に流れ込む．このため，点 C の電位 v_o は，式 (6-4) に示すように点 A の電位（グラウンド電位）よりも R_2 による電圧降下分だけ低くなる．

$$v_o = 0 - iR_2 = 0 - \frac{v_i}{R_1} R_2 = -\frac{R_2}{R_1} v_i \tag{6-4}$$

式 (6-4) を変形すれば，A_{vf} は式 (6-5) のように表される．

$$A_{vf} = \frac{v_o}{v_i} = -\frac{R_2}{R_1} \tag{6-5}$$

このように，反転増幅回路の電圧増幅度 A_{vf} は，2 個の抵抗値の比のみで決めることができる．また，入力電圧と出力電圧は逆相である．

(3) **低域遮断周波数**

図 6-9 は，反転増幅回路（図 6-8）の入出力端子に，バイパスコンデンサ C_1，C_2 を挿入した交流増幅用回路である．負荷として抵抗 R_L

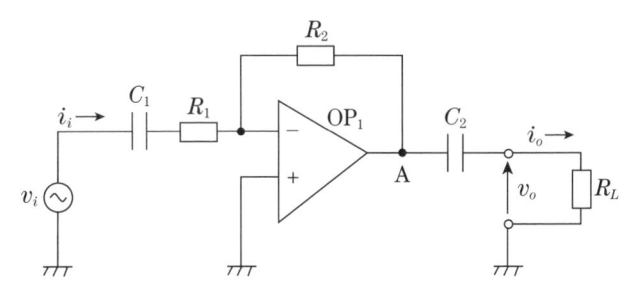

図 6-9　交流増幅用の反転増幅回路

第6章 オペアンプ回路

を接続してある．

　C_1，C_2 を挿入したことによる低域遮断周波数（197ページ基礎6-3参照）を考えてみよう．

① C_1 による低域遮断周波数 f_{C1}

図6-9において，C_2 がショートした状態を考えて，式(6-6)と式(6-7)を得る．

$$i_i = \frac{v_i}{R_1 + \dfrac{1}{j\omega C_1}} \tag{6-6}$$

$$v_o = 0 - i_i R_2 = \frac{-v_i R_2}{R_1 + \dfrac{1}{j\omega C_1}} \tag{6-7}$$

式(6-7)より，電圧増幅度 A_{vf} は式(6-8)のようになる．

$$A_{vf} = \frac{v_o}{v_i} = \frac{-R_2}{R_1 + \dfrac{1}{j\omega C_1}} \tag{6-8}$$

また，A_{vf} の大きさ $|A_{vf}|$ は，式(6-9)のようになる．

$$|A_{vf}| = \frac{R_2}{\sqrt{R_1^2 + \left(\dfrac{1}{\omega C_1}\right)^2}} = \frac{R_2}{R_1\sqrt{1 + \left(\dfrac{1}{\omega C_1 R_1}\right)^2}} \tag{6-9}$$

式(6-9)が，式(6-5)の大きさの $1/\sqrt{2}$ 倍になるためには，式(6-10)が成立することが必要となる（110ページ式(3-38)参照）．

$$\frac{1}{\omega C_1 R_1} = 1 \tag{6-10}$$

式(6-10)に，$\omega = 2\pi f_{C1}$ を代入して変形すれば，C_1 による低域遮断周波数 f_{C1} は式(6-11)のようになる．

$$f_{C1} = \frac{1}{2\pi C_1 R_1} \tag{6-11}$$

② C_2 による低域遮断周波数 f_{C2}

図 6-9 において，C_1 がショートした状態を考えて，式 (6-12) と式 (6-13) を得る．

$$i_i = \frac{v_i}{R_1} \tag{6-12}$$

$$v_o = i_o R_L \tag{6-13}$$

点 A の左右の電位を考えると，式 (6-14) が成立する．

$$-i_i R_2 = v_o - \frac{i_o}{j\omega C_2} \tag{6-14}$$

式 (6-14) に，式 (6-12) の i_i と式 (6-13) の i_o を代入して，電圧増幅度 A_{vf} の式 (6-15) を得る．

$$A_{vf} = \frac{v_o}{v_i} = \frac{-\dfrac{R_2}{R_1}}{1 - \dfrac{1}{j\omega C_2 R_L}} \tag{6-15}$$

また，A_{vf} の大きさ $|A_{vf}|$ は，式 (6-16) のようになる．

$$|A_{vf}| = \frac{\dfrac{R_2}{R_1}}{\sqrt{1 + \left(\dfrac{1}{\omega C_2 R_L}\right)^2}} \tag{6-16}$$

式 (6-16) が，式 (6-5) の大きさの $1/\sqrt{2}$ 倍になるためには，式 (6-17) が成立することが必要となる（110 ページ式 (3-38) 参照）．

$$\frac{1}{\omega C_2 R_L} = 1 \tag{6-17}$$

式 (6-17) に，$\omega = 2\pi f_{C2}$ を代入して変形すれば，C_2 による低域遮断周波数 f_{C2} は式 (6-18) のようになる．

$$f_{C2} = \frac{1}{2\pi C_2 R_L} \tag{6-18}$$

(4) 非反転増幅回路

図 **6-10** に，オペアンプによる非反転増幅回路の基本形を示す．非反転増幅回路では，オペアンプの非反転入力端子（+）に増幅したい信号を入力する．

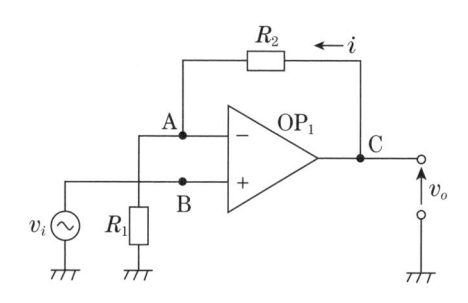

図 6-10 非反転増幅回路の基本形

この回路でも，図 6-8 に示した反転増幅回路の基本形と同様に，点 A と点 C が帰還抵抗 R_2 によって接続されているために，点 AB 間はイマジナリショートしている．つまり，点 A の電位は，点 B の電位と等しくなっている．

抵抗 R_2 に流れている電流 i は，入力インピーダンスの大きいオペアンプ内には流れ込まずに R_1 に向けて流れるため，式 (6-19) が成立する．

$$v_i = iR_1 \tag{6-19}$$

また，出力電圧 v_o は，式 (6-20) で表される．

$$v_o = i(R_1 + R_2) \tag{6-20}$$

式 (6-19) と式 (6-20) より，非反転増幅回路の電圧増幅度 A_{vf} は，式 (6-21) のようになる．

$$A_{vf} = \frac{v_o}{v_i} = 1 + \frac{R_2}{R_1} \tag{6-21}$$

このように，非反転増幅回路の電圧増幅度 A_{vf} は，反転増幅回路（式 (6-5) 参照）と同様に2個の抵抗値の比で決めることができる．また，入力電圧と出力電圧は同相である．

図 **6-11** は，バイパスコンデンサ C_1, C_2 を接続した交流増幅用の非反転増幅回路である．C_1 の挿入によって，直流バイアス電流 I_B がオペアンプの非反転入力端子（+）に流れるための経路がなくなるので，抵抗 R_B を挿入している．ただし，R_B は，回路の入力インピーダンスに影響するので，あまり小さな値にするのは避けた方がよい（通常は，数十〔kΩ〕以上にする）．一方，図 6-9 に示した反転増幅回路では，反転入力端子から R_2 を経由して I_B が流れるため R_B を挿入していない．

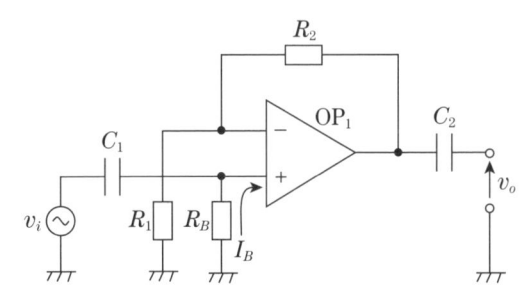

図 **6-11** 交流増幅用の非反転増幅回路

(5) **直流増幅回路**

図 **6-12** に，オペアンプを用いた直流増幅用の反転増幅回路を示す．直流増幅回路では，バイパスコンデンサを挿入することができないため，出力電圧に直流バイアス電流 I_B の影響が現れてしまう可能性がある．

このために，非反転入力端子（+）に抵抗 R_S を接続しているのだが，この意味を考えてみよう．図 6-12 において，$V_I = 0$（短絡）のときに，

第6章 オペアンプ回路

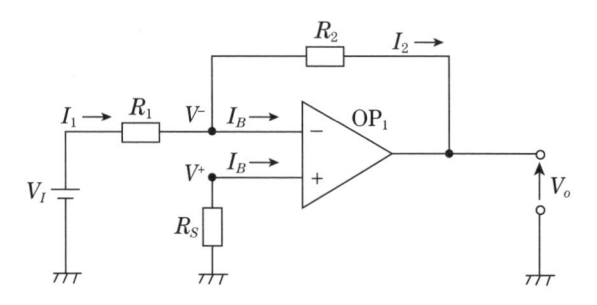

図 6-12 直流増幅用の反転増幅回路

2つの入力端子に同じバイアス電流 I_B が流れているとする．各入力端子の電位を V^-，V^+ とすれば，V^+ は式 (6-22) のようになる．

$$V^+ = -I_B R_S \tag{6-22}$$

イマジナリショートによって，$V^- = V^+$ であるから，R_1 を流れる電流 I_1 は式 (6-23) で表される．

$$I_1 = \frac{-V^-}{R_1} = \frac{-V^+}{R_1} = \frac{I_B R_S}{R_1} \tag{6-23}$$

帰還抵抗 R_2 に流れる電流を I_2 とすれば，I_B は式 (6-24) のようになる．

$$\begin{aligned} I_B &= I_1 - I_2 = \frac{I_B R_S}{R_1} - \frac{V^- - V_o}{R_2} \\ &= \frac{I_B R_S}{R_1} + \left(\frac{I_B R_S}{R_2} + \frac{V_o}{R_2} \right) \end{aligned} \tag{6-24}$$

式 (6-24) を変形して，V_o の式にすると式 (6-25) が得られる．

$$V_o = I_B \left(R_2 - \frac{R_2 R_S}{R_1} - R_S \right) = I_B \left(R_2 - \frac{R_2 R_S + R_1 R_S}{R_1} \right) \tag{6-25}$$

$V_I = 0$ としているので，V_o もゼロになることが理想である．ここで，式 (6-26) で表される抵抗 R_S を考える．

$$R_S = \frac{R_1 R_2}{R_1 + R_2} \tag{6-26}$$

6-1 オペアンプ基本増幅回路

式 (6-25) に式 (6-26) を代入すると，都合のよいことに $V_o = 0$ となる．つまり，反転増幅回路で直流を増幅する場合には，非反転入力端子に抵抗 R_S（R_1 と R_2 の合成並列抵抗）を挿入すれば，直流バイアス電流 I_B の影響を打ち消すことができる．この R_S を補償抵抗と呼ぶ．ただし，入力回路に FET を使用したオペアンプでは，I_B が極めて小さい値なので R_S の挿入を省略することが多い．

図 **6-13** は，直流増幅用の非反転増幅回路である．$V_I = 0$（短絡）の場合を考えれば，図 6-12 と図 6-13 は同じになる．このため，非反転増幅回路でも，式 (6-26) の大きさの補償抵抗 R_S を非反転端子に接続すればよい．

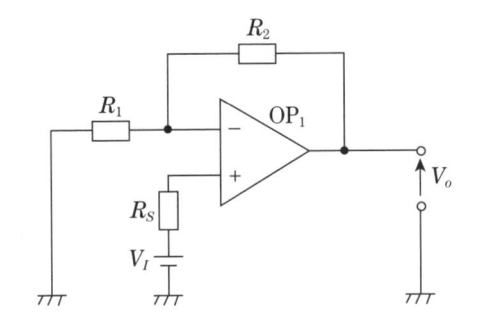

図 **6-13** 直流増幅用の非反転増幅回路

<例題 6-1> 図 **6-14** に示すオペアンプ増幅回路について，次の①〜④に答えなさい．

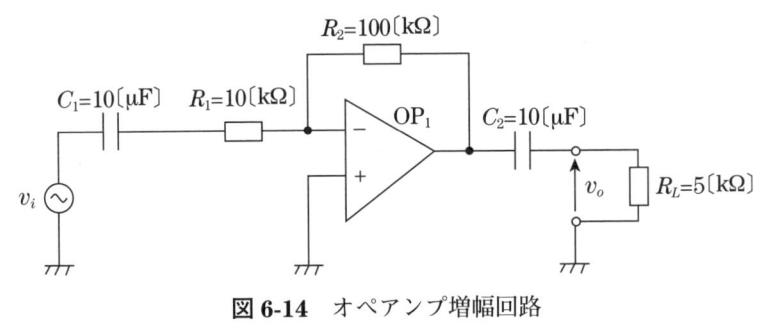

図 **6-14** オペアンプ増幅回路

第6章 オペアンプ回路

① 回路の名称
② 入力電圧と出力電圧の位相関係
③ 電圧増幅度 A_{vf}
④ C_1, C_2 による低域遮断周波数

<解答>

① 反転増幅回路

② 逆相

③ $A_{vf} = -\dfrac{R_2}{R_1} = -\dfrac{100}{10} = -10$

④ $f_{C1} = \dfrac{1}{2\pi C_1 R_1} = \dfrac{1}{2 \times 3.14 \times 10 \times 10^{-6} \times 10 \times 10^3} \fallingdotseq 1.6 \,[\mathrm{Hz}]$

$f_{C2} = \dfrac{1}{2\pi C_2 R_L} = \dfrac{1}{2 \times 3.14 \times 10 \times 10^{-6} \times 5 \times 10^3} \fallingdotseq 3.2 \,[\mathrm{Hz}]$

<演習 6-1> 図 6-14 に示した増幅回路では，式 (6-26) で表される補償抵抗 R_S を挿入していない．この理由を説明しなさい．また，式 (6-25) に式 (6-26) を代入すれば，$V_o = 0$ となることを確認しなさい．

6-2　オペアンプ応用回路

オペアンプの応用範囲は極めて広い．ここでは，いくつかのオペアンプ応用回路について説明する．

(1) 電圧ホロワ回路

これまで，電圧ホロワ回路としてトランジスタを用いたエミッタホロワ回路（165 ページ参照）および，FET を用いたソースホロワ回路

6-2 オペアンプ応用回路

図 6-15 非反転増幅回路の基本形

（167 ページ参照）について説明した．図 **6-15** は，206 ページに示した非反転増幅回路の基本形である．

この回路の電圧増幅度 A_{vf} を表す式 (6-21) を，ここでは式 (6-27) として再掲する．

$$A_{vf} = 1 + \frac{R_2}{R_1} \qquad (6\text{-}27)$$

式 (6-27) において，R_1 を無限大（開放），R_2 をゼロ（短絡）に近似すれば，$A_{vf} \fallingdotseq 1$ となる．図 **6-16** は，この条件を満たした回路であり，電圧ホロワ回路として動作する．

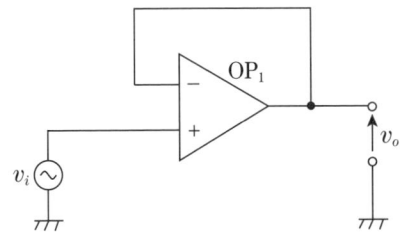

図 6-16 電圧ホロワ回路

(2) ダイオード回路

図 **6-17** に，ダイオードの順方向特性例を示す（60 ページ図 2-8 参照）．シリコンダイオードの場合には，0.6 〔V〕程度の順方向電圧 V_f に達す

第6章 オペアンプ回路

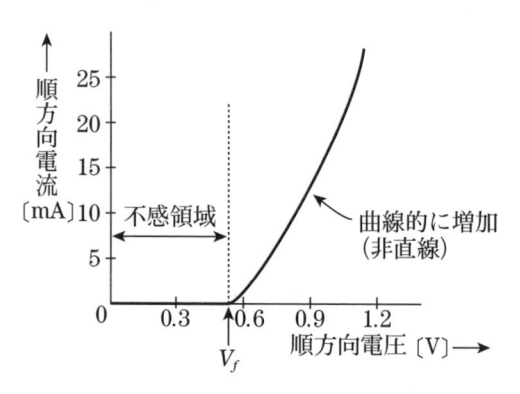

図6-17 ダイオードの順方向特性例

るまでの不感領域では順方向電流が流れない．また，V_fを超えた場合に流れる順方向電流の増加は，曲線的（非直線）である．

　不感領域で電流が流れないことは，例えばV_fより小さい入力電圧に対して整流（61ページ図2-11参照）が行えないことを意味する．また，順方向電流が非直線的に増加するため，出力に歪みを生じてしまうことがある．図6-18は，オペアンプを用いたダイオード回路であり，図6-16に示した電圧ホロワ回路と同様の接続を行っている．

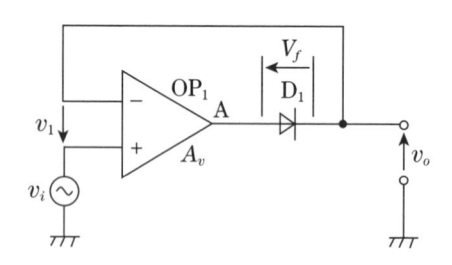

図6-18 ダイオード回路

この回路に正弦波v_iを入力した場合を考えてみよう．

① $V_f \leq v_i$のときは，ダイオードD_1は導通となり，回路は電圧ホロワとして動作する．

② $0 \leq v_i < V_f$のときは，D_1は非導通となり，反転入力端子への

6-2 オペアンプ応用回路

帰還電流がなくなる．このため，オペアンプは極めて大きな電圧増幅度 A_v を持った増幅回路として動作する．このときには，式 (6-28) と式 (6-29) が成立する．

$$v_1 A_v = V_f \tag{6-28}$$

$$v_o = v_i - v_1 \tag{6-29}$$

式 (6-28) を v_1 の式に変形して式 (6-29) に代入すると，式 (6-30) が得られる．

$$v_o = v_i - \frac{V_f}{A_v} \tag{6-30}$$

式 (6-30) において，$A_v \fallingdotseq \infty$ と考えれば $v_o = v_i$ となり V_f を無視できる．

③　$v_i < 0$ のときは，D_1 は非導通となり，反転入力端子への帰還電流がなくなるため，オペアンプは極めて大きな電圧増幅度 A_v を持った増幅回路として動作する．これにより，点 A はオペアンプが飽和した際の負の出力電圧と等しくなる．D_1 は非導通のままであるため，v_o はほぼゼロとなる．ほぼゼロと記した理由は，D_1 にごくわずかの逆電流が流れるためである．

図 6-19 は，上記①～③の動作によるダイオード回路の特性例である．この回路では，不感領域がなく，順方向電流の増加が直線的になっ

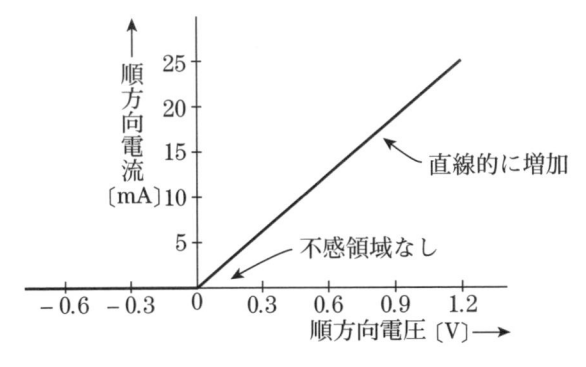

図 6-19　ダイオード回路の特性例

第6章 オペアンプ回路

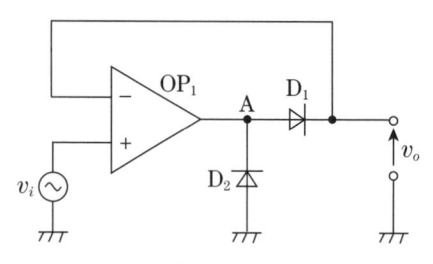

図 6-20 高速なダイオード回路

ている.

図6-18に示したダイオード回路は，上記③で説明したように，オペアンプが飽和した際の負の電圧を出力する．このために，飽和状態から抜ける際に時間を要するので高い周波数には適さない．一方，**図 6-20**に示す回路では，追加したダイオード D_2 によって，D_1 に逆電圧が加わっている際に点Aの電位をゼロにするので動作が高速になる．

(3) フィルタ回路

フィルタ回路とは，特定の周波数帯域のみを通過させる機能を持った回路である．コンピュータを用いた演算処理によって実現するディジタルフィルタ回路と本書で扱うアナログ回路によって実現するアナログフィルタ回路に大別できる．おもなフィルタ回路には，次の3種がある．

① ローパスフィルタ（LPF：low pass filter）回路
設定した周波数以下の信号のみを通過させる．

② ハイパスフィルタ（HPF：high pass filter）回路
設定した周波数以上の信号のみを通過させる．

③ バンドパスフィルタ（BPF：band pass filter）回路
設定した周波数帯域の信号のみを通過させる．

また，フィルタ回路は能動素子を使用しないパッシブ（passive）形，トランジスタやオペアンプなどを使用して増幅機能を持たせたアクティブ（active）形に大別できる．例えば，186ページ図5-35に示し

6-2 オペアンプ応用回路

た同調回路は，アナログ方式のパッシブ形 BPF 回路と捉えることができる．

図 **6-21** は，オペアンプを用いたアナログ方式のアクティブ形 LPF 回路である．この回路は，図 6-8 に示した反転増幅回路と考えることができる．

反転増幅回路の電圧増幅度 A_{vf} は，式 (6-31) で表すことができる（式 (6-5) の再掲）．

$$A_{vf} = -\frac{R_2}{R_1} \tag{6-31}$$

この式の抵抗 R_1, R_2 をインピーダンス Z_1, Z_2 に置き換えて，図 6-21 のように考えると，式 (6-32) と式 (6-33) が得られる．

$$A_{vf} = -\frac{Z_2}{Z_1} = -\frac{1}{R_1} \times \frac{\dfrac{R_2}{j\omega C_1}}{R_2 + \dfrac{1}{j\omega C_1}} = -\frac{R_2}{R_1} \times \frac{1}{1 + j\omega C_1 R_2} \tag{6-32}$$

$$|A_{vf}| = \frac{R_2}{R_1} \times \frac{1}{\sqrt{1 + (\omega C_1 R_2)^2}} \tag{6-33}$$

式 (6-33) が，式 (6-31) の大きさの $1/\sqrt{2}$ になるためには，式 (6-34)

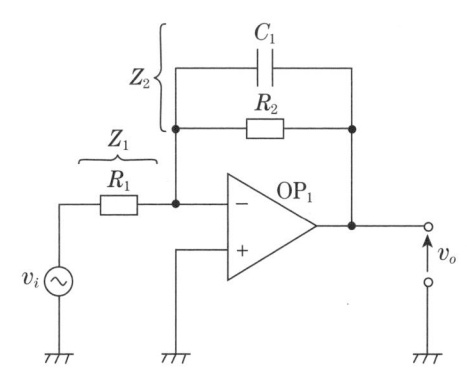

図 6-21 LPF 回路

が成立する必要がある（110ページ式(3-38)参照）．

$$\omega C_1 R_2 = 1 \tag{6-34}$$

これより，このLPF回路の高域遮断周波数f_c（基礎6-3参照）を表す式(6-35)が得られる．

$$f_c = \frac{1}{2\pi C_1 R_2} \tag{6-35}$$

次に，トランジェント周波数f_tを表す式を導出しよう．f_cを大きく超える高い周波数においては，図6-21のC_1のインピーダンスが非常に小さくなるために，R_2を無視することができる．このため，式(6-36)のように考えればよい．

$$A_{vf} = -\frac{Z_2}{Z_1} = -\frac{\dfrac{1}{j\omega C_1}}{R_1} = j\frac{1}{\omega C_1 R_1} \tag{6-36}$$

式(6-37)に示す$|A_{vf}|$が1になるときのf_tは，式(6-38)のようになる．

$$|A_{vf}| = \frac{1}{\omega C_1 R_1} \tag{6-37}$$

$$f_t = \frac{1}{2\pi C_1 R_1} \tag{6-38}$$

図6-22に，このLPF回路の周波数特性を示す．

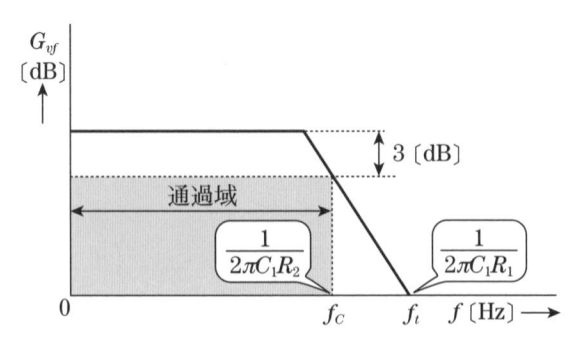

図6-22 LPF回路の周波数特性

図 6-23 に示すように，コンデンサ C_2 を入力側に接続すれば HPF 回路となる（例題 6-2 参照）．また，図 6-24 に示すように C_1 と C_2 を同時に接続すれば BPF 回路となる．一方，BPF 回路については，LPF 回路と HPF 回路を直列に接続することでも実現できる．

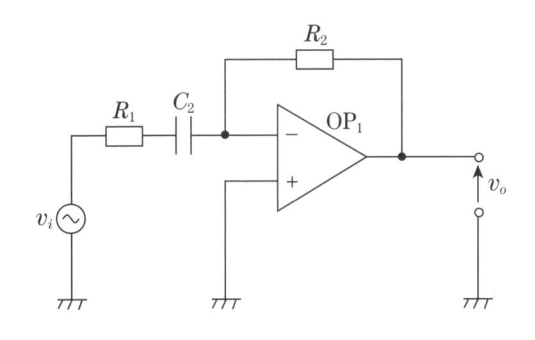

図 6-23 HPF 回路

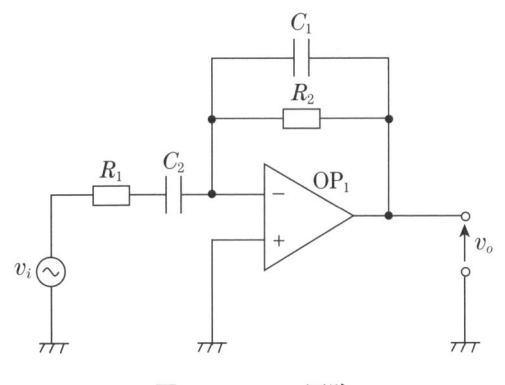

図 6-24 BPF 回路

＜例題 6-2＞ 図 6-23 に示したオペアンプを用いた HPF 回路において，低域遮断周波数 f_c および，低域でのトランジェント周波数 f_t を表す式を導出しなさい．

第6章 オペアンプ回路

＜解答＞ 回路の電圧増幅度 $|A_{vf}|$ を計算すると，式 (6-39) のようになる．

$$|A_{vf}| = \frac{Z_2}{Z_1} = \frac{R_2}{R_1 + \dfrac{1}{j\omega C_2}} = \frac{R_2}{R_1\sqrt{1+\left(\dfrac{1}{\omega C_2 R_1}\right)^2}} \qquad (6\text{-}39)$$

式 (6-39) が，式 (6-31) の大きさの $1/\sqrt{2}$ になるためには，$\omega C_2 R_1 = 1$ が成立する必要がある（110 ページ式 (3-38) 参照）．これより，この HPF 回路の低域遮断周波数 f_c は，式 (6-40) のようになる．

$$f_c = \frac{1}{2\pi C_2 R_1} \qquad (6\text{-}40)$$

また，f_c よりも相当に低い周波数においては，図 6-23 の C_2 のインピーダンスが非常に大きくなるために，R_1 を無視することができる．このため，A_{vf} は式 (6-41) のように考えればよい．

$$A_{vf} = -\frac{R_2}{\dfrac{1}{j\omega C_2}} = -j\omega C_2 R_2 \qquad (6\text{-}41)$$

式 (6-42) に示す $|A_{vf}|$ が 1 になるときの f_t は，式 (6-43) のようになる．

$$|A_{vf}| = \omega C_2 R_2 \qquad (6\text{-}42)$$

$$f_t = \frac{1}{2\pi C_2 R_2} \qquad (6\text{-}43)$$

＜演習 6-2＞ 214 ページ図 6-20 に示した高速なダイオード回路は，入力電圧 v_i が正の際に D_1 が順方向となり，正の電圧 v_o が出力される．これとは逆に，v_i が負の際に負の電圧 v_o が出力される回路を描きなさい．

コラム☆ダイオードを用いた電圧降下法

211ページで説明したオペアンプを用いたダイオード回路では，不感領域がなくなる利点があった．ここでは，ダイオードの不感領域を積極的に使用する回路を紹介する．

例えば，10〔V〕の直流電圧を5〔V〕に下げる必要があるとする．さて，どのような方法が考えられるだろうか？

交流とは異なり，直流では磁界が連続的に変化しないので，トランス（変成器）は使用できない．図 **6-25** に示すように，抵抗 R を挿入して電圧を下げる方法はどうだろう．これでは，負荷抵抗によって R を流れる電流 I が変化するために，出力電圧を5〔V〕一定にするのは困難である．また，R での電力消費も問題となる．図 **6-26** に示すように，三端子レギュレータIC（図 **6-27** 参照）を使用すれば簡単に安定化された5〔V〕を得ることができる．

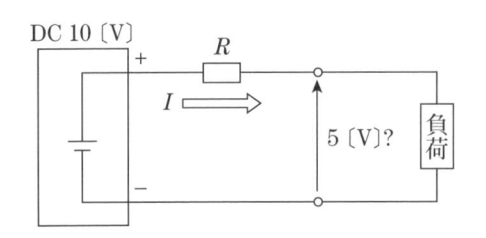

図 **6-25**　抵抗 R の挿入

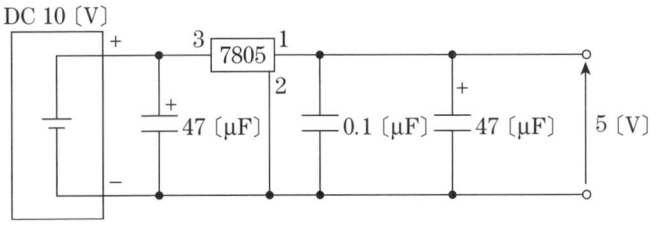

図 **6-26**　三端子レギュレータICの使用

第6章 オペアンプ回路

図 6-27　三端子レギュレータ IC の外観例

一方，図 6-28 に示すようにダイオードを使用する方法がある．例えば，Ge ダイオードでは，順方向に電流を流した場合には約 0.2 [V]，Si ダイオードでは約 0.6 [V] の順方向電圧（不感領域）を生じ，このときの電力消費はわずかである（60 ページ図 2-8 参照）．したがって，Ge ダイオード n_1 個と Si ダイオード n_2 個を直列に接続すれば，およそ $(0.2 \times n_1 + 0.6 \times n_2)$ [V] の電圧を下げることができる．ただし，ダイオードの選択には，流れる電流の大きさを考慮する必要がある．

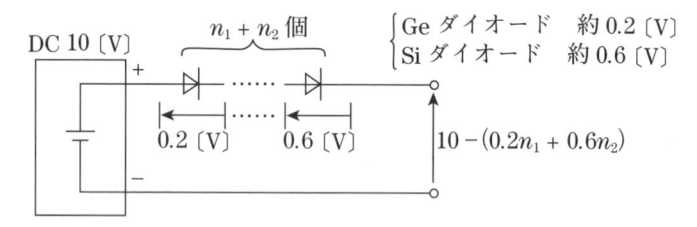

図 6-28　ダイオードによる電圧降下法

章末問題 6

1 次の説明文の①〜⑪に適切な語句を入れなさい．

オペアンプは，[①] 回路とも呼ばれ，高性能な [②] 回路であると考えることができる．オペアンプの入力インピーダンスは [③] く，出力インピーダンスは [④] い．また，電圧増幅度は極めて [⑤] く，直流増幅回路に向いて [⑥] が，[⑦] 周波増幅には向いて [⑧]．一般的には，[⑨] 帰還をかけて使用する．この場合には，反転入力端子と非反転入力端子は，[⑩] によって同じ [⑪] になっていると考えることができる．

2 図 6-29 は，あるオペアンプの入力と出力の波形を示している．このオペアンプのスルーレート SR の値を計算しなさい．

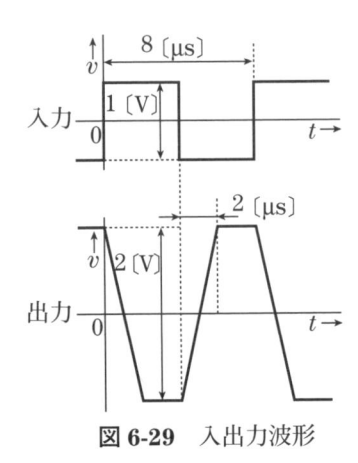

図 6-29 入出力波形

3 図 6-30 に示す反転増幅回路において，次の問に答えなさい．

① 回路の電圧増幅度 A_{vf} を計算しなさい．

② 低域遮断周波数 f_c を 20 [Hz] にしたいときのコンデンサ C_1 と C_2 の値を計算しなさい．

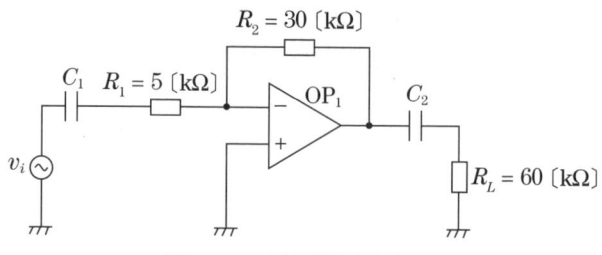

第6章 オペアンプ回路

図 6-30 反転増幅回路

4 図 6-31 に示す非反転増幅回路において，抵抗 R_x の役割を簡単に説明しなさい．また，R_x の値はどのような影響を及ぼすのか答えなさい．

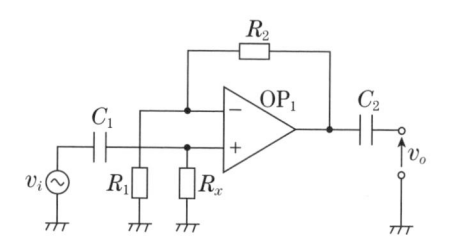

図 6-31 非反転増幅回路

5 図 6-32 に示す BPF 回路の低域遮断周波数 f_{c1} と高域遮断周波数 f_{c2} の値を計算しなさい．

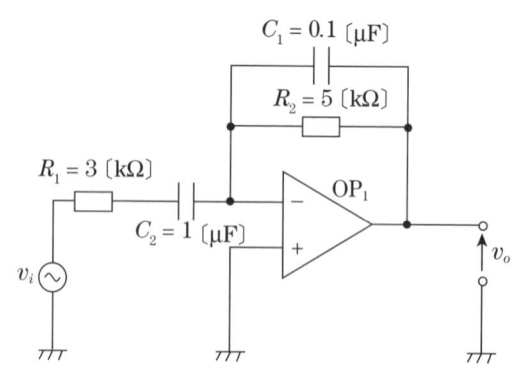

図 6-32 BPF 回路

第7章　発振回路

　発振回路は，コンピュータの動作信号，通信回路や電子時計の基準信号など多くの電子回路に用いられている．ここでは，いくつかの代表的な発振回路について説明する．

第7章 発振回路

☆この章で使う基礎事項☆

基礎 7-1　RC 直列回路における入出力電圧の位相

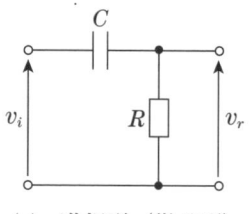

(a)　進相形（微分形）

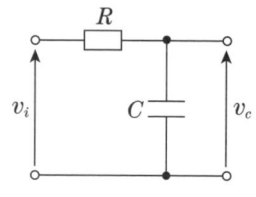

(b)　遅相形（積分形）

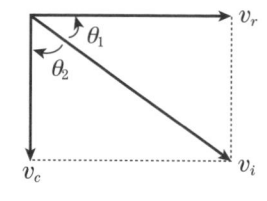

(c)　ベクトル図

$$\theta_1 = \tan^{-1}\left(\frac{1}{\omega CR}\right) \quad (7\text{-}1)$$

$$\theta_2 = \tan^{-1}(-\omega CR) \quad (7\text{-}2)$$

ただし，$-\dfrac{\pi}{2} < \theta_1,\ \theta_2 \leqq 0$

図 7-1　RC 直列回路

基礎 7-2　クラメールの公式を用いた連立方程式の解法

例えば，式 (7-3) に示す三元一次連立方程式を考える．

$$\left.\begin{aligned}a_{11}x + a_{12}y + a_{13}z &= b_{11} \\ a_{21}x + a_{22}y + a_{23}z &= b_{21} \\ a_{31}x + a_{32}y + a_{33}z &= b_{31}\end{aligned}\right\} \quad (7\text{-}3)$$

$|A|$ の値を式 (7-4) のように定義すれば，連立方程式の解 x, y, z は，式 (7-5) のように計算することができる．

$$|A| = \begin{vmatrix} a_{11} & a_{12} & a_{13} \\ a_{21} & a_{22} & a_{23} \\ a_{31} & a_{32} & a_{33} \end{vmatrix} = a_{11}a_{22}a_{33} + a_{12}a_{23}a_{31} + a_{13}a_{21}a_{32} \\ - a_{13}a_{22}a_{31} - a_{12}a_{21}a_{33} - a_{11}a_{23}a_{32} \quad (7\text{-}4)$$

$$\left.\begin{array}{c}x=\dfrac{\begin{vmatrix}b_{11}&a_{12}&a_{13}\\b_{21}&a_{22}&a_{23}\\b_{31}&a_{32}&a_{33}\end{vmatrix}}{|A|},\quad y=\dfrac{\begin{vmatrix}a_{11}&b_{11}&a_{13}\\a_{21}&b_{21}&a_{23}\\a_{31}&b_{31}&a_{33}\end{vmatrix}}{|A|}\\[2em]z=\dfrac{\begin{vmatrix}a_{11}&a_{12}&b_{11}\\a_{21}&a_{22}&b_{21}\\a_{31}&a_{32}&b_{31}\end{vmatrix}}{|A|}\end{array}\right\} \quad (7\text{-}5)$$

基礎 7-3　可変容量ダイオード

ダイオードに加える逆方向電圧の大きさによって，pn接合面に生じる空乏層の幅を変化させることができる（59ページ図2-7(b)参照）．この性質を利用して，ダイオードを可変コンデンサとして動作させる素子を可変容量ダイオード（variable capacitance diode：略称，バリキャップまたは，バラクタダイオード）という．図 **7-2** に，可変容量ダイオードの外観例と図記号を示す．

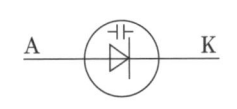

(a)　外観例　　　　　　　　(b)　図記号

図 7-2　可変容量ダイオード

第7章 発振回路

7-1 　 *RC* 発振回路

ここでは，はじめに発振回路の仕組みを理解しよう．その後に，抵抗とコンデンサを組み合わせた2種類の *RC* 発振回路について説明する．

(1) 発振の仕組み

負帰還増幅回路（119ページ参照）は，出力電圧を入力電圧とは逆位相にして帰還する回路であった．一方，図 **7-3** に示す正帰還増幅回路は，出力電圧を入力電圧と同じ位相で帰還する回路である．

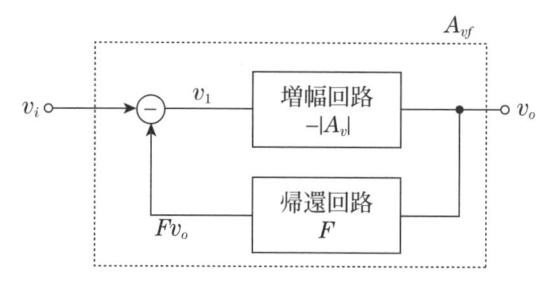

図 **7-3**　正帰還増幅回路の構成例

図 **7-4** に示すように，正帰還増幅回路の出力電圧は増大を続けるが，やがて増幅回路が出力可能な最大の出力電圧で安定する．図7-3から式 (7-6) が得られる．

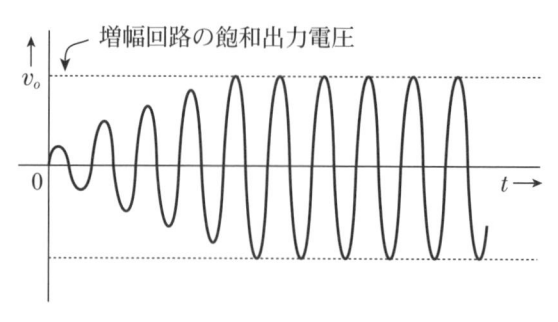

図 **7-4**　発振のようす

$$\left.\begin{array}{l} v_1 = v_i - Fv_o \\ v_o = -v_1 |A_v| \end{array}\right\} \quad (7\text{-}6)$$

これより，正帰還増幅回路の電圧増幅度 A_{vf} は，式 (7-7) のようになる．

$$A_{vf} = \frac{v_o}{v_i} = \frac{-|A_v|}{1-|A_v|F} \quad (7\text{-}7)$$

式 (7-7) において，$|A_v|F = 1$ のときに A_{vf} は無限大となり発振が始まる．その後は，A_{vf} を大きな値に保てば発振が継続する．正帰還用の帰還回路は，位相を変えるためにコンデンサやコイルを用いた回路であるから，帰還率 F は複素数（3 ページ基礎 1-3 参照）となる．したがって，$|A_v|F$ も複素数となり，その実部と虚部を式 (7-8) として示せば，実部の条件（振幅条件）によって $|A_v|$ が決まり，虚部の条件（周波数条件）によって発振周波数が決まる．

$$\left.\begin{array}{l} 振幅条件： |A_v|F \text{の実部} \geqq 1 \\ 周波数条件：|A_v|F \text{の虚部} = 0 \end{array}\right\} \quad (7\text{-}8)$$

発振を継続させるためには，これら 2 条件を同時に満たすことが必要である．

(2) **RC 移相発振回路**

帰還回路を抵抗とコンデンサによって構成する *RC* 移相発振回路は，コンデンサの影響を活用できる低周波の発振に適している．例えば，オペアンプを用いた反転増幅回路（202 ページ図 6-8 参照）では，出力の位相を 180° ずらして反転入力端子に戻してやれば正帰還がかかる．

図 **7-5** (a) に示す 1 段の *RC* 移相回路（進相形）を用いれば，入力と出力の位相をずらすことができる（基礎 7-1 参照）．しかし，位相差は 90° 未満になるために，180° の位相差を得るためには図 (b) に示す 3 段の移相回路が必要となる．

第7章 発振回路

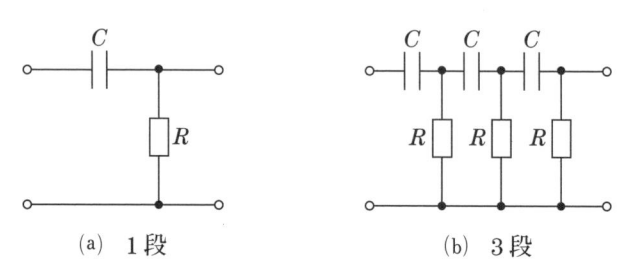

(a) 1段   (b) 3段

図 7-5　RC 移相回路

図 7-6 に，オペアンプを用いた反転増幅回路に 3 段の RC 移相回路からなる帰還回路を接続した RC 移相発振回路を示す．この回路の発振周波数などを計算する式を導出しよう．

図 7-6 の帰還回路の各ループに流れる電流を i_1，i_2，i_3 と定義する．また，反転増幅回路の入力電圧を v_1，出力電圧を v_o とすれば，帰還回路の入力電圧は v_o，出力電圧は v_1 となることに注意しよう．帰還回路に，キルヒホッフの法則を適用して，式 (7-9) に示す連立方程式を得る．ただし，コンデンサのリアクタンスを X としている．

$$\left.\begin{array}{l}(R-jX)i_1 \quad\quad -Ri_2 \quad\quad\quad\quad = v_o \\ -Ri_1 + (2R-jX)i_2 \quad -Ri_3 = 0 \\ \quad\quad\quad -Ri_2 + (2R-jX)i_3 = 0\end{array}\right\} \quad (7\text{-}9)$$

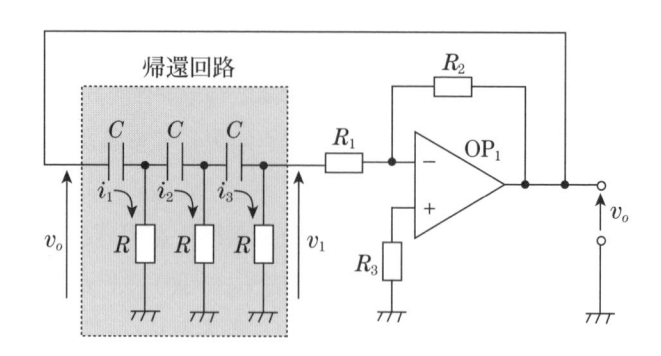

図 7-6　RC 移相発振回路

この連立方程式をクラメールの公式（基礎7-2参照）を用いて，式(7-10)～式(7-12)のようにi_3について解く．

$$|A| = \begin{vmatrix} R-jX & -R & 0 \\ -R & 2R-jX & -R \\ 0 & -R & 2R-jX \end{vmatrix}$$

$$= (R-jX)(2R-jX)^2 - R^2(2R-jX) - R^2(R-jX)$$

$$= R(R^2 - 5X^2) - jX(6R^2 - X^2) \tag{7-10}$$

$$|Z| = \begin{vmatrix} R-jX & -R & v_o \\ -R & 2R-jX & 0 \\ 0 & -R & 0 \end{vmatrix} = R^2 v_o \tag{7-11}$$

$$i_3 = \frac{|Z|}{|A|} = \frac{R^2 v_o}{R(R^2 - 5X^2) - jX(6R^2 - X^2)} \tag{7-12}$$

v_i は式(7-13)で表されるから，反転増幅回路のA_vは式(7-14)のようになる．

$$v_1 = i_3 R \tag{7-13}$$

$$A_v = \frac{v_o}{v_1} = \frac{1}{R^2}(R^2 - 5X^2) - j\frac{X}{R^3}(6R^2 - X^2) \tag{7-14}$$

式(7-14)が実数となるのは，式(7-15)が成立するときである．

$$6R^2 - X^2 = 0 \tag{7-15}$$

式(7-15)を変形して式(7-16)とする．

$$X = \sqrt{6}R \tag{7-16}$$

コンデンサのリアクタンスXを表す式(7-17)を，式(7-16)に代入して変形すれば，発振周波数fを示す式(7-18)が得られる．

$$X = \frac{1}{\omega C} \tag{7-17}$$

$\omega = \dfrac{1}{\sqrt{6}RC}$ より，

第 7 章　発振回路

$$f = \frac{1}{2\pi\sqrt{6}RC} \tag{7-18}$$

また，式 (7-16) を式 (7-14) に代入すれば，反転増幅回路に必要な電圧増幅度 A_v は式 (7-19) のようになる．

$$A_v = \frac{1}{R^2}(R^2 - 5 \times 6R^2) = -29 \tag{7-19}$$

したがって，発振の振幅条件は，式 (7-20) のようになる．

$$\left| -\frac{R_2}{R_1} \right| \geq |-29| \tag{7-20}$$

(3) ウィーンブリッジ発振回路

図 7-7 に，ウィーンブリッジ (Wien bridge) 発振回路の構成例を示す．この発振回路は，ブリッジ回路の点 c と点 d にわずかな電位差を生じさせ，それを正帰還することで発振を行う．図 7-7 に示すように，ブリッジ回路のインピーダンス Z_1 と Z_2 を帰還回路と考える．

Z_1 と Z_2 は式 (7-21) のようになり，点 db 間の電位差 v_{db} と点 cb 間の電位差 v_{cb} は式 (7-22) で表すことができる．

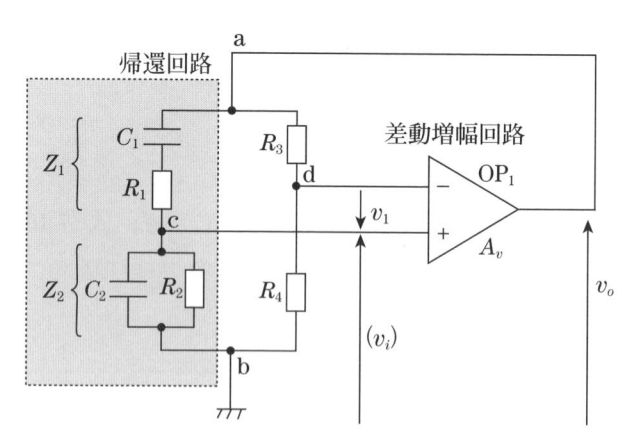

図 7-7　ウィーンブリッジ発振回路の構成例

7-1 RC 発振回路

$$Z_1 = R_1 + \frac{1}{j\omega C_1} \\ Z_2 = \frac{1}{\frac{1}{R_2} + j\omega C_2} \Biggr\} \quad (7\text{-}21)$$

$$v_{db} = \frac{R_4}{R_3 + R_4} v_o \\ v_{cb} = \frac{Z_2}{Z_1 + Z_2} v_o \Biggr\} \quad (7\text{-}22)$$

差動増幅回路の入力電圧 v_1 は，式 (7-23) のようになる．

$$v_1 = v_{cd} = v_{cb} - v_{db} \quad (7\text{-}23)$$

式 (7-22) を式 (7-23) に代入して，差動増幅回路の電圧増幅度 A_v の逆数を表す式 (7-24) を得る．

$$\frac{1}{A_v} = \frac{v_1}{v_o} = \frac{Z_2}{Z_1 + Z_2} - \frac{R_4}{R_3 + R_4} \quad (7\text{-}24)$$

式 (7-21) を式 (7-24) に代入すると，式 (7-25) のようになる．

$$\frac{1}{A_v} = \frac{j\omega C_1 R_2}{(1 - \omega^2 C_1 C_2 R_1 R_2) + j\omega(C_1 R_1 + C_1 R_2 + C_2 R_2)} - \frac{R_4}{R_3 + R_4} \quad (7\text{-}25)$$

A_v が実数になるためには，式 (7-25) において式 (7-26) が成立すればよい．

$$1 - \omega^2 C_1 C_2 R_1 R_2 = 0 \quad (7\text{-}26)$$

これより，ウィーンブリッジ発振回路の周波数を表す式 (7-27) が得られる．

$$f = \frac{1}{2\pi \sqrt{C_1 C_2 R_1 R_2}} \quad (7\text{-}27)$$

一方，式 (7-26) を式 (7-25) に代入すると式 (7-28) のようになる．

第7章　発振回路

$$\frac{1}{A_v} = \frac{C_1 R_2}{C_1 R_1 + C_1 R_2 + C_2 R_2} - \frac{R_4}{R_3 + R_4} \tag{7-28}$$

この式において，$C_1 = C_2$，$R_1 = R_2$ とすれば，式 (7-29) となる．

$$\frac{1}{A_v} = \frac{1}{3} - \frac{R_4}{R_3 + R_4} \tag{7-29}$$

この式において，式 (7-30) とすれば A_v は無限大となり発振する．

$$\frac{R_4}{R_3 + R_4} = \frac{1}{3} \tag{7-30}$$

式 (7-30) は，式 (7-31) のように変形できる．

$$1 + \frac{R_3}{R_4} = 3 \tag{7-31}$$

これは，図 7-7 に示したオペアンプ回路を，R_3 と R_4 から成る非反転増幅回路（206 ページ図 6-10 参照）とみなしたときの電圧増幅度を表す式と同じである．ただし，図 6-10 では，オペアンプの入力電圧を図 7-7 に示した v_1 ではなく，v_i として考えたことに注意しよう．ウィーンブリッジ発振回路の非反転増幅回路に必要な電圧増幅度 A_v は 3 である．したがって，式 (7-32) が発振の振幅条件となる．

$$A_v = \frac{v_o}{v_i} = \left(1 + \frac{R_3}{R_4}\right) \geqq 3 \tag{7-32}$$

> **＜例題 7-1＞** 図 7-7 に示したウィーンブリッジ発振回路において，$R_1 = R_2 = 100$ 〔kΩ〕，$R_3 = 12$ 〔kΩ〕，$R_4 = 5$ 〔kΩ〕，$C_1 = C_2 = 1500$ 〔pF〕であるときの発振周波数 f と非反転増幅回路の電圧増幅度 A_v を計算しなさい．

＜解答＞　式 (7-27) より，

$$f = \frac{1}{2\pi\sqrt{C_1 C_2 R_1 R_2}}$$

$$= \frac{1}{2 \times 3.14 \times \sqrt{(1500 \times 10^{-12})^2 \times (100 \times 10^3)^2}}$$

$$\fallingdotseq 1061.6 \, [\text{Hz}]$$

式 (7-32) より,

$$A_v = 1 + \frac{R_3}{R_4} = 1 + \frac{12}{5} = 3.4$$

> **＜演習 7-1＞** 図 **7-8** に示す,遅相形(基礎 7-1(b)参照)RC 移相発振回路において,発振周波数 f と反転増幅回路に必要な電圧増幅度 A_v を表す式を導出しなさい. 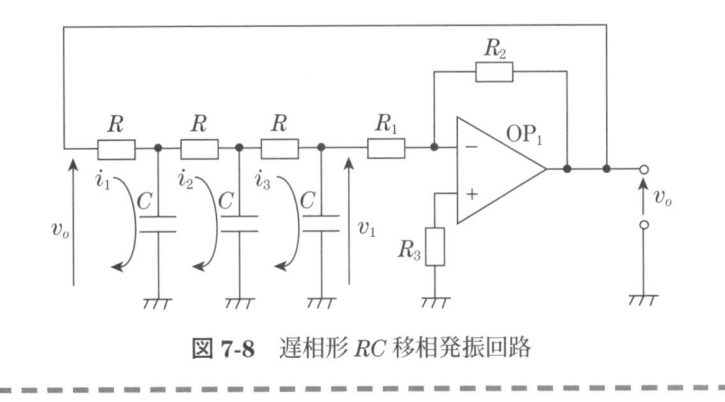
>
> 図 **7-8** 遅相形 RC 移相発振回路

7-2　LC 発振回路

　帰還回路をコイルとコンデンサによって構成する LC 発振回路は,コイルの影響を活用できる高周波の発振に適している.また,コイルとコンデンサによって共振回路を構成するために,RC 発振回路より

第7章 発振回路

も周波数選択性が優れている．

(1) LC 発振回路の発振条件

図 7-9 に，トランジスタの各端子間にインピーダンス Z_1, Z_2, Z_3 を接続した発振回路を示す．Z_1, Z_2, Z_3 は，コイルまたは，コンデンサによるインピーダンスであるとする．このような回路を3点接続発振回路という．

図 7-10 は，図 7-9 の簡易形の等価回路（101 ページ図 3-18 参照）であり，バイアス回路の記述を省略している．図 7-10 において，式 (7-33) のようにアドミタンス Y_i, Y_o（16 ページ式 (1-6) 参照）を定義する．

$$\left. \begin{array}{l} Y_i = \dfrac{1}{Z_i} = \dfrac{1}{Z_1} + \dfrac{1}{h_{ie}} \\ Y_o = \dfrac{1}{Z_o} = \dfrac{1}{Z_2} \end{array} \right\} \quad (7\text{-}33)$$

図 7-11 は，Z_i, Z_o を用いて，図 7-10 を描き直した等価回路である．

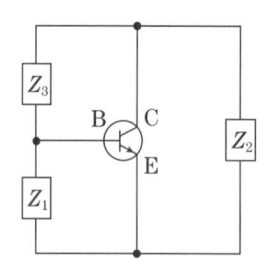

図 7-9　3点接続発振回路　　　　**図 7-10**　等価回路

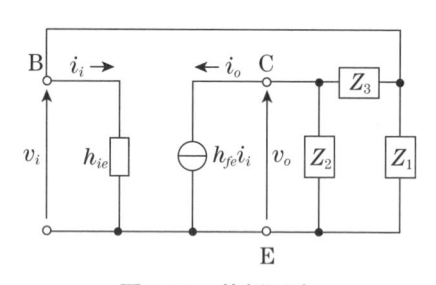

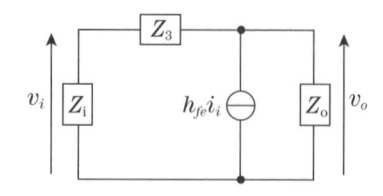

図 7-11　Z_i, Z_o を用いた等価回路

図 7-11 に分流の式 (23 ページ式 (1-11) 参照) を適用すると，式 (7-34) が得られる．

$$v_i = -h_{fe} i_i \frac{Z_o}{Z_o + (Z_i + Z_3)} \times Z_i \qquad (7\text{-}34)$$

式 (7-34) を変形して，式 (7-35) とする．

$$\frac{v_i}{i_i} = h_{ie} = -h_{fe} \frac{Z_o Z_i}{Z_o + Z_i + Z_3} \qquad (7\text{-}35)$$

式 (7-33) を，式 (7-35) に代入して整理すると，式 (7-36) のようになる．

$$h_{fe} + \frac{Z_2 + Z_3}{Z_2} + h_{ie} \frac{Z_1 + Z_2 + Z_3}{Z_1 Z_2} = 0 \qquad (7\text{-}36)$$

Z_1，Z_2，Z_3 はコイルまたは，コンデンサによるインピーダンスであるから，式 (7-36) の左辺第 1，2 項は実数，第 3 項は虚数となる．また，式 (7-36) が成立するためには，式 (7-37) と式 (7-38) が成り立つ必要がある．

$$h_{fe} + \frac{Z_2 + Z_3}{Z_2} = 0 \qquad (7\text{-}37)$$

$$Z_1 + Z_2 + Z_3 = 0 \qquad (7\text{-}38)$$

式 (7-38) を式 (7-37) に代入して変形すれば，図 7-9 に示した 3 点接続発振回路が発振するために必要な増幅度を示す式 (7-39) が得られる．

$$h_{fe} = \frac{Z_1}{Z_2} \qquad (7\text{-}39)$$

また，式 (7-38) から発振周波数を表す式を導出することができる．

(2) **ハートレー発振回路**

図 7-12（図 7-9 と同じ）に示す 3 点接続発振回路において，Z_1 と Z_2 をコイル，Z_3 をコンデンサとした回路をハートレー (Hartley) 発

第7章 発振回路

図7-12 3点接続発振回路

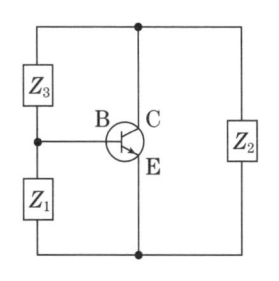

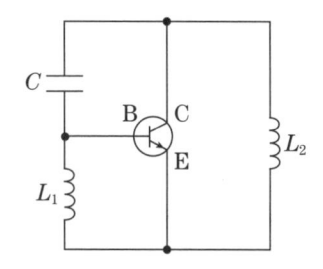

図7-13 ハートレー発振回路

振回路という．図7-13に，ハートレー発振回路を示す．

式(7-40)に，図7-13のインピーダンス Z_1, Z_2, Z_3 を示す．ただし，M はコイルの相互インダクタンス（14ページ表1-4参照）であり，式(7-40)では L_1 と L_2 が和動接続をしている場合を考えている．差動接続の場合は，式(7-40)の，Z_1 と Z_2 の右辺の $+M$ を $-M$ とし，コイルが電磁的に結合していなければ $M = 0$ とすればよい．

$$\left.\begin{array}{l} Z_1 = j\omega(L_1 + M) \\ Z_2 = j\omega(L_2 + M) \\ Z_3 = \dfrac{1}{j\omega C} \end{array}\right\} \quad (7\text{-}40)$$

発振の振幅条件は，式(7-39)に示した h_{fe} 以上の増幅度を得ることであるため，式(7-41)のようになる．

$$h_{fe} \geqq \frac{Z_1}{Z_2} = \frac{L_1 + M}{L_2 + M} \quad (7\text{-}41)$$

また，式(7-40)を式(7-38)に代入すると，式(7-42)のようになる．したがって，ハートレー発振回路の発振周波数 f は，式(7-43)で表される．

$$\omega(L_1 + L_2 + 2M) - \frac{1}{\omega C} = 0 \quad (7\text{-}42)$$

$$f = \frac{1}{2\pi\sqrt{(L_1 + L_2 + 2M)C}} \tag{7-43}$$

(3) **コルピッツ発振回路**

図 **7-14**（図 7-9 と同じ）に示す3点接続発振回路において，Z_1 と Z_2 をコンデンサ，Z_3 をコイルとした回路をコルピッツ（Colpitts）発振回路という．図 **7-15** に，コルピッツ発振回路を示す．

式 (7-44) に，図 7-15 のインピーダンス Z_1, Z_2, Z_3 を示す．

$$\left. \begin{array}{l} Z_1 = \dfrac{1}{j\omega C_1} \\ Z_2 = \dfrac{1}{j\omega C_2} \\ Z_3 = j\omega L \end{array} \right\} \tag{7-44}$$

発振の振幅条件は，式 (7-39) に示した h_{fe} 以上の増幅度を得ることであるため，式 (7-45) のようになる．

$$h_{fe} \geqq \frac{Z_1}{Z_2} = \frac{C_2}{C_1} \tag{7-45}$$

また，式 (7-44) を式 (7-38) に代入すると，式 (7-46) のようになる．したがって，コルピッツ発振回路の発振周波数 f は，式 (7-47) で表される．

$$-\frac{1}{\omega}\left(\frac{1}{C_1} + \frac{1}{C_2}\right) + \omega L = 0 \tag{7-46}$$

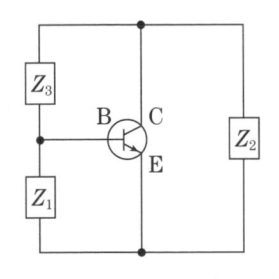

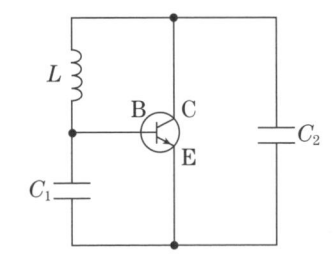

図 **7-14** 3点接続発振回路　　図 **7-15** コルピッツ発振回路

$$f = \frac{1}{2\pi\sqrt{L\dfrac{C_1 C_2}{C_1 + C_2}}} \tag{7-47}$$

(4) 水晶発振回路

水晶片に電界をかけると伸縮運動を起こす．この現象は，逆圧電効果と呼ばれ，伸縮運動をしている水晶片は固有の周波数の交流を流す．**図 7-16** に示す水晶振動子は，この原理を用いた電子部品である．

(a) 外観例　　(b) 図記号

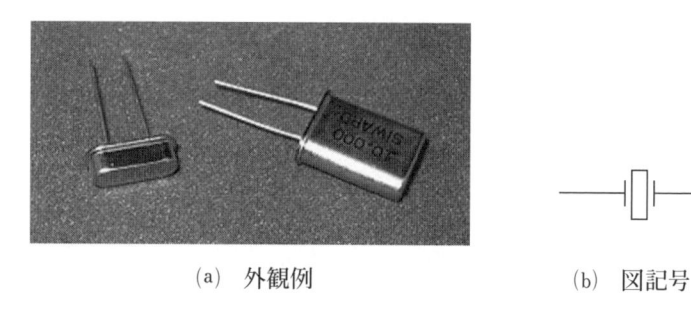

図 7-16　水晶振動子

水晶振動子は，**図 7-17** に示す共振回路と等価に働くと考えることができる．図 7-17 において，直列回路 R_0, L_0, C_0 は水晶片の等価回路であり，C_s は水晶片を挟んでいる電極間容量である．また，**図 7-18** に示す周波数特性において，f_s は C_0 と L_0 による直列共振周波数，

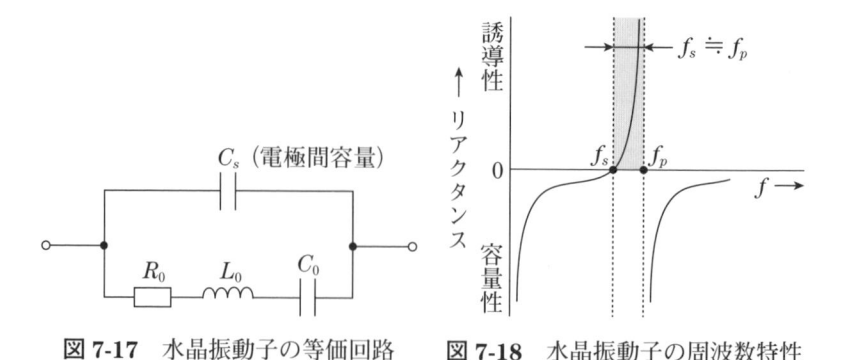

図 7-17　水晶振動子の等価回路　　**図 7-18**　水晶振動子の周波数特性

7-2 LC 発振回路

f_p は C_0 と L_0 に C_s が加わった並列共振周波数である．f_s と f_p の間は極めて狭くなり，水晶振動子は誘導性リアクタンスすなわちコイルとして働く．水晶振動子の Q（187 ページ式 (5-44) 参照）は極めて大きいため，周波数選択性が良い．さらに，周波数安定度も優れている．

図 **7-19** (a) にハートレー形，図 (b) にコルピッツ形の水晶発振回路を示す．どちらも，水晶振動子をコイルとして使用していることに注目しよう．また，図 7-19 (a) をピアス BE 発振回路，図 (b) をピアス CB 発振回路ともいう．

近年では，水晶振動子よりも精度や安定度は劣るが，セラミックを使用した安価な振動子が市販されている．図 **7-20** に，この電子部品

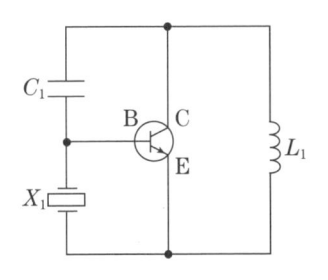

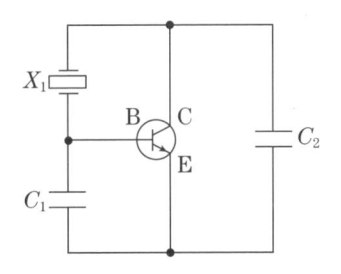

(a) ハートレー形（ピアス BE）　　(b) コルピッツ形（ピアス CB）

図 **7-19**　水晶発振回路

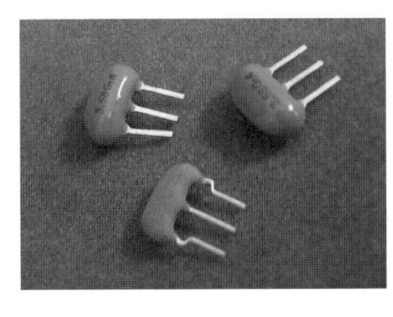

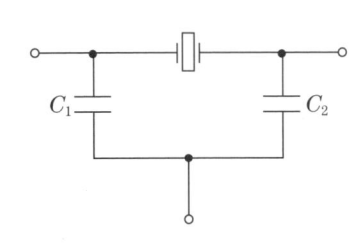

(a) 外観例　　(b) 図記号

図 **7-20**　セラミック振動子

の外観例などを示す．図(b)のように，コンデンサ C_1 と C_2 を内蔵しているため，図7-19(b)に示したコルピッツ形発振回路として使用できる．

<例題7-2> 図7-21に示す LC 発振回路について，回路の名称，発振の振幅条件，発振周波数を答えなさい．ただし，h_{fe} はトランジスタの増幅度を示し，L_1 と L_2 は和動接続しているとする．

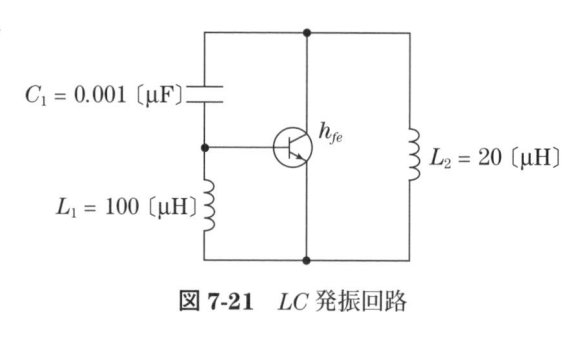

図7-21 LC 発振回路

<解答> ハートレー発振回路である．コイルの相互インダクタンス M は，次のように計算できる（14ページ表1-4参照）．

$$M = \sqrt{L_1 \times L_2} = \sqrt{100 \times 10^{-6} \times 20 \times 10^{-6}} \fallingdotseq 44.7 \,[\mu H]$$

発振の振幅条件は，式(7-41)より，

$$h_{fe} \geqq \frac{L_1 + M}{L_2 + M} = \frac{(100 + 44.7) \times 10^{-6}}{(20 + 44.7) \times 10^{-6}} \fallingdotseq 2.3$$

発振周波数 f は，式(7-43)より，

$$f = \frac{1}{2\pi\sqrt{(L_1 + L_2 + 2M)C_1}}$$

$$= \frac{1}{2 \times 3.14 \times \sqrt{(100 + 20 + 2 \times 44.7) \times 10^{-6} \times (0.001 \times 10^{-6})}}$$

$$\fallingdotseq 348.0 \,[kHz]$$

<演習 7-2> 図 7-22 に示す水晶発振回路の名称を答えなさい．また，水晶振動子 X_1 はコイルまたは，コンデンサのどちらとして代用しているのかを理由とともに答えなさい．

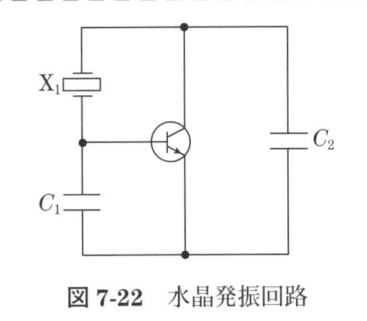

図 7-22 水晶発振回路

7-3 周波数可変式発振回路

例えば，LC 発振回路の周波数を変化させたい場合には，コイルやコンデンサの値を変えればよい（193 ページ図 5-45 参照）．ここでは，電子的に周波数を可変できる発振回路について説明する．

(1) VCO 回路

電圧制御発振器 VCO（voltage controlled oscillator）は，入力電圧の大きさを変化させることで周波数を可変できる発振回路である．図 7-23 に，可変容量ダイオード（基礎 7-3 参照）を用いた VCO 回路の例を示す．この回路は，コルピッツ発振回路を基本としている．参照電圧 V_{ref} の大きさを変化させると可変容量ダイオード D_1 の静電容量 C_V が変化するため出力電圧 v_o の発振周波数 f が可変できる．

図 7-24 は，図 7-23 において発振周波数に関係する LC 回路部を抜き出した図である．図 7-23 の C_1 と C_6 は直流分をカットするための結合コンデンサ（102 ページ参照）であるが，出力側の C_6 については LC 回路に関係しない．

第 7 章　発振回路

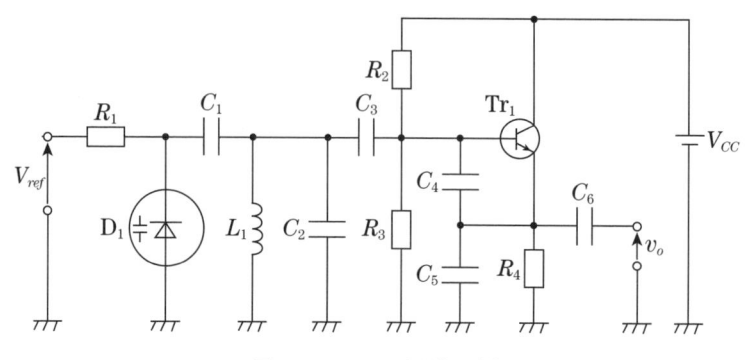

図 7-23　VCO 回路の例

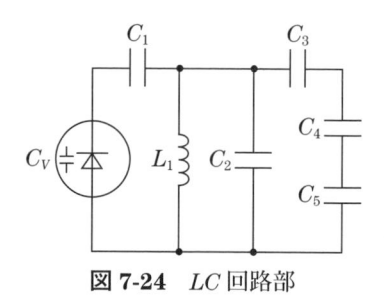

図 7-24　LC 回路部

図 7-24 に示したすべてのコンデンサ C_V, $C_1 \sim C_5$ の合成静電容量を C とすれば，VCO の発振周波数 f は式 (7-48) のように計算することができる（式 (7-47) 参照）．

$$f = \frac{1}{2\pi\sqrt{L_1 C}} \tag{7-48}$$

(2) PLL 発振回路

位相同期ループ発振回路は，PLL (phase locked loop) 発振回路と呼ばれる周波数可変式の回路である．図 7-25 に，PLL 発振回路の構成を示す．PLL 発振回路は，出力周波数 f_o が基準周波数 f_s と一致するように VCO 回路への制御電圧 $v_c(t)$ を自動的に変化させる回路である．

位相比較回路には，基準周波数 f_s の電圧 $v_s(t)$ と VCO 回路の出力である出力周波数 f_o の電圧 $v_o(t)$ が入力されている．VCO 回路は，241 ペー

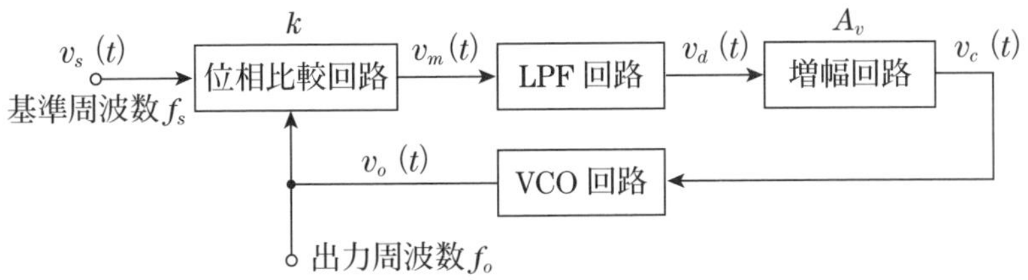

7-3 周波数可変式発振回路

図 7-25 PLL 発振回路の構成

ジで説明したように，制御電圧 $v_c(t)$ によって出力周波数 f_o を可変できる回路である．位相比較回路は，2 つの入力 $v_s(t)$ と $v_o(t)$ の積に比例（k 倍）した電圧 $v_m(t)$ を出力する．例えば，$v_s(t)$ と $v_o(t)$ を式(7-49) に示す正弦波（7 ページ例題 1-1 参照）であるとする．

$$\left. \begin{array}{l} v_s(t) = V_s \sin(\omega_s t + \phi_s) \\ v_o(t) = V_o \sin(\omega_o t + \phi_o) \end{array} \right\} \quad (7\text{-}49)$$

ここで，$\omega_s = 2\pi f_s$，$\omega_o = 2\pi f_o$ である．すると，位相比較回路の出力電圧 $v_m(t)$ は，式 (7-50) に示すようになる．

$$v_m(t) = k V_s V_o \sin(\omega_s t + \phi_s) \cdot \sin(\omega_o t + \phi_o) \quad (7\text{-}50)$$

式 (7-51) は，加法定理から導かれる積を和に変換する公式である．

$$\sin \alpha \sin \beta = \frac{1}{2} \{\cos(\alpha - \beta) - \cos(\alpha + \beta)\} \quad (7\text{-}51)$$

式 (7-51) を式 (7-50) に適用すると，式 (7-52) が得られる．

$$v_m(t) = \frac{k}{2} V_s V_o \{\cos(\omega_s t + \phi_s - \omega_o t - \phi_o) - \cos(\omega_s t + \phi_s + \omega_o t + \phi_o)\} \quad (7\text{-}52)$$

式 (7-52) の右辺第 2 項は，第 1 項に比べて周波数が高い成分なので，低域通過フィルタ（LPF：214 ページ参照）回路を通すことで除去できる．LPF 回路を通した後の電圧 $v_d(t)$ は式 (7-53) のようになる．

$$v_d(t) = \frac{k}{2} V_s V_o \cos(\omega_s t + \phi_s - \omega_o t - \phi_o) \quad (7\text{-}53)$$

また，電圧増幅度 A_v の増幅回路の出力電圧すなわち，VCO 回路へ

の制御電圧 $v_c(t)$ は，式 (7-54) のようになる．

$$v_c(t) = A_v v_d(t) = \frac{k}{2} A_v V_s V_o \cos(\omega_s t + \phi_s - \omega_o t - \phi_o) \tag{7-54}$$

$f_o = f_s$ のときには，$\omega_o t = \omega_s t$ であるから，式 (7-55) が成り立つ．

$$v_c(t) = \frac{k}{2} A_v V_s V_o \cos(\phi_s - \phi_o) \tag{7-55}$$

このとき，PLL 発振回路はロックされているといい，式 (7-56) が成立するときに，式 (7-57) のようになり VCO 回路が安定する．

$$\phi_s - \phi_o = \frac{\pi}{2} \text{[rad]} \tag{7-56}$$

$$V_c(t) = 0 \tag{7-57}$$

ここでは，f_o と f_s を正弦波としたが，もしも方形波である場合にはフーリエ級数展開してから同様に考えればよい．フーリエ級数展開とは，周期関数を三角関数の無限級数として表す手法である．

図 **7-26** に，PLL 発振回路を応用した周波数シンセサイザ (frequency synthesizer) 回路の構成を示す．周波数シンセサイザ回路は，PLL 発振回路に分周回路を組み込んだ回路である．分周回路とは，入力された信号の周波数を任意の整数分の 1 にして出力する回路である．図 7-26 では，分周比が n と m の 2 種類の分周回路を使用している．また，基準周波数 f_s は，水晶発振回路（238 ページ参照）によって発生して

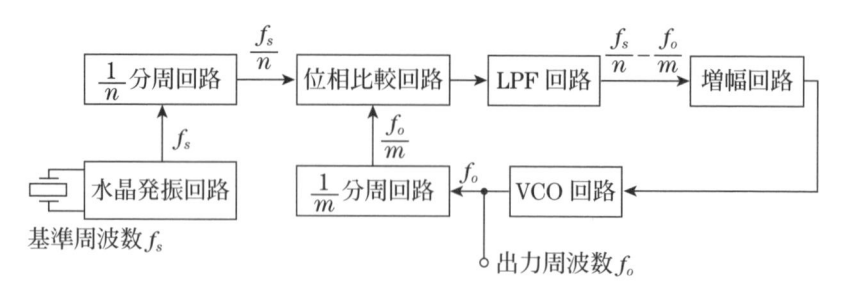

図 **7-26** 周波数シンセサイザ回路の構成

いるので，高い精度と安定度が得られている．

周波数シンセサイザ回路において，PLL発振回路部がロックしている場合には，式(7-58)が成立している．

$$\frac{f_s}{n} = \frac{f_o}{m} \tag{7-58}$$

このため，式(7-59)において，分周比nとmの値を適切に選択すれば，出力周波数f_oを任意に可変することができる．つまり，1種類の基準周波数f_sから，多くの周波数f_oを得ることが可能となる．

$$f_o = \frac{m}{n} f_s \tag{7-59}$$

PLL発振回路や周波数シンセサイザ回路は，IC化が進み広く利用されている．また，VCO回路やPLL発振回路は，発振回路としてだけでなく，変調回路や復調回路にも応用することができる(第8章参照)．

＜例題 7-3＞ 図 **7-27** は，図 7-23 に示した VCO 回路の LC 回路部である（図 7-24 参照）．このときの，VCO 回路の発振周波数を計算しなさい．

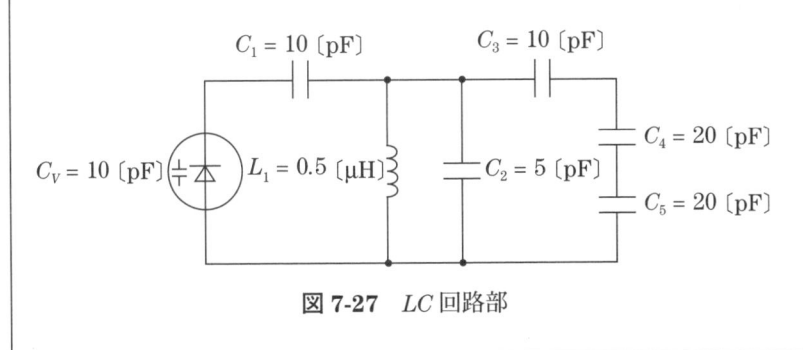

$C_1 = 10\,[\text{pF}]$　　$C_3 = 10\,[\text{pF}]$
$C_V = 10\,[\text{pF}]$　　$L_1 = 0.5\,[\mu\text{H}]$　　$C_2 = 5\,[\text{pF}]$　　$C_4 = 20\,[\text{pF}]$　　$C_5 = 20\,[\text{pF}]$

図 **7-27**　LC 回路部

<解答>

$$C = \frac{C_V C_1}{C_V + C_1} + C_2 + \frac{1}{\frac{1}{C_3} + \frac{1}{C_4} + \frac{1}{C_5}}$$

$$= 5 + 5 + 5 = 15 \,[\text{pF}]$$

式 (7-48) より,

$$f = \frac{1}{2\pi\sqrt{L_1 C}} = \frac{1}{2 \times 3.14 \times \sqrt{0.5 \times 10^{-6} \times 15 \times 10^{-12}}}$$

$$\fallingdotseq 58.1 \,[\text{MHz}]$$

<例題 7-4> 図 7-25 に示した PLL 発振回路において,LPF 回路の役割を簡単に説明しなさい.

<解答> 位相比較回路から出力された $v_s(t)$ と $v_o(t)$ の積に比例した式 (7-52) の電圧 $v_m(t)$ のうち,低周波成分だけを通過させる.これにより,式 (7-53) に示した電圧 $v_d(t)$ が得られる.

<演習 7-3> 図 7-26 に示した周波数シンセサイザ回路において,周波数 $f_o = 54 \,[\text{MHz}]$ の信号を出力したい.基準周波数はいくらにすればよいか.ただし,分周比の値は $n = 5$, $m = 9$ であるとする.

コラム☆ RC 移相発振回路の製作

　図 **7-28** は，進相形の RC 移相発振回路である（228 ページ図 7-6 参照）．式 (7-18) を用いて回路の発振周波数 f を計算すると，約 2167〔Hz〕となる．また，オペアンプによる反転増幅回路の電圧増幅度 A_{vf} は -50 倍となる．

$$f = \frac{1}{2\pi\sqrt{6}RC} = \frac{1}{2\times 3.14 \times \sqrt{6} \times 3\times 10^3 \times 0.01 \times 10^{-6}} \fallingdotseq 2167 \text{〔Hz〕}$$

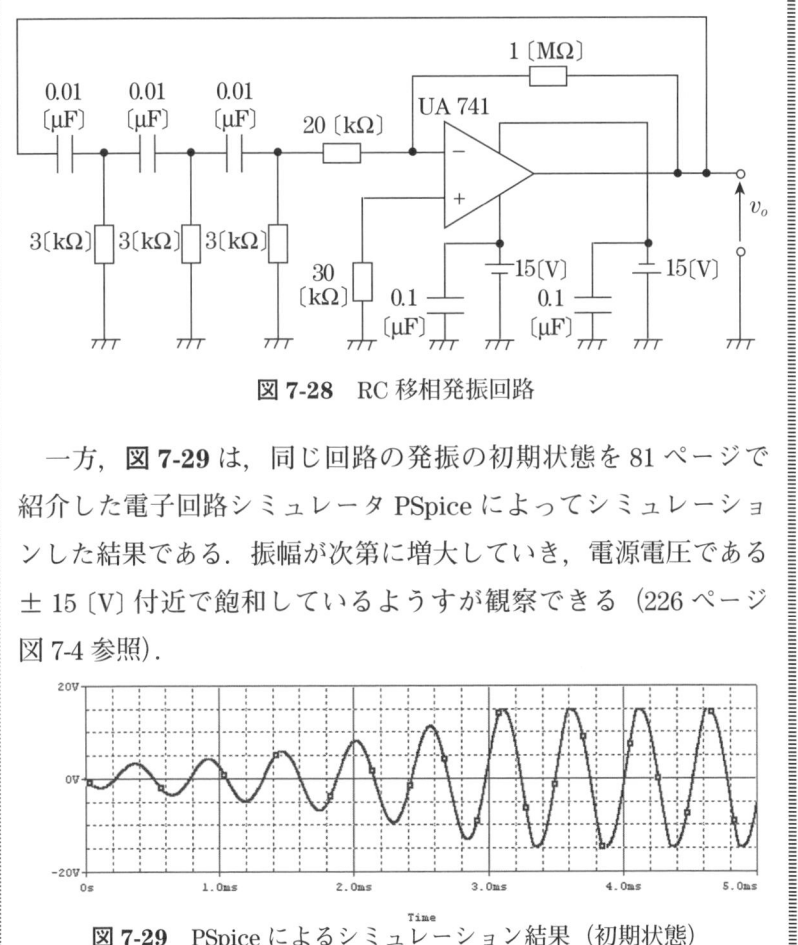

図 7-28 RC 移相発振回路

　一方，**図 7-29** は，同じ回路の発振の初期状態を 81 ページで紹介した電子回路シミュレータ PSpice によってシミュレーションした結果である．振幅が次第に増大していき，電源電圧である ± 15〔V〕付近で飽和しているようすが観察できる（226 ページ図 7-4 参照）．

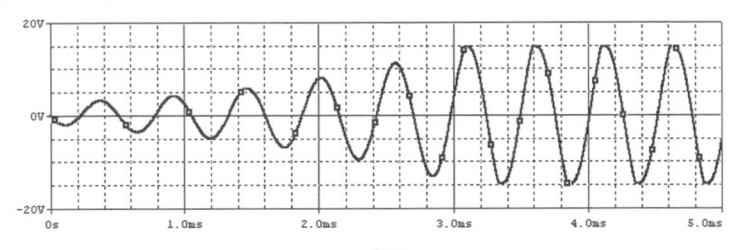

図 7-29 PSpice によるシミュレーション結果（初期状態）

第7章 発振回路

　図7-29の出力波形はやがて図7-30に示すような安定した波形になる．このときの周波数を読み取るとおよそ1960〔Hz〕である．この値は，式(7-18)を用いて計算した理論値とおよそ10％の誤差がある．誤差の原因としては，シミュレータがオペアンプの特性を反映したことなどが考えられる．

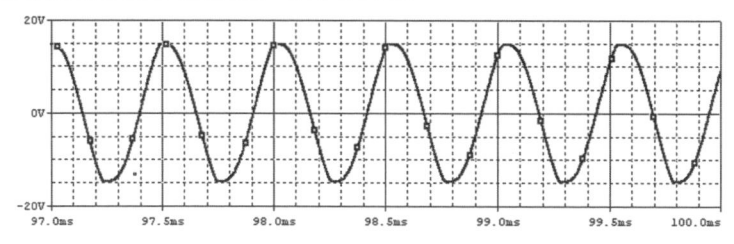

図7-30 PSpiceによるシミュレーション結果（安定状態）

　図7-31は，ユニバーサル基板を用いて製作したRC移相発振回路の実機の外観である．そして，図7-32は，実機の出力波形をディジタルオシロスコープによって観測し，そのデータをパソコンに取り込んで表示した画面である．

図7-31 実機の外観

　ディジタルオシロスコープが表示した周波数は1540〔Hz〕であった．表7-1に，これまでの発振周波数の値をまとめて示す．

表7-1 発振周波数

対　　象	発振周波数〔Hz〕
理論値：式(7-18)	2167
PSpiceによるシミュレーション：図7-30	1960
実機：図7-32	1540

(a) 出力波形　　　　　(b) 各種データ

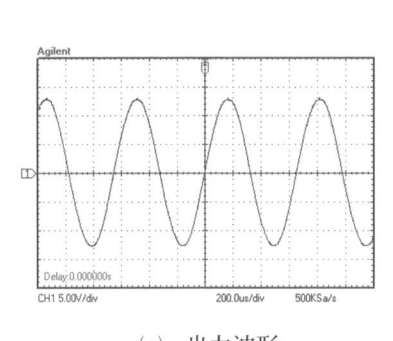

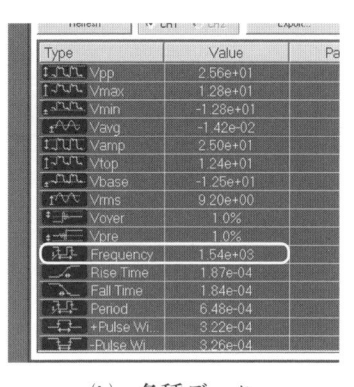

図 7-32 オシロスコープによる観測

　実機による測定では，式 (7-18) を用いて計算した理論値とおよそ 30 % の誤差がある．このように，実際の RC 移相発振回路では，理論値どおりの発振周波数を正確に実現することは容易ではない．ただし，今回の実機製作には，カーボン抵抗器，セラミックコンデンサなどを使用したが，より精度が高くかつ，高周波特性の優れた部品を使用すれば，特性を改善できる可能性が高い．また，分布容量などの影響を受けにくい配線方法も重要となる．

章末問題 7

1　RC 移相発振回路では，抵抗とコンデンサから成る移相回路が 3 段必要である理由を説明しなさい．

2　図 7-33 に示した発振回路 A の名称を答えなさい．また，発振周波数が 1 [kHz] である場合のコンデンサ C の値はいくらか．

第7章 発振回路

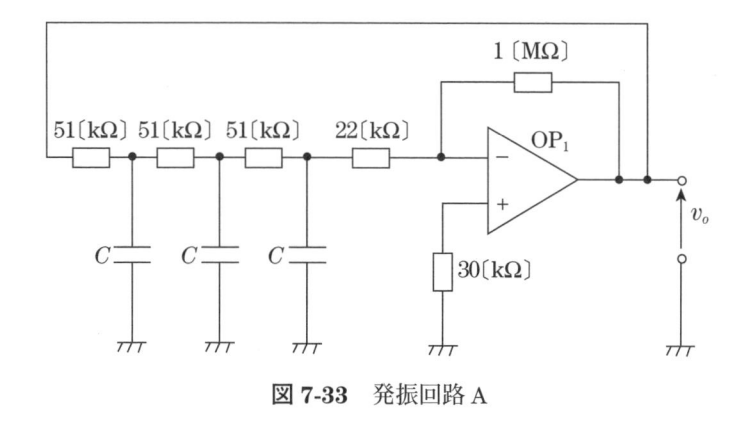

図 7-33　発振回路 A

3 図 7-34 に示した構成の発振回路 B の名称を答えなさい．また，発振周波数はいくらか．

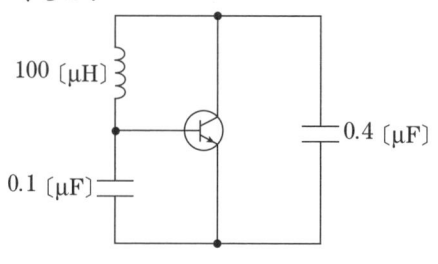

図 7-34　発振回路 B

4 発振に必要な電圧増幅度 A_v について，表 7-2 の空欄を埋めなさい．

表 7-2　発振に必要な電圧増幅度 A_v

発振回路	A_v
RC 移相（進相形）	
RC 移相（遅相形）	
ウィーンブリッジ	

5 図 7-25 に示した PLL 発振回路において，位相比較回路はどのような信号を出力するか，簡単に説明しなさい．

6 周波数シンセサイザの長所を簡単に説明しなさい．

第8章　変調と復調

　音声信号などを伝送する場合には，送りたい音声信号を高周波信号の変化に反映する変調を行って送信する．一方，受信側では受け取った信号から音声信号などを取り出す復調を行う．この章では，変調と復調の基礎について説明する．

第8章 変調と復調

☆この章で使う基礎事項☆

基礎 8-1　交流信号（6 ページ図 1-5 参照）

$$\left.\begin{array}{l}\text{遅れ位相}\quad v = V_m \sin(\omega t - \phi) \\ \text{進み位相}\quad v = V_m \sin(\omega t + \phi)\end{array}\right\} \quad (8\text{-}1)$$

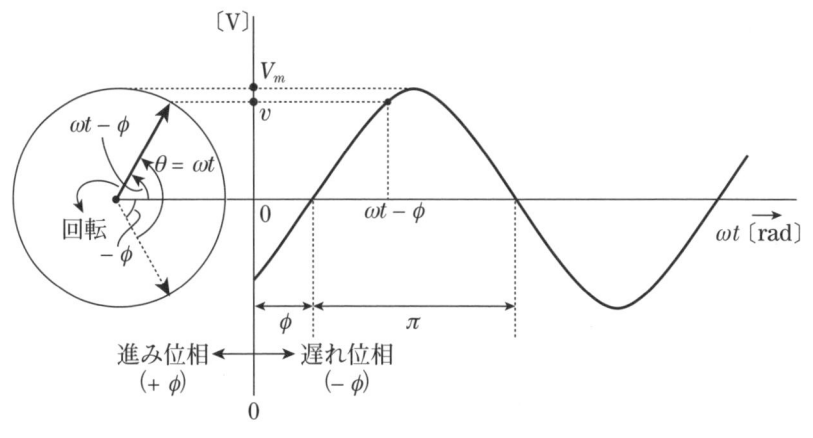

図 8-1　交流信号（遅れ位相）の例

基礎 8-2　三角関数の公式（加法定理など）

$$\sin(\alpha \pm \beta) = \sin\alpha\cos\beta \pm \cos\alpha\sin\beta \quad (8\text{-}2)$$

$$\cos(\alpha \pm \beta) = \cos\alpha\cos\beta \mp \sin\alpha\sin\beta \quad (8\text{-}3)$$

$$\sin\alpha\sin\beta = \frac{1}{2}\{\cos(\alpha - \beta) - \cos(\alpha + \beta)\} \quad (8\text{-}4)$$

$$\cos\alpha\cos\beta = \frac{1}{2}\{\cos(\alpha + \beta) + \cos(\alpha - \beta)\} \quad (8\text{-}5)$$

$$\sin\alpha\cos\beta = \frac{1}{2}\{\sin(\alpha + \beta) + \sin(\alpha - \beta)\} \quad (8\text{-}6)$$

基礎 8-3　三角関数の積分

$$\left.\begin{aligned}\int (\sin\omega t)\,dt &= -\frac{1}{\omega}\cos\omega t + C \\ \int (\cos\omega t)\,dt &= \frac{1}{\omega}\sin\omega t + C\end{aligned}\right\} \quad (8\text{-}7)$$

（C は積分定数，$\omega \neq 0$）

基礎 8-4　積分回路

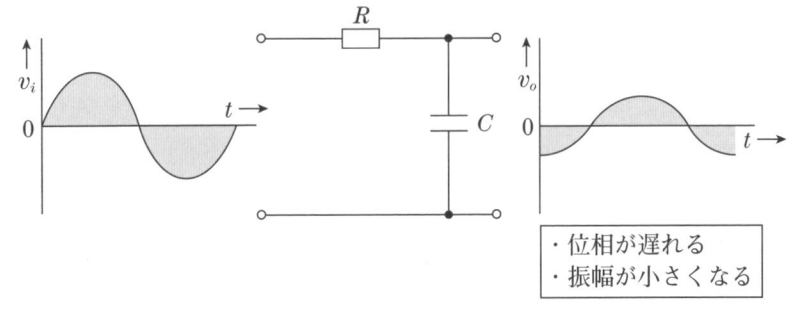

- 位相が遅れる
- 振幅が小さくなる

図 8-2　RC 積分回路

基礎 8-5　第 1 種ベッセル関数

$$\left.\begin{aligned}\cos(k\cos\omega t) &= J_0(k) - 2J_2(k)\cos 2\omega t + 2J_4(k)\cos 4\omega t - \cdots \\ \sin(k\cos\omega t) &= 2J_1(k)\cos\omega t - 2J_3(k)\cos 3\omega t + \cdots\end{aligned}\right\} \quad (8\text{-}8)$$

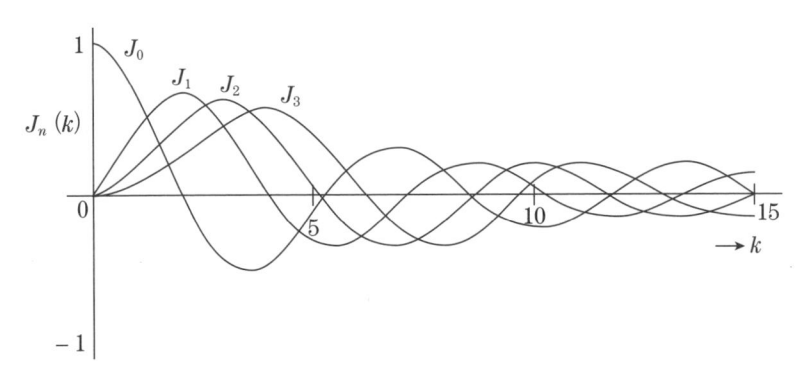

図 8-3　第 1 種ベッセル関数 $J_n(k)$

第 8 章　変調と復調

8-1　変調方式

　変調とは，送信したい信号の変化を，搬送波と呼ばれる高周波信号に反映させる操作である．ここでは，各種変調方式の基礎などについて説明する．

(1) 信号の送信

　図 **8-4** に，例として音声を送受信する場合の概念図を示す．送信側では，変調回路によって，送信したい信号波 v_s の変化を高い周波数の搬送波 v_c に反映させて変調波 v_m として送信する．一方，受信側では，復調回路によって，受信した変調波 v_m から音声の信号波 v_s を取り出す．変調波 v_m を式 (8-9) のように考えると（基礎 8-1 参照），信号波 v_s の変化を時間 t ごとに表す変数としては，振幅 V_m，周波数 f，位相 ϕ の 3 種類がある．このことから，次の 3 種類の変調方式が考えられる．

- 振幅変調（AM：amplitude modulation）：振幅 V_m の変化として表す．
- 周波数変調（FM：frequency modulation）：周波数 f の変化として表す．
- 位相変調（PM：phase modulation）：位相 ϕ の変化として表す．

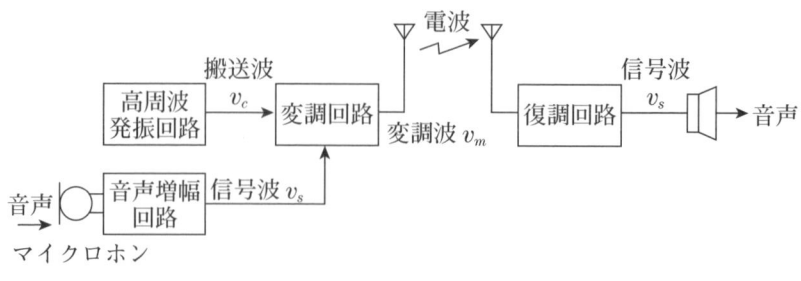

図 **8-4**　音声の送信と受信

$$v_m = \underbrace{V_m}_{\text{振幅}} \sin(\underbrace{\omega t}_{\substack{2\pi ft \\ \text{周波数}}} + \underbrace{\phi}_{\text{位相}}) \tag{8-9}$$

図 **8-5** に信号波 v_s を正弦波とした場合の各変調波の例，図 **8-6** に各変調方式のイメージを示す．図 8-6 において，白の針を搬送波 v_c，黒の針を変調波 v_m とすれば，白い針は反時計回りに一定の速度で回

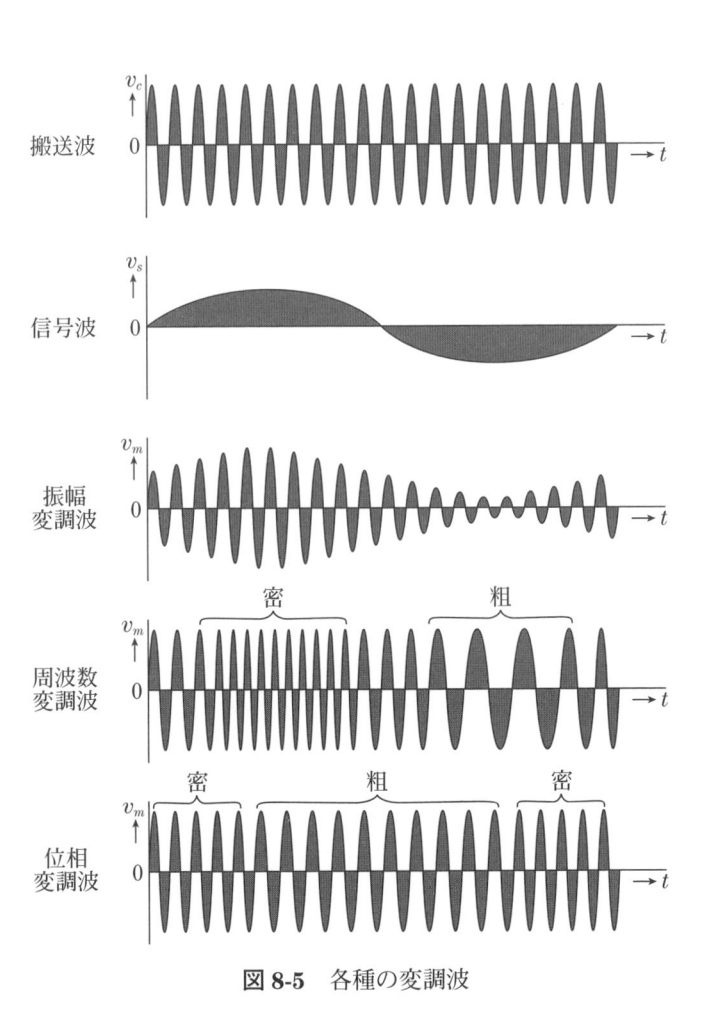

図 **8-5** 各種の変調波

第 8 章　変調と復調

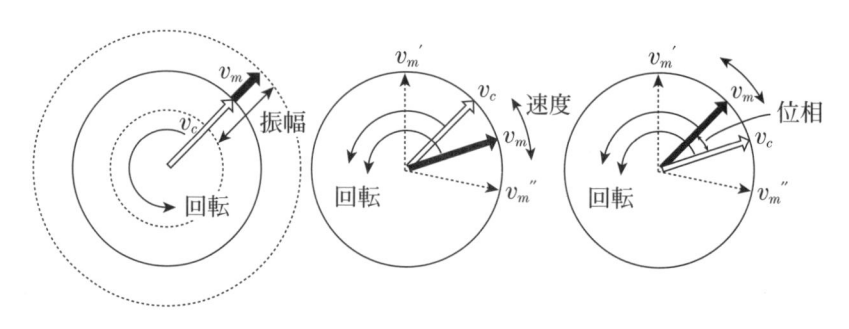

(a)　振幅変調　　　(b)　周波数変調　　　(c)　位相変調

図 8-6　各変調方式のイメージ

転している．このとき，図(a)に示した振幅変調では，白と黒の針は常に重なっているが，黒い針の長さ（振幅）が信号波 v_s の振幅に応じて収縮しながら回転している．一方，図(b)と図(c)では，黒い針の長さ（振幅）は一定であるが，黒い針は破線で示した v_m' から v_m'' の範囲で白い針の前後に位置（角度）を変えながら反時計回りに回転している．このため，周波数変調と位相変調を合わせて角度変調（angle modulation）ともいう．そして，図(b)の周波数変調では，信号波 v_s の振幅の変化を黒い針の速度（周波数）に反映させているが，図(c)の位相変調では位相（角度）の変化に反映させている．このとき，v_m の振幅や速度（周波数），位相の変化量を偏移という．

(2)　振幅変調

簡単に考えるため，式 (8-9) において位相 $\phi = 0$ として，式 (8-10) と式 (8-11) のように搬送波 v_c と信号波 v_s を定義する．

$$搬送波 \quad v_c = V_c \sin \omega_c t \tag{8-10}$$

$$信号波 \quad v_s = V_s \sin \omega_s t \tag{8-11}$$

搬送波 v_c の振幅 V_c と信号波 v_s を加算すると式 (8-12) のようになる．

$$V_m = V_c + V_s \sin \omega_s t \tag{8-12}$$

この V_m は，図 8-7 の変調波 v_m の包絡線を表している．したがって，

8-1 変調方式

搬送波 v_c

信号波 v_s

変調波 v_m 包絡線 $V_c + V_s \sin\omega_s t$

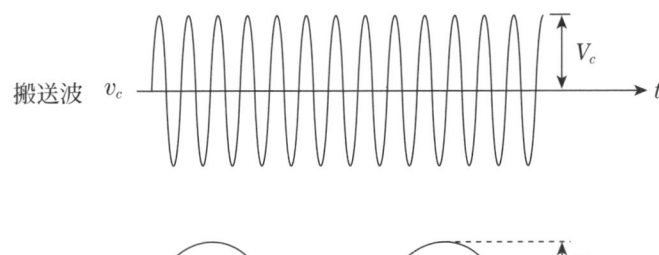

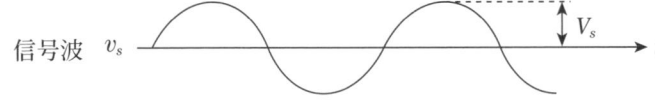

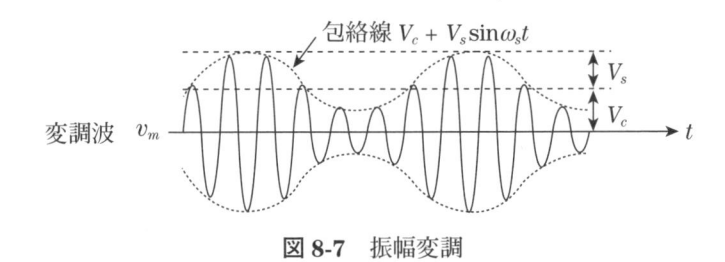

図 8-7 振幅変調

この包絡線を振幅とする変調波 v_m は，式 (8-13) のようになる．この式は，振幅変調の変調波を表している．

振幅変調波：
$$v_m = (V_c + V_s \sin\omega_s t)\sin\omega_c t$$
$$= V_c \left(1 + \frac{V_s}{V_c}\sin\omega_s t\right)\sin\omega_c t \tag{8-13}$$

式 (8-13) において，式 (8-14) のように比例定数 m を変調度として定義する．

$$m = \frac{V_s}{V_c} \tag{8-14}$$

変調度は，$0 < m \leqq 1$ の値をとり，0 に近づくほど変調波に含まれる信号波の割合が低くなる．また，$1 < m$ では，歪を多く含んだ過変調と呼ばれる状態になる．一般的には，m を 0.3 〜 0.5 程度の値とする．

第 8 章　変調と復調

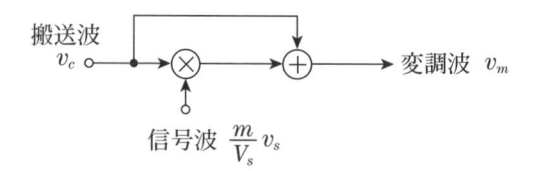

図 8-8　振幅変調波の生成

式 (8-13) を式 (8-15) のように変形すれば，振幅変調波が図 8-8 のような回路構成で生成できることがわかる．

$$v_m = V_c \sin\omega_c t + mV_c \sin\omega_s t \cdot \sin\omega_c t = v_c + v_c \cdot \frac{m}{V_s} v_s \qquad (8\text{-}15)$$

式 (8-15) に，加法定理より得られる公式（基礎 8-2 式 (8-4) 参照）を適用すれば，式 (8-16) のようになる．

$$v_m = \underbrace{V_c \sin\omega_c t}_{\text{搬送波}} + \underbrace{\frac{mV_c}{2}\cos(\omega_c - \omega_s)t}_{\text{下側波}} - \underbrace{\frac{mV_c}{2}\cos(\omega_c + \omega_s)t}_{\text{上側波}} \qquad (8\text{-}16)$$

この式において，右辺第 1 項は振幅変調の搬送波，第 2 項は下側波，第 3 項は上側波を示している．図 8-9 は，これらの周波数成分の関係を表している．図(a)は，信号波 v_s を式 (8-11) のように単一の周波数

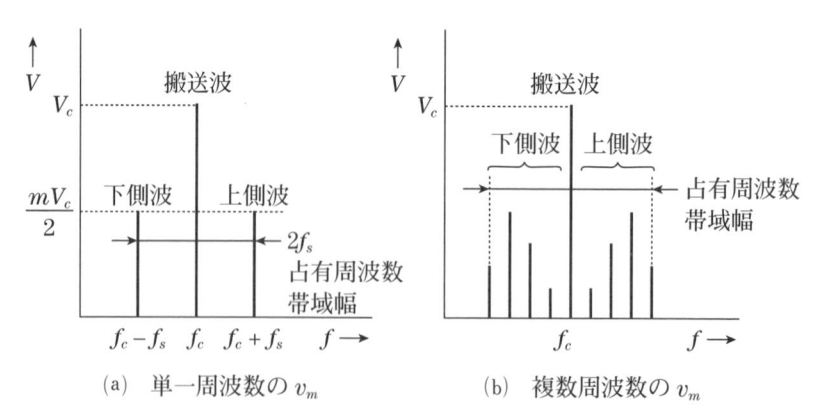

(a)　単一周波数の v_m 　　　(b)　複数周波数の v_m

図 8-9　振幅変調波の周波数成分

として振幅変調を行った場合である．一方，音声のように複数の周波数を含んだ信号波 v_s を振幅変調した場合には，図(b)のように搬送波の周波数 f_c の上下に複数の側波が現れる．つまり，変調をかけない場合（$m = 0$）には搬送波の周波数 f_c のみを使用するが，変調をかけると，例えば図(a)では搬送波を中心として $\pm f_s$（信号波の周波数 f_s の2倍）の占有周波数帯域幅を使用することになる．したがって，変調波を送信する場合には，占有周波数帯域幅が他の通信周波数と重ならないように搬送波の周波数 f_c を配置しなければならない．また，振幅変調を行う通信回路では $f_c \pm f_s$ の帯域幅を増幅できる性能が要求される．

式 (8-16) からわかるように，変調波 v_m の振幅は，搬送波と下側波および上側波の合成ベクトルになる．**図 8-10** は，搬送波 v_c を静止ベクトルと考えて，下側波と上側波が同じ角速度 ω_s で互い反対向きに回転しているようすを示している．図 8-10 (a) では v_m の振幅が搬送波の振幅 V_c より大きくなり，図(b)では v_m の振幅が搬送波の振幅 V_c より小さくなっている．

ところで，**図 8-11** (a)は，図 8-10 に示した搬送波を $\pi/2$ 〔rad〕= 90 度ずらして描いたベクトル図である．この図では，上側波と下側波の

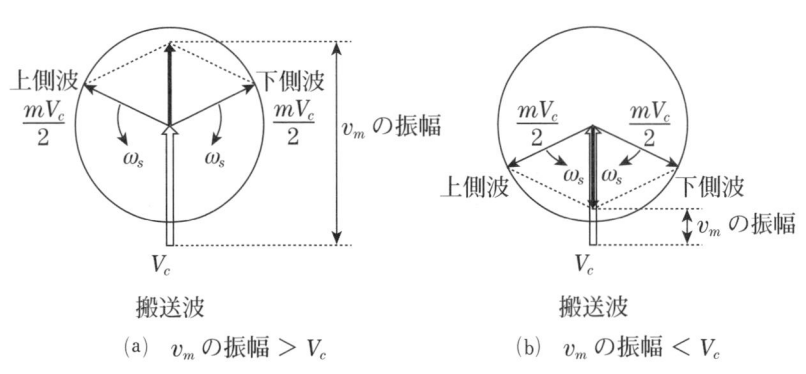

(a) v_m の振幅 $> V_c$ (b) v_m の振幅 $< V_c$

図 8-10 振幅変調のベクトル表示

第8章 変調と復調

(a) V_c を $\frac{\pi}{2}$〔rad〕ずらした　　(b) アームストロング変調回路

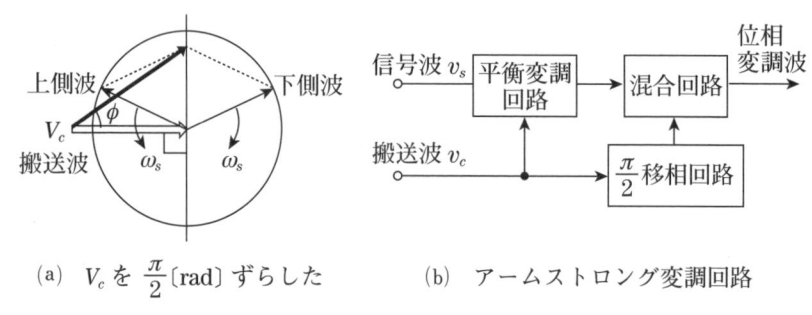

図 8-11 振幅変調と位相変調

合成ベクトルは，垂直線上を移動する．このため，搬送波と上側波，下側波の合成ベクトルは，元の搬送波との角度 ϕ の変化として表すことができる．これは，振幅変調を利用して位相変調波が得られることを示している．

図 8-11(b)は，アームストロング（Armstrong）変調回路と呼ばれる回路の構成例である．平衡変調回路によって信号波を振幅変調して搬送波を削除し，上側波と下側波を取り出す．その後，混合回路によって，位相を π/2〔rad〕ずらした搬送波と合成すれば位相変調波を得ることができる．

さて，式(8-16)から振幅変調の電力 P_m を考えよう．電力は，電圧の実効値の2乗に比例するため，式(8-17)のようになる．

$$P_m \propto \left(\frac{V_c}{\sqrt{2}}\right)^2 + 2\left(\frac{mV_c}{2\sqrt{2}}\right)^2 \tag{8-17}$$

この式から，振幅変調では，搬送波による電力（右辺第1項）が大半であり，電力は変調度 m によって変化することがわかる．

(3) 振幅変調回路

① 非線形変調回路

式(8-18)に示すような出力特性 i_o を持った非線形素子を仮定する．ただし，v_i は入力電圧，I_o は出力電流の直流分，g_1，g_2 は素子の特性

8-1 変調方式

よって決まる比例定数であるとする.

$$i_o = I_o + g_1 v_i + g_2 v_i^2 \tag{8-18}$$

この式に,入力電圧 v_i として式 (8-19) に示す搬送波 v_c と信号波 v_s の和を加えた場合を考える.

$$v_i = v_c + v_s = V_c \sin\omega_c t + V_s \sin\omega_s t \tag{8-19}$$

すると,出力電流 i_o は,式 (8-20) の示すようになる.

$$i_o = I_o + g_1(\underbrace{V_c \sin\omega_c t}_{\text{ⓐ}} + \underbrace{V_s \sin\omega_s t}_{\text{ⓑ}})$$
$$+ g_2(\underbrace{V_c^2 \sin^2\omega_c t}_{\text{ⓒ}} + \underbrace{2V_c V_s \sin\omega_c t \cdot \sin\omega_s t}_{\text{ⓓ}} + \underbrace{V_s^2 \sin^2\omega_s t}_{\text{ⓔ}}) \tag{8-20}$$

この式において,項ⓐは搬送波,項ⓑは信号波を示している.そして,項ⓒ,項ⓓ,項ⓔを式 (8-4) によって変形すると式 (8-21)〜式 (8-23) のようになる.

$$\text{ⓒ} \quad g_2 \frac{V_c^2}{2}(1 - \cos 2\omega_c t) \tag{8-21}$$

$$\text{ⓓ} \quad g_2 V_c V_s \{\cos(\omega_c - \omega_s)t - \cos(\omega_c + \omega_s)t\} \tag{8-22}$$

$$\text{ⓔ} \quad g_2 \frac{V_s^2}{2}(1 - \cos 2\omega_s t) \tag{8-23}$$

項ⓒの式 (8-21) は搬送波の第 2 高調波,項ⓔの式 (8-23) は信号波の第 2 高調波を表している.高調波とは,ある基本周波数の整数倍の周波数を持つ信号である.そして,項ⓓの式 (8-22) は,式 (8-16) に示した振幅変調の上下側波を表している.一方,式 (8-20) の信号 i_o から同調回路によって搬送波の周波数 f_c 付近のみの成分を取り出すようにすれば,項ⓐと項ⓓの成分が得られる.得られたⓐ項とⓓ項の和は,式 (8-16) に示した振幅変調波 v_m と等価である.つまり,式 (8-18) の特性を持つ素子に,v_c と v_s の和を入力して,同調回路から出力を取り出せば振幅変調波 v_m が得られるのである.このように,素子の非線形特性を利用して振幅変調波を得る方法を非線形変調また

第 8 章 変調と復調

は，2 乗変調という．非線形素子としては，ダイオード，トランジスタ，FET などが持つ非線形特性部を使用することができる．

図 8-12 に，トランジスタの v_{be} - i_c 特性例を示す．このように，v_{be} の小さな領域ではグラフが曲線となるため，トランジスタを非線形素子と考えることができる．図 8-13 に，ベース変調回路と呼ばれる非線形変調回路の例を示す．この回路では，搬送波 v_c と信号波 v_s をトランスによって加算し，トランジスタのベース電圧 v_{be} として加えている．すると，トランジスタの非線形特性によって増幅されたコレクタ電流 i_c が出力される．この i_c を搬送波の周波数 f_c に同調する LC 回路に通せば振幅変調波 v_m が得られる．ベース変調回路は，小さな

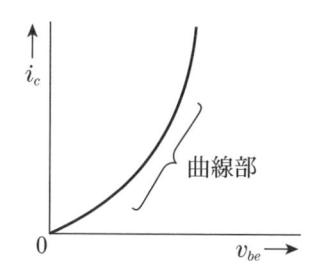

図 8-12 トランジスタの v_{be} - i_c 特性例

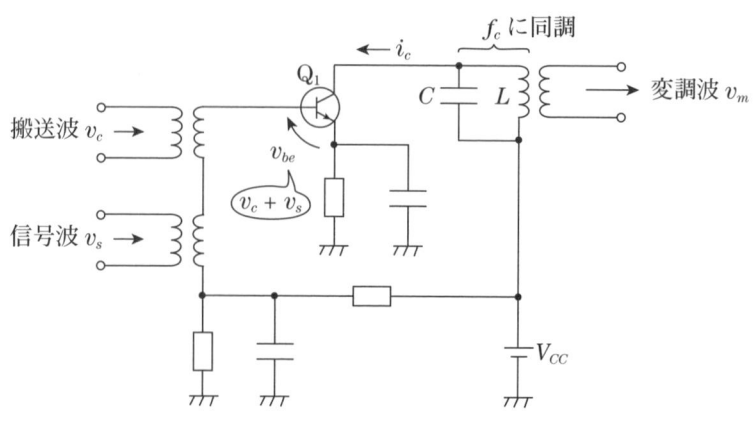

図 8-13 ベース変調回路の例

振幅の信号波でも変調できるのが長所であるが，トランジスタの非線形特性が式 (8-18) と一致しないことによる歪みが生じるのが短所である．

② 線形変調回路

図 **8-14** に示すトランジスタの v_{ce}-i_c 特性において，信号波の振幅がゼロのときの動作点を P_0 の位置に設定する．そして，信号波 v_s の変化を v_{ce} の変化としてコレクタに入力すれば，動作点は，信号波 v_s の振幅によって P_0, P_1, P_2 のように移動する．つまり，動作点としてトランジスタの飽和領域の直線部分を使用することになる．このとき，大きな振幅の搬送波 v_c をベースに加えておけば，信号波の振幅に比例して変化するコレクタ電流を得ることができる．このようにして素子の線形特性を用いて振幅変調波を得る方法を線形変調という．

図 **8-15** に，コレクタ変調回路と呼ばれる線形変調回路の例を示す．この回路では，高効率を得るために，B 級または C 級 (177 ページ参照) によって動作させることが一般的である．コレクタ変調回路は，歪みが少ないことが長所であるが，大きな電力を必要とすることが短所である．

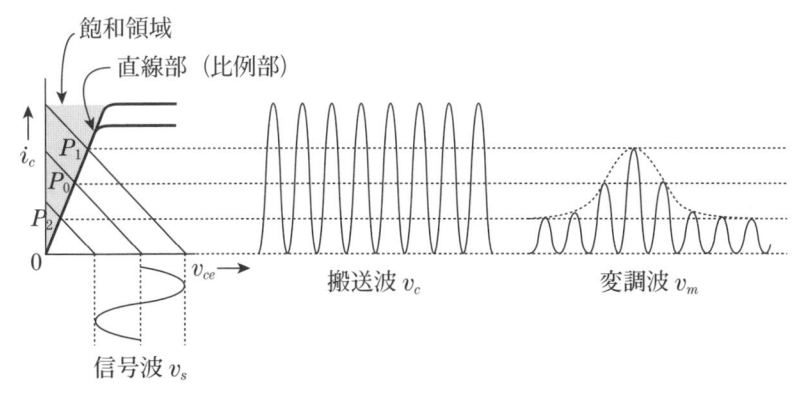

図 **8-14** 線形変調の原理

第8章 変調と復調

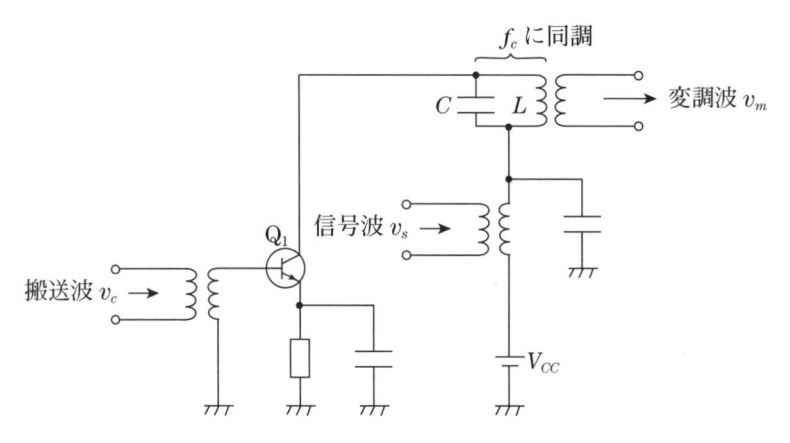

図 8-15 コレクタ変調回路の例

(4) 搬送波抑圧変調

式 (8-16) において，どちらかの側波のみを残しておけば，信号波の情報は保持されることがわかる (258 ページ図 8-9 参照)．なぜなら，どちらの側波にも信号波の情報が含まれているからである．このことから，次のような搬送波抑制変調方式が考案された．これらの変調方式は，大きな電力を要する搬送波 (式 (8-17) 参照) を抑制できる長所があるが，変調・復調回路が複雑になる短所がある．

・両側波帯変調（BSB：both side-band modulation）
　　搬送波のみを取り除く方式であり，電力は大きく減るが占有周波数帯域幅は変化しない．

・単側波帯変調（SSB：single side-band modulation）
　　一方の側波帯のみを残し，残りの側波帯と搬送波を取り除く方式であり，電力が減り占有周波数帯域幅は半分になる．

・残留側波帯変調（VSB：vestigial side-band modulation）
　　基本的には一方の側波帯のみを残しておく方式であるが，搬送波の一部とその付近の他方の側波帯の一部の情報を残しておくことで復調に役立てる．

(5) **角度変調**

角度変調には，周波数変調と位相変調があり，両者は変調波が最も粗または密になる位置が信号波の位相で $\pi/2$〔rad〕ずれている（255ページ図8-5参照）．はじめに，周波数変調について考えよう．搬送波 v_c と信号波 v_s を式 (8-24) のように定義する．簡単化のために初期位相 ϕ はゼロとしている．

$$\left.\begin{array}{l}\text{搬送波}: v_c = V_c \sin \omega_c t \\ \text{信号波}: v_s = V_s \sin \omega_s t\end{array}\right\} \quad (8\text{-}24)$$

周波数変調は，信号波の変化を搬送波の周波数変化に反映させるために，瞬時的な周波数 f に対応する角速度 ω（$=2\pi f$）は，式 (8-25) のようになる．ここで，$\Delta\omega_c \sin \omega_s t$ は正弦的に変化する角速度の偏移を示している．

$$\omega = \omega_c + \Delta\omega_c \sin \omega_s t \quad (8\text{-}25)$$

ところで，**図 8-16** に示すように，ある回転ベクトルの瞬時的な角速度 ω は，θ の微小変化 $\Delta\theta$ を時間 t の微小変化 Δt で割った値，つまり式 (8-26) に示すように θ を t で微分した値となる．

$$\frac{d\theta}{dt} = \omega \quad (8\text{-}26)$$

式 (8-26) に，式 (8-25) を代入して式 (8-27) を得る．

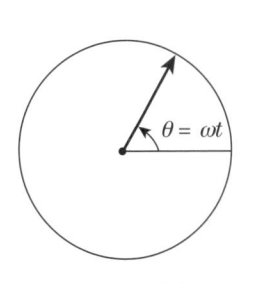

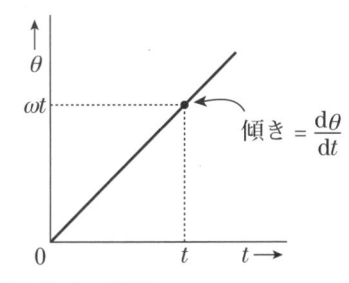

図 8-16 時間と角度の関係

第8章 変調と復調

$$\frac{d\theta}{dt} = \omega_c + \Delta\omega_c \sin\omega_s t \tag{8-27}$$

式 (8-27) の両辺を時間 t で積分して（基礎 8-3 式 (8-7) 参照），位相 ϕ をゼロに設定し直せば，式 (8-28) のようになる．

$$\theta = \omega_c t - \frac{\Delta\omega_c}{\omega_s}\cos\omega_s t \tag{8-28}$$

以上の結果より，周波数変調波 v_m は，振幅を搬送波と同じ V_c として表せば，式 (8-29) のようになる．

$$v_m = V_c \sin\left(\omega_c t - \frac{\Delta\omega_c}{\omega_s}\cos\omega_s t\right) \tag{8-29}$$

ここで，式 (8-30) のように変調指数 k を定義すれば，周波数変調波 v_m は，式 (8-31) で表すことができる．

$$k = \frac{\Delta\omega_c}{\omega_s} \tag{8-30}$$

周波数変調波： $v_m = V_c \sin(\omega_c t - k\cos\omega_s t)$ (8-31)

式 (8-32) は，加法定理（基礎 8-2 式 (8-2) 参照）を用いて，式 (8-31) を変形した式である．

$$v_m = V_c\{\sin\omega_c t \cdot \cos(k\cos\omega_s t) - \cos\omega_c t \cdot \sin(k\cos\omega_s t)\} \tag{8-32}$$

この式に第 1 種ベッセル関数（基礎 8-4 式 (8-8) 参照) を適用すると，式 (8-33) のようになる．

$$\begin{aligned}v_m &= V_c[\sin\omega_c t\{J_0(k) - 2J_2(k)\cos 2\omega_s t + 2J_4(k)\cos 4\omega_s t - \cdots\} \\ &\quad - \cos\omega_c t\{2J_1(k)\cos\omega_s t - 2J_3(k)\cos 3\omega_s t + \cdots\}] \\ &= V_c\{J_0(k)\sin\omega_c t - 2J_1(k)\cos\omega_c t \cdot \cos\omega_s t \\ &\quad - 2J_2(k)\sin\omega_c t \cdot \cos 2\omega_s t + 2J_3(k)\cos\omega_c t \cdot \cos 3\omega_s t \\ &\quad + 2J_4(k)\sin\omega_c t \cdot \cos 4\omega_s t + \cdots\}\end{aligned} \tag{8-33}$$

さらに，式 (8-33) を，加法定理から得られる公式（基礎 8-2 式 (8-5)，式 (8-6) 参照）によって変形すると，式 (8-34) のようになる．

$$v_m = V_c[J_0(k)\sin\omega_c t - J_1(k)\{\cos(\omega_c+\omega_s)t + \cos(\omega_c-\omega_s)t\}$$
$$- J_2(k)\{\sin(\omega_c+2\omega_s)t + \sin(\omega_c-2\omega_s)t\}$$
$$+ J_3(k)\{\cos(\omega_c+3\omega_s)t + \cos(\omega_c-3\omega_s)t\}$$
$$+ J_4(k)\{\sin(\omega_c+4\omega_s)t + \sin(\omega_c-4\omega_s)t\} + \cdots] \qquad (8\text{-}34)$$

式 (8-34) から，周波数変調波は単一周波数の信号波であっても，図 8-17 に示すように，搬送波の周波数 f_c を中心にして，その上下に無限個の側波が連なっていることがわかる．ただし，側波の位相は偶数番目と奇数番目で π/2〔rad〕ずれている．

図 8-3（基礎 8-5 参照）からわかるように，ベッセル関数では J_n の n が大きくなるに従って振幅の最大値は小さくなっていく．つまり，搬送波から離れる側波ほど振幅の最大値が小さくなっていくので，現実的にはすべての側波を考える必要はない．例えば，図 8-3 において，k を変調指数と考えて，$k<1$ の場合には，J_2 以上の関数値がほぼゼロとなるので，搬送波 J_0 と 1 組の側波 J_1 だけを考えればよい．式 (8-35) は，このときの周波数変調の占有周波数帯域幅 B を表している．Δf_c は，最大周波数偏移である．

$$B = 2(f_s + \Delta f_c) = 2f_s\left(1 + \frac{\Delta f_c}{f_s}\right)$$

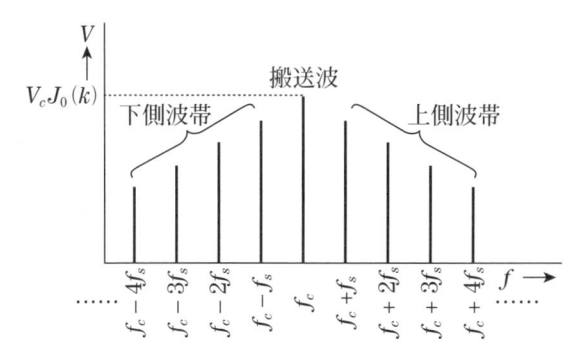

図 8-17　周波数変調の周波数成分

$$= 2f_s\left(1+\frac{\Delta\omega_c}{\omega_s}\right) = 2f_s(1+k) \tag{8-35}$$

　周波数変調を用いた FM ステレオラジオ放送では，一般に f_s = 53 〔kHz〕，Δf_c = 75〔kHz〕であるため，占有周波数帯域幅 B は 256〔kHz〕となる．これは，振幅変調を用いた AM モノラルラジオ放送の B = 15〔kHz〕の 17 倍以上の値である．このため，FM ステレオラジオ放送では，搬送波として VHF（very high frequency：およそ 30 〜 300〔MHz〕）以上の高周波を選ぶ必要がある．

　次に，位相変調について考えよう．搬送波 v_c と信号波 v_s を式 (8-36) のように定義する．

$$\left.\begin{array}{l}搬送波：v_c = V_c\sin(\omega_c t + \phi)\\信号波：v_s = V_s\sin\omega_s t\end{array}\right\} \tag{8-36}$$

　信号波を反映させた正弦的に変化する位相偏移 $\Delta\phi\sin\omega_s t$ を考えると，位相変調波 v_m は，式 (8-37) のようになる．

$$v_m = V_c\sin(\omega_c t + \phi + \Delta\phi\sin\omega_s t) \tag{8-37}$$

　この式において，初期位相 ϕ をゼロに設定すれば，v_m は，式 (8-38) のようになる．

$$位相変調波：v_m = V_c\sin(\omega_c t + \Delta\phi\sin\omega_s t) \tag{8-38}$$

　ところで，式 (8-39) は，式 (8-38) の信号波に相当する $\Delta\phi\sin\omega_s t$ を積分（基礎 8-3 式 (8-7) 参照）した式である．

$$\begin{aligned}v_m &= V_c\sin\{\omega_c t + \int(\Delta\phi\sin\omega_s t)\mathrm{d}t\}\\&= V_c\sin\left(\omega_c t - \frac{\Delta\phi}{\omega_s}\cos\omega_s t\right)\end{aligned} \tag{8-39}$$

　この式 (8-39) は，周波数変調波を表す式 (8-31) と同様の形式をしている．これは，**図 8-18** に示すように，信号波を積分してから位相変調すれば，周波数変調波が得られることを示している（基礎 8-4 参

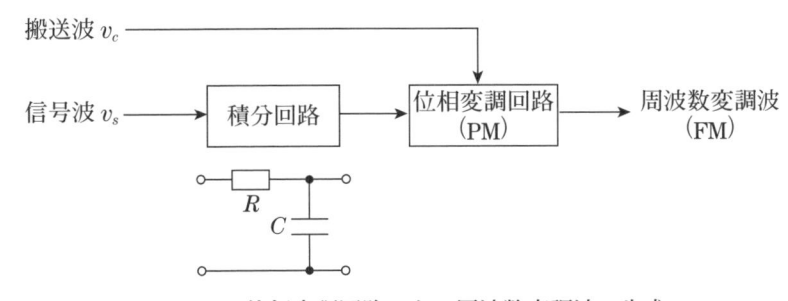

図 8-18　位相変調回路による周波数変調波の生成

照）．このように他の変調方式を用いて目的の変調波を得ることを間接変調という．

260 ページ図 8-11 において，振幅変調回路を利用して位相変調波が得られることを示した．これらのことから，振幅変調回路を応用すれば，位相変調波および，周波数変調波が生成できることがわかる．換言すれば，変調回路の基本は振幅変調回路なのである．しかしながら，変調波を伝送している際に受けてしまう雑音は変調波の振幅に影響を与えることが多いため，振幅変調は雑音に弱い．一方で，角度変調は占有周波数帯域幅が大きいが，信号波の情報を変調波の振幅の大きさとは無関係に伝送しているために雑音に強い．

周波数変調について，式 (8-29) の角度に関わる項を時間 t で微分して，式 (8-40) を得る（式 (8-27) 参照）．これより，周波数偏移の最大値は $\Delta\omega_c$ であり，信号波の周波数 f_s とは無関係に一定であることがわかる．

$$\text{周波数変調}：\frac{\mathrm{d}\theta}{\mathrm{d}t} = \omega_c + \Delta\omega_c \sin\omega_s t \tag{8-40}$$

また，位相変調についても同様に，式 (8-38) の角度に関わる項を時間 t で微分して，式 (8-41) を得る．これより，周波数偏移は最大値 $\Delta\phi\omega_s$ であり，信号波の周波数 f_s に比例することがわかる．

第8章 変調と復調

位相変調：$\dfrac{d\theta}{dt} = \omega_c + \Delta\phi\omega_s \cos\omega_s t$ (8-41)

以上のことから，信号波の周波数帯域が広い場合でも，周波数変調を用いれば，割り当てられた周波数帯域幅を有効に使用できる．一方，信号波の周波数 f_s が低くかつ，信号波の帯域が狭い場合には位相変調が有利となる．

(6) 角度変調回路

ここでは，周波数変調を行う回路について説明する．信号波 v_s の変化によって，発振回路のコンデンサまたはコイルの容量を変化させれば，周波数変調波 v_m を得ることができる．この方式は，直接変調方式と呼ばれる．例えば，可変容量ダイオード（225 ページ基礎 7-3 参照）を用いれば，信号の振幅をコンデンサの静電容量に変換することができる．

図 8-19 は，コルピッツ発振回路（237 ページ図 7-15 参照）に可変容量ダイオードを接続した周波数変調回路であり，242 ページ図 7-23 では電圧制御発振器 VCO 回路として扱った．この回路は，周波数変調回路としても捉えることができる．

また，図 8-20 に示すコンデンサマイクロホンは，音波によって振動板と固定電極間に生じる静電容量を変化させる電子部品である．したがって，発振回路と組み合わせれば，簡単に周波数変調回路を構成

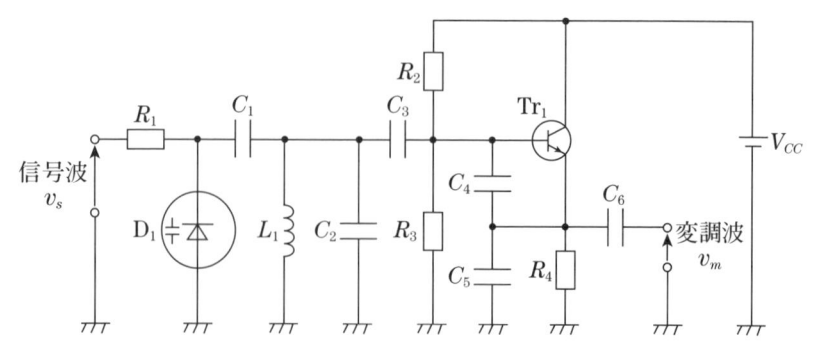

図 8-19　可変容量ダイオードを用いた周波数変調回路の例

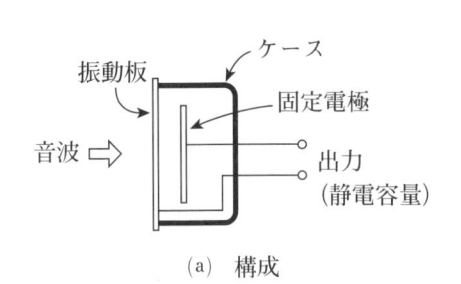

図 8-20　コンデンサマイクロホン

することができるため，FM ワイヤレスマイクロホン回路などに採用されることが多い．

このように，直接変調方式では，比較的簡単な回路によって周波数変調波を得ることが可能である．しかし，例えば可変容量ダイオードの特性が周囲温度によって影響を受けることなどにより，発振周波数の安定度は良くない．安定な変調波を得るためには，260 ページ図 8-11 に示したアームストロング変調回路や，269 ページ図 8-18 に示した位相変調回路を用いる間接変調方式を採用する．位相変調回路では，搬送波の周波数を直接的に変化させることなく，位相偏移によって周波数を変化させるために搬送波の生成に水晶発振回路を用いて周波数安定度を高めることができる．

＜例題 8-1＞　AM モノラルラジオ放送の占有周波数帯域幅 B は 15 [kHz] である．また，放送周波数は，NHK 第一 666 [kHz]，NHK 第二 828 [kHz]，ABC 朝日 1008 [kHz]，毎日 1179 [kHz]，ニッポン 1242 [kHz] のようにすべて 9 で割り切れる．このことから，放送周波数の成分について説明しなさい．

＜解答＞　図 8-21 に示すように，AM 放送の搬送波 v_c は 9 [kHz] 間隔で配置されている．B が 15 [kHz] であることを考えると，混信

第8章 変調と復調

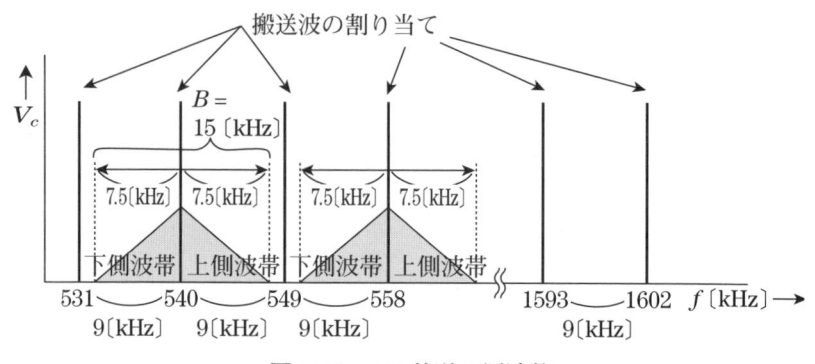

図 8-21 AM 放送の周波数

を避けるためには搬送波を2間隔以上おきに選択しなければならない．

＜例題 8-2＞ 信号波を正弦波としたとき，信号波の振幅と周波数変調波および，位相変調波の関係を説明しなさい．

＜解答＞ 周波数変調では，信号波の振幅が大きいときに変調波の周波数は増加し，小さいときに変調波の周波数は減少する．そして，信号波が負の領域から正の領域に入って増加するときに変調波の周波数も増加する．

また，位相変調波では，信号波の振幅が増加するときに変調波の位相の変化量が増加し，信号波の振幅が減少すると変調波の位相の変化量が減少する（255 ページ図 8-5 参照）．

＜演習 8-1＞ 搬送波 v_c と信号波 v_s，瞬時的な角速度 ω を次のように定義して，周波数変調波 v_m を表す式を導出しなさい．

搬送波　　　$v_c = V_c \cos \omega_c t$

信号波　　　$v_s = V_s \cos \omega_s t$

瞬時的な角速度　　$\omega = \omega_c + \Delta \omega_c \cos \omega_s t$

8-2 復調方式

復調（検波ともいう）は，受信した信号から信号波の情報を取り出す操作である．つまり，変調とは逆の操作である．ここでは，各種の変調波を復調する回路の基礎について説明する．

(1) 振幅変調波の復調回路

図 8-22 は，非線形復調（または，2 乗復調）と呼ばれるダイオード特性（60 ページ図 2-8 参照）の曲線部を用いた振幅変調波の復調方法である．

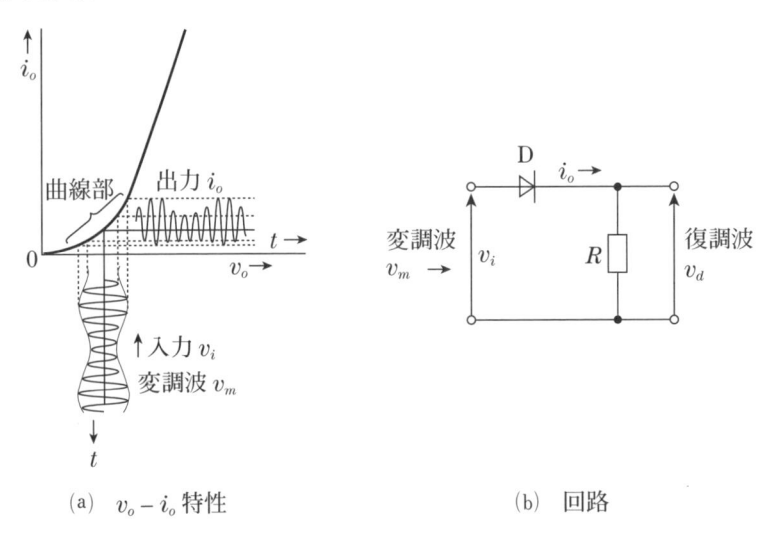

(a) v_o-i_o 特性　　　　　(b) 回路

図 8-22　非線形復調回路

ダイオードが，式 (8-42) のような 2 乗特性を持っているとする．ただし，v_i は入力電圧，I_o は出力電流の直流分，g_1，g_2 はダイオードの特性によって決まる比例定数であるとする（式 (8-18) 参照）．

$$i_o = I_o + g_1 v_i + g_2 v_i^2 \tag{8-42}$$

この式に，式 (8-43) に示す変調率 m の振幅変調波 v_m（式 (8-13) 参照）を入力すると，出力電流 i_o は式 (8-44) のようになる．

第8章 変調と復調

$$v_m = V_c(1 + m\sin\omega_s t)\sin\omega_c t \qquad (8\text{-}43)$$

$$i_o = I_o + g_1 V_c(1 + m\sin\omega_s t)\sin\omega_c t$$
$$+ g_2 V_c^2(1 + m\sin\omega_s t)^2 \sin^2\omega_c t \qquad (8\text{-}44)$$

式 (8-44) 右辺の第1項は直流分，第2項は変調波成分であり，第3項に信号波成分が現れている．ここでは，ダイオードの曲線部に変調波を入力しているので，式 (8-44) の2乗項である第3項を i_d として扱うと，式 (8-45) のように変形できる（三角関数の式 (8-4) 参照）．

$$\begin{aligned}
i_d &= g_2 V_c^2 (1 + m\sin\omega_s t)^2 \sin^2\omega_c t \\
&= g_2 V_c^2 (1 + 2m\sin\omega_s t + m^2 \sin^2\omega_s t) \times \frac{1}{2}(1 - \cos 2\omega_c t) \\
&= \frac{1}{2} g_2 V_c^2 (1 + 2m\sin\omega_s t + m^2 \sin^2\omega_s t) \\
&\quad - \frac{1}{2} g_2 V_c^2 (1 + 2m\sin\omega_s t + m^2 \sin^2\omega_s t)\cos 2\omega_c t \qquad (8\text{-}45)
\end{aligned}$$

この式の右辺第2項は，搬送波の2倍の周波数 $2\omega_c$ を持つため，低周波のみを通過させる低域フィルタ（LPF）を用いて除去することができる．残った項を i_d' とすれば，式 (8-46) のようになる（三角関数の式 (8-4) 参照）．

$$\begin{aligned}
i_d' &= \frac{1}{2} g_2 V_c^2 + g_2 V_c^2 m\sin\omega_s t + \frac{1}{2} g_2 V_c^2 m^2 \sin^2\omega_s t \\
&= \underbrace{\frac{1}{2} g_2 V_c^2 \left(1 + \frac{m^2}{2}\right)}_{\text{直流分}} + \underbrace{g_2 V_c^2 m\sin\omega_s t}_{\text{復調波}} - \underbrace{\frac{1}{4} g_2 V_c^2 m^2 \cos 2\omega_s t}_{\text{第2高調波}} \qquad (8\text{-}46)
\end{aligned}$$

このように，ダイオード特性の曲線部を用いれば，小さな振幅の変調波から簡単に復調波を得ることができる．ただし，i_d' には，歪みとなる第2高調波（261ページ参照）を含んでいる．式 (8-47) に示すように，i_d' の歪み率 K を考えると，K は変調率 m に比例することがわかる．

8-2 復調方式

$$歪み率 K = \frac{第2高調波の振幅}{復調波の振幅} = \frac{\frac{1}{4}g_2 V_c^2 m^2}{g_2 V_c^2 m} = \frac{m}{4} \qquad (8\text{-}47)$$

一方，図 8-23 は線形復調（または，包絡線復調）と呼ばれるダイオード特性の直線部を用いた振幅変調波の復調方法である．大きな振幅を持つ変調波 v_m をダイオード回路に入力すると，ダイオード特性の直線部によって v_m の正の信号 i_o のみが取り出される．さらに，図(b)のように回路の出力部に挿入したコンデンサの充放電作用によって i_o の包絡線を得ることができる．包絡線は信号波 v_s の情報を持って

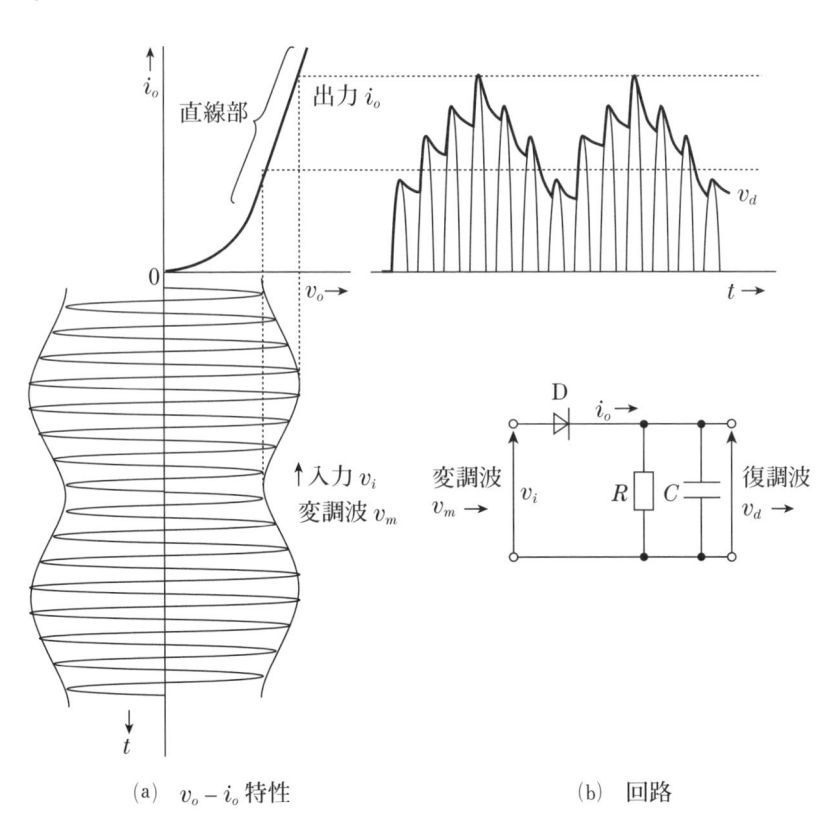

(a) v_o - i_o 特性　　　(b) 回路

図 8-23　線形復調

第8章 変調と復調

いるから（257 ページ図 8-7 参照），この回路によって復調を行ったことになる．この線形復調では，高調波の歪みは含まないが，コンデンサの充放電時間が適切になるような時定数を設定しなければ，きれいな包絡線つまり，復調波を得ることができない．

非線形復調では小さな振幅の変調波の復調を行えたが，線形復調では比較的大きな振幅の変調波でなければ復調を行えない．振幅変調波の復調（検波）を使用する AM ラジオの構成については，192 ページ図 5-44 を参照されたい．

(2) 角度変調波の復調回路

図 8-24 は，変調波 v_m を周波数変調（FM）波の復調回路に入力し，その出力を積分回路（基礎 8-4 参照）に入力する回路構成を示している．周波数変調（FM）復調回路の出力信号 v_{d1} は，式 (8-48) に示すように，搬送波の周波数偏移 $\Delta\omega_c$ に比例した値となる．また，$\Delta\omega_c$ は，式 (8-49) のように，位相偏移 $\Delta\phi$ に比例する．式 (8-49) を変形すると式 (8-50) のようになることから，$\Delta\omega_c$ を信号波の角速度 ω_s で除すれば周波数偏移を位相偏移に変換できることになる．

$$v_{d1} = \Delta\omega_c V_c \cos\omega_s t \tag{8-48}$$

$$\Delta\omega_c = \omega_s \Delta\phi \tag{8-49}$$

$$\Delta\phi = \frac{\Delta\omega_c}{\omega_s} \tag{8-50}$$

一方，式 (8-48) を積分すると式 (8-51) のようになる（式 (8-7) 参照）．

$$v_{d2} = \int (V_c \Delta\omega_c \cos\omega_s t)\mathrm{d}t = V_c \frac{\Delta\omega_c}{\omega_s} \sin\omega_s t \tag{8-51}$$

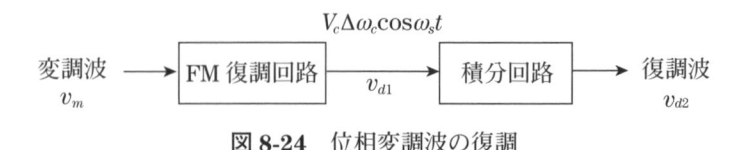

図 8-24 位相変調波の復調

これより，位相変調（PM）された変調波の復調は，周波数変調波（FM）として復調した後に積分すればよいことがわかる．つまり，角度変調波の復調では，周波数変調波の復調回路が基本となる．

図 **8-25** は，スロープ復調（slope demodulation）と呼ばれる周波数変調波の復調方式を示している．図(a)の C_1 と L_1 は，共振周波数が f_o の同調回路（186 ページ図 5-35 参照）である．そして，図(b)の特性曲線において，斜部の中央付近が搬送波の周波数 f_c となるように，f_o を設定する．すると，変調波の周波数が $f_c \pm \Delta f_c$ だけ変化すれば，それに応じた振幅出力 v_o が得られる（Δf_c は最大周波数偏移）．つまり，周波数変調波を振幅変調波に変換したことになる．したがって，v_o に対して例えば図 8-23 に示した線形復調を行えば，復調波 v_d を得ることができる．スロープ復調は，たいへん簡単な回路で実現できるが，特性曲線の非直線性による歪みが生じる欠点がある．

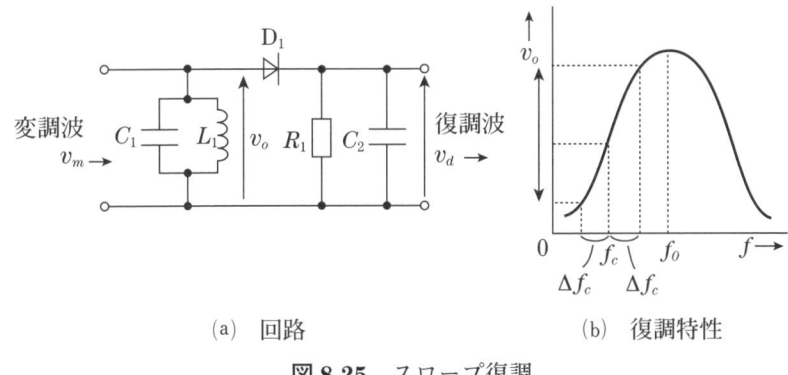

(a) 回路　　　　　　　(b) 復調特性

図 8-25 スロープ復調

図 **8-26** は，複同調周波数弁別と呼ばれる周波数変調波の復調方式であり，図(a)のように複数の同調回路を有している．C_1 と L_1 による同調回路は搬送波の周波数 f_c に同調させ，C_2 と L_2 による同調回路は $f_c + \Delta f_c$ に同調させ，C_3 と L_3 による同調回路は $f_c - \Delta f_c$ に同調させておく（Δf_c は最大周波数偏移）．また，L_2 と L_3 は L_1 によって間接的

第8章 変調と復調

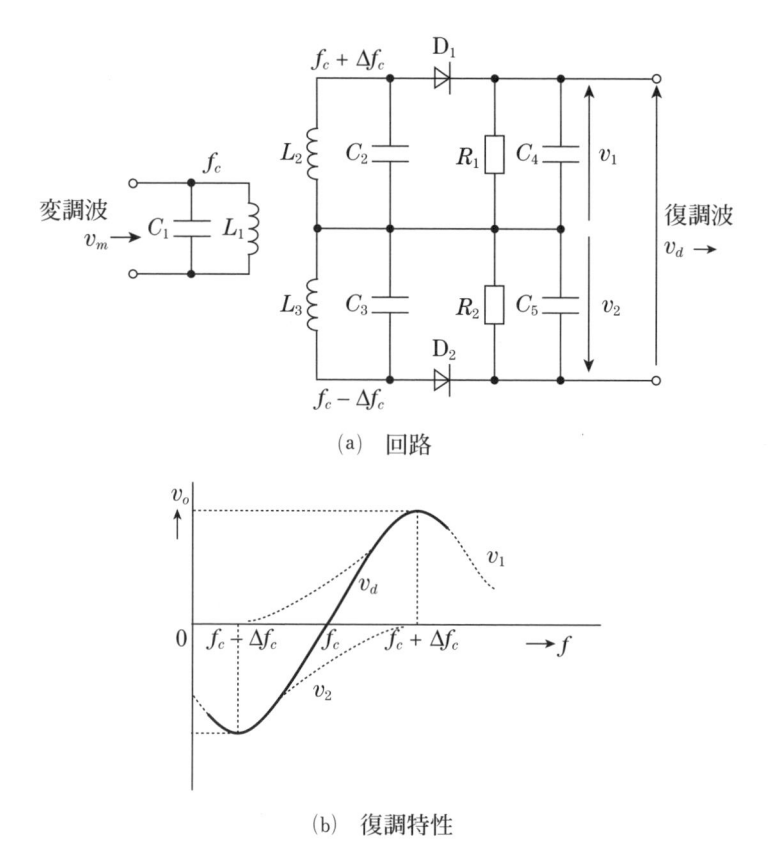

(a) 回路

(b) 復調特性

図 8-26 複同調周波数弁別復調

に疎結合させておく．すると，包絡線として逆向きの v_1 と v_2 が現れる．したがって，図(b)に示すように，v_1 と v_2 を加算した復調波 v_d を得ることができる．この回路は，スロープ復調よりも歪みが少ない．

前に説明した PLL 発振回路（243 ページ図 7-25 参照）は，周波数変調波の復調回路として使用することができる．図 8-27 に示すように，位相比較回路に変調波 v_m を入力すれば，VCO 回路への入力信号は，v_m の周波数に応じた電圧 v_d となる．つまり，v_d は復調波となる．PLL 発振回路を用いた復調は，広い周波数範囲で安定に動作する．ま

8-2 復調方式

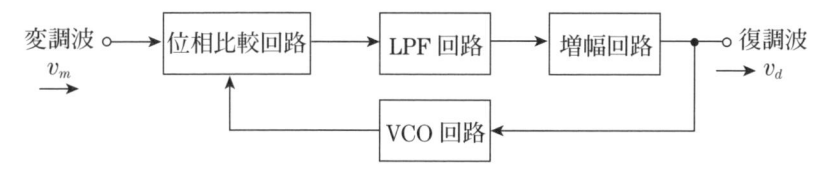

```
変調波 ○──→ 位相比較回路 ──→ LPF回路 ──→ 増幅回路 ──●──○ 復調波
  v_m              ↑                                    → v_d
                   └────── VCO回路 ←──────┘
```

図 8-27　PLL 発振回路を用いた復調

た，PLL 回路の IC 化が進んでいるために，多くの通信機器で採用されている．

図 8-28 は，FM ラジオの構成例である．192 ページ図 5-44 に示した AM ラジオの構成例と比較すると次の機能が追加されている．

・振幅制限

　周波数変調波に雑音が加わり，振幅の変化が大きくなると，その影響が復調波に現れてしまう．このため，振幅の変化を小さな範囲に制限して復調回路に入力するための機能である．

・デエンファシス

　音楽や音声では，高周波領域ほど振幅が小さくなりかつ，雑音成分が増加する傾向がある．このため，送信側で高周波領域の信号波の振幅を強調して変調をかける操作をプリエンファシス（pre-emphasis）という．そして，受信側において復調波の振幅を元の大きさに戻す操作をデエンファシス（de-emphasis）と

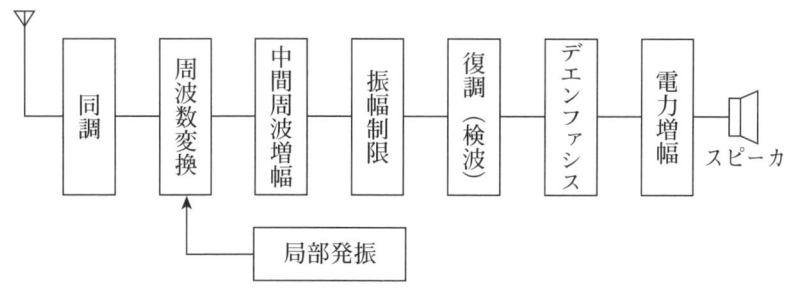

```
▽
│
同調 → 周波数変換 → 中間周波増幅 → 振幅制限 → 復調（検波）→ デエンファシス → 電力増幅 → スピーカ
          ↑
       局部発振
```

図 8-28　FM ラジオの構成例

第 8 章　変調と復調

いう．これらの操作によって，高周波領域の信号も良好に伝達することができる．

> **＜例題 8-3＞**　図 8-23 に示した振幅変調波の線形復調回路において，時定数が大きすぎた場合には復調波はどのような影響を受けるか説明しなさい．

　＜解答＞　時定数が大きすぎてコンデンサの放電時間が長くなった場合には，例えば図 8-29 に示すようにそれぞれの尖頭値(せんとう)が保持されてしまい，後半の包絡線を取り出すことができなくなる．このような歪みをダイアゴナルクリッピングという．

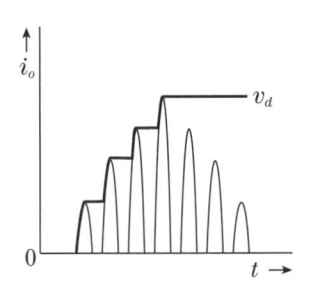

図 8-29　ダイアゴナルクリッピングの例

> **＜演習 8-2＞**　周波数変調波をスロープ復調回路によって復調する際に生じる歪みの原因について説明しなさい．

コラム☆モールス通信

　この章で説明した振幅変調や周波数変調は，それぞれAMラジオとFMラジオで採用されている方式である．これらのラジオでは，信号波として音声や音楽などを扱っている．一方，無変調連続波（CW：continuous wave）と呼ばれる方式では，音の有無によって情報を伝送する．

　1837年にモールス（Morse）は，電磁石式電信機を製作して

表8-1　モールス符号（欧文）

(a) アルファベット

A	・―
B	―・・・
C	―・―・
D	―・・
E	・
F	・・―・
G	――・
H	・・・・
I	・・
J	・―――
K	―・―
L	・―・・
M	――
N	―・
O	―――
P	・――・
Q	――・―
R	・―・
S	・・・
T	―
U	・・―
V	・・・―
W	・――
X	―・・―
Y	―・――
Z	――・・

(b) 数字，記号など

1	・――――
2	・・―――
3	・・・――
4	・・・・―
5	・・・・・
6	―・・・・
7	――・・・
8	―――・・
9	――――・
0	―――――
=	―・・・―
/	―・・―・
．	・―・―・―
，	――・・――
-	―・・・・―
:	―――・・・
訂正	・・・・・・・・
@	・――・―・

第8章 変調と復調

ニューヨーク市立大学において公開実験を行った．電信とは，符号を用いた通信のことであり，この実験は有線通信の始まりであると評価されている．現在では，**表 8-1** に示す欧文のモールス符号が規定されている．この他に和文符号もある．

　モールス符号は，短点と長点からなり，短点と長点の長さの比は，1:3とする．また，文字間は長点1個と同じ時間を空けることとする．送信側でモールス符号を生成するには，**図 8-30** に示すように開閉回路によって搬送波を断続させる方法がある．受信側では，搬送波があるときに発信音を出すBFO（beat frequency oscillator）回路によって復調する．

　図 8-31 は，電鍵（キー）と呼ばれる装置の外観例である．図(a)は縦振り形であり，図(b)は複式形である．複式形は，例えば右

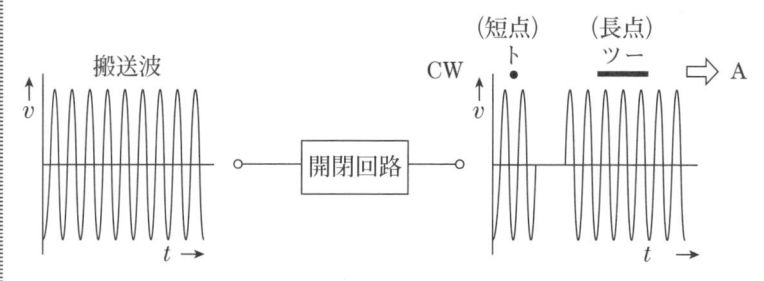

図 8-30　CW生成の例

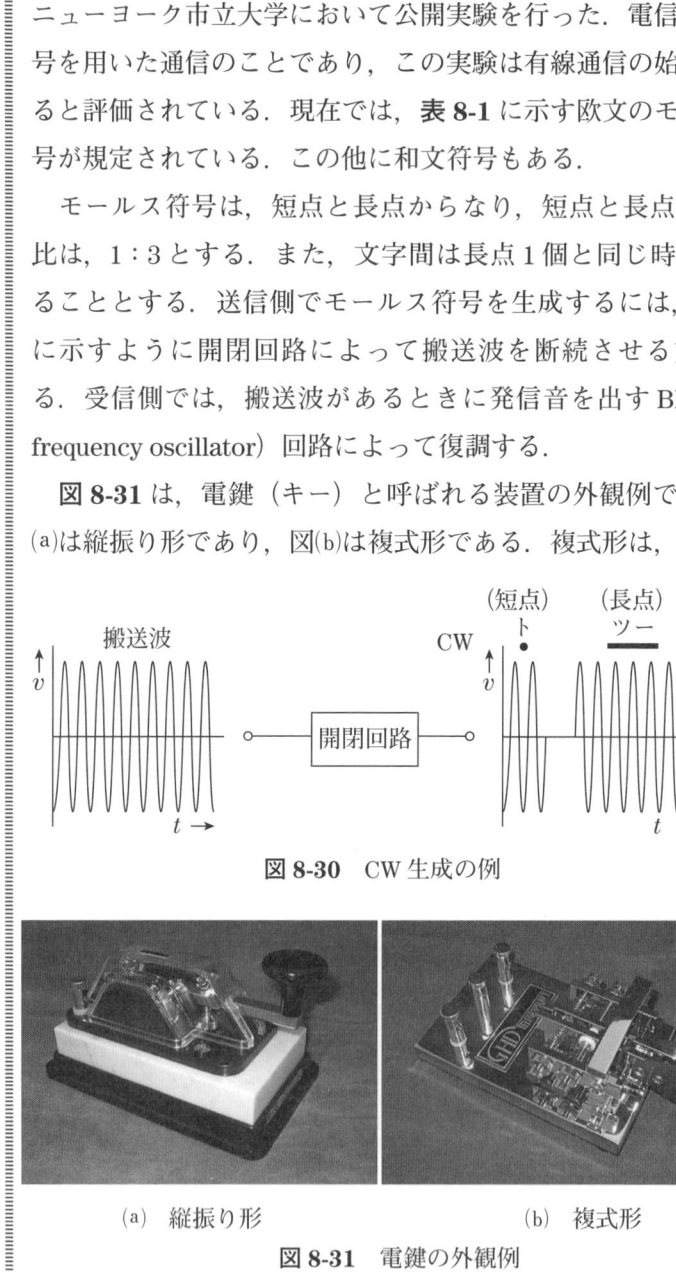

(a) 縦振り形　　　　　　(b) 複式形
図 8-31　電鍵の外観例

コラム☆モールス通信

に振ると短点を連続発生し，左に振ると長点を連続発生する回路に接続して使用する．

CW によるモールス通信は，混信や雑音などに強いため，多くの業務で使用されていた．しかし，1999 年に国際的な船舶安全通信が衛星通信システムを利用した GMDSS (global maritime distress and safety system) に移行したのを機に，モールス通信の時代は終わったともいえる．現在では，アマチュア無線，漁業用通信，軍事用通信の一部で使用されているだけである．

第8章 変調と復調

章末問題 8

1 振幅変調，周波数変調，位相変調の変調波 v_m を表す式を示しなさい．

2 振幅変調において，変調率 $m = 0.5$ のときの搬送波と側波の電力比を計算しなさい．

3 振幅変調用のベース変調回路とコレクタ変調回路について，それぞれの長所と短所を説明しなさい．

4 周波数変調波の側波の振幅と位相の特徴について説明しなさい．

5 位相変調は，周波数変調と比べて位相偏移が $\pi/2$ 〔rad〕進んでいることを式で示しなさい．

6 安定した周波数変調波を得るためには直接変調方式よりも位相変調回路を用いた間接変調方式が有利である理由を説明しなさい．

7 搬送波 v_c と信号波 v_s，瞬時的な位相 ϕ' を次のように定義して，位相変調波 v_m を表す式を導出しなさい．

搬送波 　　$v_c = V_c \cos \omega_c t$

信号波 　　$v_s = V_s \cos \omega_s t$

瞬時的な位相 　　$\phi' = \phi + \Delta\phi \cos \omega_s t$

8 ダイオードを用いた振幅復調回路において，変調波の振幅の大きさと非線形または線形復調の関係を説明しなさい．

9 ダイオードを用いた振幅変調波の線形復調回路における，ダイアゴナルクリッピングノイズについて説明しなさい．

10 振幅復調回路を用いて周波数変調波を復調する方法について説明しなさい．

第 9 章　電源回路

　電子回路は，基本的に直流で動作する．一方，発電所から家庭や工場に送られているのは交流である．このため，乾電池やバッテリーなどの直流電源を用いる場合を除けば，交流を直流に変換する回路が必要となる．また，電子回路に合った電圧に変圧することも必要になる．この章では，電源回路の基本について説明する．

第 9 章　電源回路

☆この章で使う基礎事項☆

基礎 9-1　電源回路の諸特性

・電圧変動率 δ（デルタ）：負荷の変化による出力電圧の変動率

　V_o：無負荷(出力電流 0)時の出力電圧, V_L：負荷接続時の出力電圧

$$\delta = \frac{V_o - V_L}{V_L} \times 100 \,[\%] \tag{9-1}$$

・リプル率 γ（ガンマ）：出力に含まれる脈動分の割合

　V_{DC}, I_{DC}：出力の直流分，V_r, I_r：出力の交流分（実効値）

$$\gamma = \frac{V_r}{V_{DC}} \times 100 = \frac{I_r}{I_{DC}} \times 100 \,[\%] \tag{9-2}$$

・整流効率 η（イータ）：直流出力電力 P_{DC} と交流入力電力 P_{AC} の比

$$\eta = \frac{P_{DC}}{P_{AC}} \times 100 \,[\%] \tag{9-3}$$

基礎 9-2　部分分数への変換（係数比較法）

（例）　$\dfrac{V_m}{\pi} \cdot \dfrac{R_L}{R_L + r_d} = \dfrac{A}{\pi} - \dfrac{B}{R_L + r_d}$　とすると，

$$\frac{A}{\pi} - \frac{B}{R_L + r_d} = \frac{A(R_L + r_d) - B\pi}{\pi(R_L + r_d)}$$

より，

$$V_m R_L = A(R_L + r_d) - B\pi = AR_L + (Ar_d - B\pi)$$

よって，$A = V_m$，$V_m r_d - B\pi = 0$ より，

$$B = \frac{V_m r_d}{\pi}$$

$$\therefore \;\; \frac{V_m}{\pi} \frac{R_L}{R_L + r_d} = \frac{V_m}{\pi} - \frac{V_m r_d}{\pi(R_L + r_d)} \tag{9-4}$$

9-1 電源回路の基礎

ここでは，変圧回路，整流回路，平滑回路の基本について説明する．安定化回路についての詳細は，次節で取り扱う．

(1) **電源回路の構成**

図 9-1 に，交流を直流に変換する電源回路の構成例を示す．

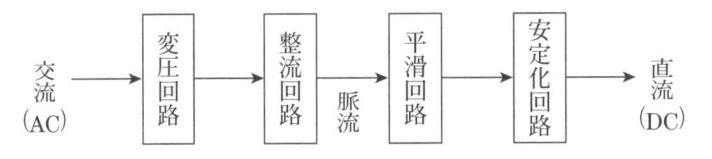

交流（AC）→ 変圧回路 → 整流回路 →（脈流）→ 平滑回路 → 安定化回路 → 直流（DC）

図 9-1　電源回路の構成例

- 変圧回路：トランス（152 ページ基礎 5-1 参照）によって，適切な交流電圧に変圧する．
- 整流回路：ダイオードによって，交流を脈流に変換する（61 ページ図 2-11 参照）．
- 平滑回路：コンデンサ，コイル，抵抗を使用して，脈流を直流に変換する．
- 安定化回路：負荷の変動などにより直流出力電圧が変動しないように安定化する．

(2) **変圧回路**

変圧回路では，トランス（変成器）を用いて，交流電圧を適切な大きさに変換する．図 9-2 (a) にトランスの図記号（鉄心の記号は省略），図 (b) に電源トランスの外観例を示す．

トランスの巻線比 n と電圧 v_1, v_2，電流 i_1, i_2，電力 P には，式 (9-5) と式 (9-6) に示す関係がある．

$$n = \frac{n_1}{n_2} = \frac{v_1}{v_2} = \frac{i_2}{i_1} \tag{9-5}$$

第9章 電源回路

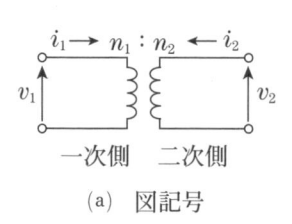

(a) 図記号 (b) 外観例

図 9-2 トランス

$$P = v_1 i_1 = v_2 i_2 \tag{9-6}$$

(3) 整流回路

整流回路では，ダイオードを用いて交流を脈流に変換する．

① 半波整流回路

図 9-3 (a)に半波整流回路，図(b)に入出力波形を示す．交流入力電圧 v_i を式(9-7) とすれば，脈流出力電流 i は式(9-8) のようになる．ただし，R_L は負荷抵抗，r_d はダイオードの順方向抵抗である．

$$v_i = V_m \sin \omega t \tag{9-7}$$

$$\left. \begin{array}{l} i = \dfrac{V_m}{R_L + r_d} \sin \omega t = I_m \sin \omega t \quad (0 < \omega t < \pi) \\ i = 0 \quad (\pi \leqq \omega t \leqq 2\pi) \end{array} \right\} \tag{9-8}$$

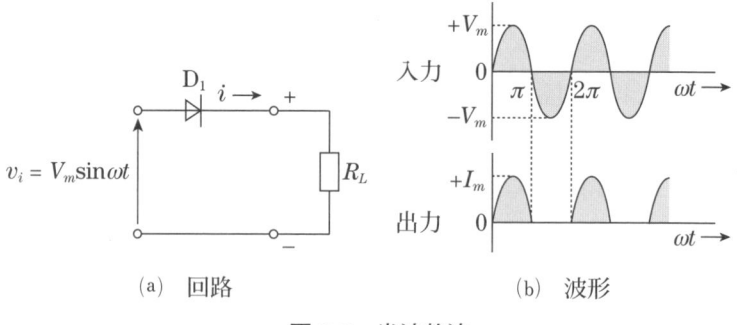

(a) 回路 (b) 波形

図 9-3 半波整流

9-1 電源回路の基礎

電源回路の諸特性を考えよう（基礎 9-1 参照）．はじめに電圧変動率 δ を導出する．直流電流 I_{DC} は，正弦波交流の平均値 I_a であるが，半波整流回路は出力波形が入力正弦波の半周期分になるため，式 (9-9) が成立する．

$$\left. \begin{array}{l} I_a = \dfrac{2}{\pi} I_m \\[6pt] I_{DC} = \dfrac{1}{\pi} I_m \end{array} \right\} \quad (9\text{-}9)$$

また，I_m と V_m には式 (9-10) に示す関係がある．

$$I_m = \frac{V_m}{R_L + r_d} \quad (9\text{-}10)$$

式 (9-9) と式 (9-10) から，負荷 R_L を接続したときの出力端子電圧 V_L は，式 (9-11) のようになる．

$$V_L = I_{DC} R_L = \frac{I_m}{\pi} R_L = \frac{V_m}{\pi} \cdot \frac{R_L}{R_L + r_d} \quad (9\text{-}11)$$

この式で，R_L が無限大であり負荷に電流が流れていない場合の出力端子電圧 V_o は，式 (9-12) のようになる．

$$V_o = \frac{V_m}{\pi} \quad (9\text{-}12)$$

ところで，式 (9-11) を部分分数に変形すると，式 (9-13) のようになる（基礎 9-2 参照）．

$$V_L = \frac{V_m}{\pi} \cdot \frac{R_L}{R_L + r_d} = \frac{V_m}{\pi} - \frac{V_m r_d}{\pi(R_L + r_d)} = \frac{V_m}{\pi} - I_{DC} r_d \quad (9\text{-}13)$$

式 (9-11) ～式 (9-13) から，半波整流回路の電圧変動率 δ は，式 (9-14) のようになる．

$$\delta = \frac{V_o - V_L}{V_L} \times 100 = \frac{I_{DC} r_d}{I_{DC} R_L} \times 100 = \frac{r_d}{R_L} \times 100 \,[\%] \quad (9\text{-}14)$$

第 9 章　電源回路

次にリプル率 γ を考えよう．出力電流 i の実効値 I_{rms} は，式 (9-15) で表すことができる．

$$I_{rms} = \sqrt{\frac{1}{2\pi}\int_0^\pi (I_m \sin\omega t)^2 \mathrm{d}(\omega t)} = \frac{I_m}{2} \tag{9-15}$$

また，I_{rms} と直流成分 I_{DC}，交流成分の実効値 I_r には，式 (9-16) の関係が成立する．式 (9-9) 下式を用いて式変形すると，半波整流回路のリプル率 γ は式 (9-17) のようになる．

$$I_{rms}^{\ 2} = I_{DC}^{\ 2} + I_r^{\ 2} \tag{9-16}$$

$$\gamma = \frac{I_r}{I_{DC}} = \frac{\sqrt{I_{rms}^{\ 2} - I_{DC}^{\ 2}}}{I_{DC}} = \sqrt{\frac{\pi^2}{4} - 1} = 1.21 = 121 \,[\%] \tag{9-17}$$

次に整流効率 η について考えよう．直流出力電力 P_{DC} は，式 (9-18) で表される．

$$P_{DC} = I_{DC}^{\ 2} R_L = \left(\frac{I_m}{\pi}\right)^2 R_L = \frac{1}{\pi^2}\left(\frac{V_m}{R_L + r_d}\right)^2 R_L \tag{9-18}$$

図 9-3 (b) に示したように，半波整流回路では，入力正弦波の半分しか使用しないため，式 (9-19) に示すように，交流入力電力 P_{AC} は正弦波交流の電力の 1/2 になる．

$$P_{AC} = \frac{V_m}{\sqrt{2}} \times \frac{I_m}{\sqrt{2}} \times \frac{1}{2} = \frac{V_m I_m}{4} \tag{9-19}$$

式 (9-10) と式 (9-18)，式 (9-19) から，半波整流回路の整流効率 η は，式 (9-20) のようになる．

$$\begin{aligned}\eta &= \frac{P_{DC}}{P_{AC}} \times 100 = \left(\frac{2}{\pi}\right)^2 \frac{R_L}{R_L + r_d} \times 100 \\ &= 40.6 \times \frac{R_L}{R_L + r_d} \,[\%]\end{aligned} \tag{9-20}$$

式 (9-20) からわかるように，ダイオードの順方向抵抗 r_d が十分小さい値であれば，整流効率 $\eta \fallingdotseq 40.6\,[\%]$ となる．半波整流回路は簡

単な回路で構成できるが，式 (9-17) で示されるリプル率 γ が大きく，整流効率 η も良くない．

② 全波整流回路

図 9-4(a) に全波整流回路，図(b)に入出力波形を示す．全波整流回路では，2 個のダイオードを交互に導通，非導通に切り替えることで，半波整流回路では切り捨てていた負の入力電圧も使用することができる．

電源回路の諸特性を考えよう（基礎 9-1 参照）．直流電流 I_{DC} は正弦波交流の平均値 I_a と等しく，負荷電流の実効値 I_{rms} は I_m の実効値と等しくなるために式 (9-21) が成立する．

$$\left.\begin{array}{l} I_{DC} = \dfrac{2}{\pi} I_m \\ I_{rms} = \dfrac{I_m}{\sqrt{2}} \end{array}\right\} \qquad (9\text{-}21)$$

この全波整流回路では，2 個のダイオードが同時に電流を流すことはないから，1 個分の順方向抵抗 r_d を考えればよい．式 (9-21) と式 (9-10) から，負荷 R_L を接続したときの出力端子電圧 V_L は，式 (9-22) のようになる．

$$V_L = I_{DC} R_L = \dfrac{2V_m}{\pi} \cdot \dfrac{R_L}{R_L + r_d} \qquad (9\text{-}22)$$

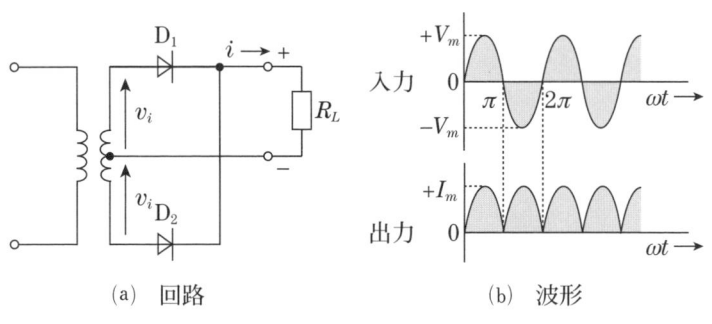

(a) 回路　　　　(b) 波形

図 9-4　全波整流

この式で，R_L が無限大であり負荷に電流が流れていない場合の出力端子電圧 V_o は，式 (9-23) のようになる．

$$V_o = \frac{2V_m}{\pi} \tag{9-23}$$

また，式 (9-22) を部分分数に変形すると，式 (9-24) のようになる（基礎 9-2 参照）．

$$V_L = \frac{2V_m}{\pi} \cdot \frac{R_L}{R_L + r_d} = \frac{2V_m}{\pi} - \frac{2V_m r_d}{\pi(R_L + r_d)}$$

$$= \frac{2V_m}{\pi} - I_{DC} r_d \tag{9-24}$$

式 (9-22)～式 (9-24) から，全波整流回路の電圧変動率 δ は，式 (9-25) のようになる．この式は，半波整流回路の δ を示す式 (9-14) と同じである．

$$\delta = \frac{V_o - V_L}{V_L} \times 100 = \frac{I_{DC} r_d}{I_{DC} R_L} \times 100 = \frac{r_d}{R_L} \times 100 \, [\%] \tag{9-25}$$

リプル率 γ は，式 (9-26) で表すことができる．

$$\gamma = \frac{\sqrt{I_{rms}^2 - I_{DC}^2}}{I_{DC}} = \frac{\pi}{2}\sqrt{\frac{1}{2} - \frac{4}{\pi^2}} = \sqrt{\frac{\pi^2}{8} - 1}$$

$$\fallingdotseq 0.482 = 48.2 \, [\%] \tag{9-26}$$

次に，整流効率 η について考えよう．直流出力電力 P_{DC} と交流入力電力 P_{AC} は，式 (9-27) で表される．

$$\left.\begin{aligned} P_{DC} &= I_{DC}^2 R_L = \left(\frac{2}{\pi} I_m\right)^2 R_L = \frac{4}{\pi^2}\left(\frac{V_m}{R_L + r_d}\right)^2 R_L \\ P_{AC} &= \frac{V_m}{\sqrt{2}} \times \frac{I_m}{\sqrt{2}} = \frac{V_m I_m}{2} \end{aligned}\right\} \tag{9-27}$$

これより，全波整流回路の整流効率 η は，式 (9-28) のようになる．

9-1 電源回路の基礎

$$\eta = \frac{P_{DC}}{P_{AC}} \times 100 = \frac{4}{\pi^2}\left(\frac{V_m}{R_L+r_d}\right)^2 R_L \times \frac{2}{V_m I_m} \times 100$$

$$= \frac{8}{\pi^2}\frac{R_L}{R_L+r_d}\times 100 \fallingdotseq 81.1\times\frac{R_L}{R_L+r_d}\,[\%] \tag{9-28}$$

ダイオードの順方向抵抗 r_d が十分小さい値であれば，整流効率 $\eta \fallingdotseq 81.1\,[\%]$ となり，半波整流回路の2倍となる（式(9-20)参照）．リプル率を見ても，全波整流回路は半波整流回路よりも優れていることがわかる（式(9-17), 式(9-26)参照）．

ところで，図9-4(a)に示した全波整流回路では，二次側に中間タップのついたトランスを使用する必要があった．一方，**図 9-5** に示すブリッジ形全波整流回路では，トランスの中間タップが不要である．この回路では，非導通になっているダイオードにかかる逆電圧が図9-4(a)の回路の半分になるが，順方向抵抗 r_d は2個分の直列となる．

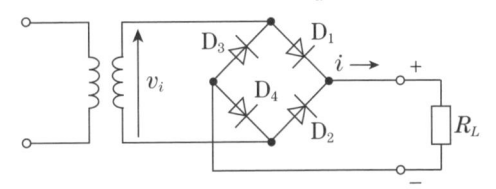

図 9-5 ブリッジ形全波整流回路

図 9-6 ブリッジダイオードの外観例

第9章 電源回路

ブリッジ形全波整流回路は，電子回路用の整流回路として広く用いられており，4個のダイオードを組み合わせた部分は，ブリッジダイオードとして部品化されている．図 9-6 に，ブリッジダイオードの外観例を示す．

③ 倍電圧整流回路

図 9-7 に示す倍電圧整流回路は，コンデンサによる充放電を利用して，入力電圧よりも大きな直流出力電圧を得る回路である．入力電圧 v_i の正の半周期ではダイオード D_1 が導通して C_1 を充電する．また，負の半周期ではダイオード D_2 が導通して C_2 を充電する．このため，出力端子からは，2個のコンデンサの端子電圧の和を取り出すことができる．

この回路を用いれば，トランスを使用しなくても大きな出力電圧を得ることができる．しかし，安定した出力電圧を得るためには大容量のコンデンサが必要になる．

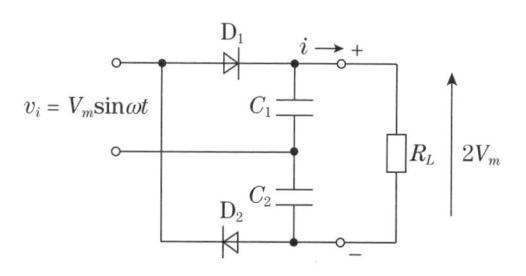

図 9-7 倍電圧整流回路

(4) 平滑回路

平滑回路は，整流回路で得られた脈流からリプルを取り除く．図 9-8 は，半波整流回路に接続したコンデンサを用いた平滑回路である．この回路は，ダイオードが導通しているときにコンデンサを充電する．そして，ダイオードが非導通のときにはコンデンサの放電電圧を取り出すことによって，リプルを抑制する（275ページ図 8-23 参照）．

(a) 回路　　　　　　　(b) 出力波形

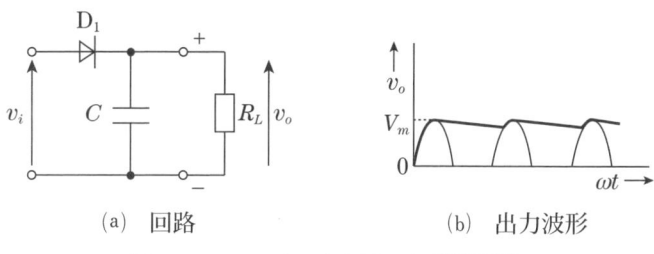

図 9-8　コンデンサを用いた平滑回路

また，コイルのインダクタンスが交流分を通過させにくい性質であることを利用してリプルを抑制することも可能である．この場合には，図 9-8(a)において，ダイオードの出力側にコイルを直列に接続する．インダクタンスの大きなコイルは高価であり，サイズや重量も大きくなってしまうが，音質を重視するオーディオ用増幅回路などの平滑回路では採用されることが多い．しかし，一般的な用途の平滑回路では，主としてコンデンサが用いられる．

＜例題 9-1＞　無負荷時の出力電圧が 9 [V] の電源回路に負荷を接続したら，出力電圧が 8.6 [V] に降下した．この電源回路の電圧変動率 δ を計算しなさい．

＜解答＞　式 (9-1) より，

$$\delta = \frac{V_o - V_L}{V_L} \times 100 = \frac{9 - 8.6}{8.6} \times 100 \fallingdotseq 4.7\,[\%]$$

＜演習 9-1＞　ダイオードを用いた半波整流回路と全波整流回路について，電圧変動率 δ，リプル率 γ，整流効率 η を比較する表を作成しなさい．

9-2 安定化回路

　安定化回路は，交流入力や負荷の変動によって出力電圧が変化しないようにする回路である（287ページ図9-1参照）．この回路は，シリーズレギュレータ（series regulator）方式とスイッチングレギュレータ（switching regulator）方式に大別できる．

(1) シリーズレギュレータ方式

　図9-9に，シリーズレギュレータ方式の安定化回路の構成例を示す．この回路では，比較回路において，検出回路によって取り出した出力電圧と基準電圧を比較する．制御回路は，比較値に応じて内部抵抗を変化させて出力電圧を基準電圧と一致させる．

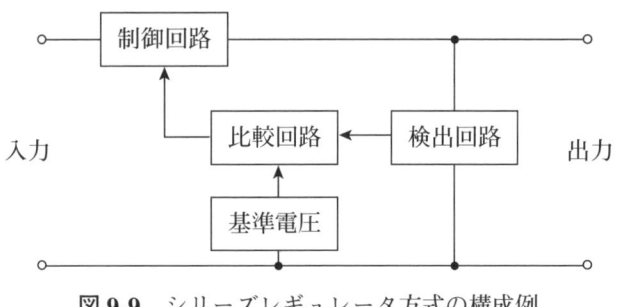

図9-9　シリーズレギュレータ方式の構成例

　図9-10は，ツェナーダイオード（61ページ図2-10参照）ZDを用いて基準電圧を得るシリーズレギュレータ方式の安定化回路例である．何らかの原因により，出力電圧V_oが減少した場合を例にして回路の動作を説明する．

＜シリーズレギュレータ方式の動作＞
① V_oが減少したとする．
② V_2が減少する．

9-2 安定化回路

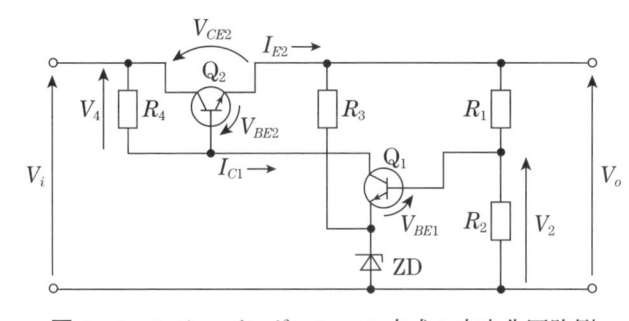

図9-10 シリーズレギュレータ方式の安定化回路例

③ Q_1 のエミッタ電圧は，ツェナーダイオード ZD によって一定に保たれているため，V_{BE1} が減少する．

④ Q_1 では，ベース電流が減少するため，コレクタ電流 I_{C1} も減少する．

⑤ R_4 による電圧降下 V_4 が減少する．

⑥ Q_2 の V_{CE2} はほぼ一定であるため，V_4 の減少によって V_{BE2} が増加する．

⑦ Q_2 のベース電流が増加する．

⑧ Q_2 の内部抵抗が減少し，エミッタ電流 I_{E2} が増加する．

⑨ V_o が増加する．つまり，①の変化を抑制する．

シリーズレギュレータ方式と呼ばれるゆえんは，制御回路として動作するトランジスタ Q_2 が負荷と直列（series）に挿入されているためである．この方式を用いた安定化回路は，3端子レギュレータ IC としても市販されている（219 ページ図 6-26，220 ページ図 6-27 参照）．**図9-11** に，シリーズレギュレータ方式を採用した電源装置の外観例を示す．この方式は，回路が簡単であるにもかかわらず，リプル（ripple：脈動成分）が少ない安定した直流出力が得られるが，大きな出力電流が必要な場合には電源トランスが大型化してしまう．また，安定化回路のトランジスタによる損失が大きい．

第9章 電源回路

図 9-11 電源装置（シリーズレギュレータ方式）の外観例

(2) スイッチングレギュレータ方式

図 9-12 に，スイッチングレギュレータ方式の原理を示す．図(a)において，入力電圧 V_i を一定とすれば，スイッチ SW をオン・オフする時間を変化させると，出力電圧 V_o の波形は例えば図(b)に示すように変化する．このため，SW をオンさせる時間を短くするほど平均出力電圧 V_a は低くなる．つまり，SW のオン・オフ時間によって V_a を制御できるのである．実際の回路では，SW にトランジスタなどの半導体を使用して，約 20～100〔kHz〕の周波数でオン・オフを行う．

図 9-13 に，トランジスタを電子スイッチ（66ページ参照）として使

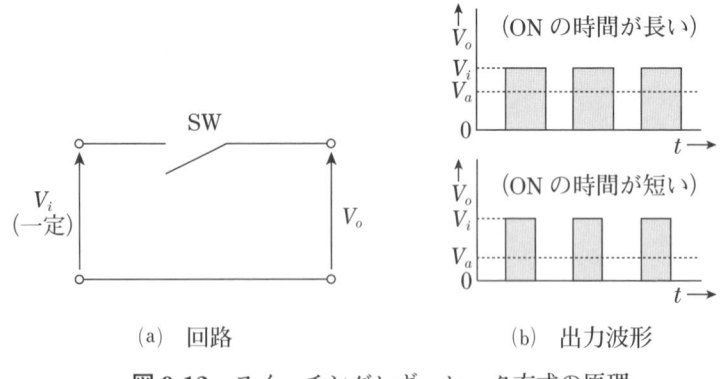

(a) 回路　　　　　　　　(b) 出力波形

図 9-12 スイッチングレギュレータ方式の原理

9-2 安定化回路

(a) 降圧形 　　　　　　(b) 昇圧形

図 9-13 スイッチングレギュレータ回路

用した2種のスイッチングレギュレータ回路を示す．これらの回路では，トランジスタのオン・オフで得られる方形波をコンデンサ C によって平滑化している．図(a)の回路では，トランジスタがオフになったときには，コイル L の性質によって電流 I_L を保持しようとする（レンツの法則）．これにより，ダイオード D が導通して電流 I_D を流すため，しばらくはトランジスタがオフする直前と同じ大きさの電流 I_L が流れる．この回路は，出力電圧 $V_o \leqq$ 入力電圧 V_i の関係があるために降圧形と呼ばれる．

一方，図(b)の回路では，トランジスタがオンのときにコイル L にエネルギーを蓄える．このときには，ダイオード D が非導通になるため，出力電圧 V_o はコンデンサ C の放電によって供給される．一方，トランジスタがオフのときには，L に蓄えられたエネルギーが入力電圧 V_i に重畳して出力される．これにより，入力電圧 $V_i \leqq$ 出力電圧 V_o とすることが可能になるために昇圧形と呼ばれる．

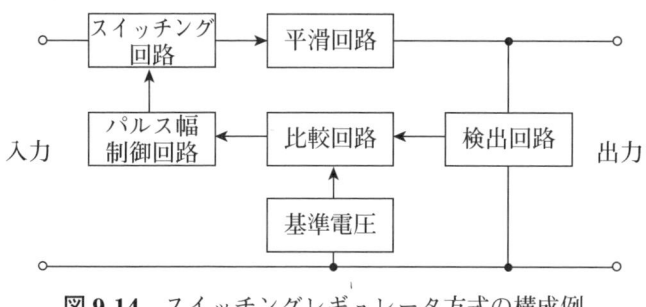

図 9-14 スイッチングレギュレータ方式の構成例

第9章 電源回路

図 **9-14** に，スイッチングレギュレータ方式の安定化回路の構成例を示す．この回路では，比較回路の出力に応じて，スイッチング回路のオン・オフ時間を制御する．

図 **9-15** にスイッチングレギュレータ方式を採用した電源基板，図 **9-16** に AC アダプタとも呼ばれる電源装置の外観例を示す．この方式は，シリーズレギュレータ方式に比べて効率が良いことに加えて，一般の交流（50，60〔Hz〕）よりも高い周波数を使用するために平滑回路のコンデンサやコイルを小型にできる長所がある．しかし，回路が複雑になり，リプルが多く，スイッチングによる雑音が発生するなどの短所がある．

降圧形，昇圧形スイッチングレギュレータ方式を用いれば，直流を任意の電圧に変換することもできる．この変換装置を DC-DC コンバー

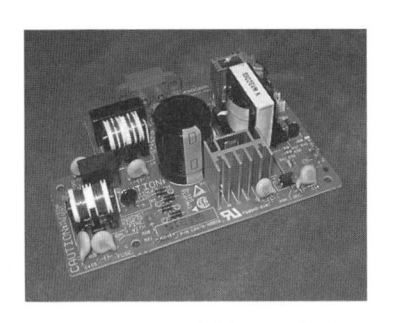

図 9-15 電源基板の外観例　　**図 9-16** 電源装置の外観例

図 9-17 DC-DC コンバータの外観例　　**図 9-18** DC-DC コンバータ用 IC

タという．図 **9-17** に，およそ $10 \sim 40\,[\mathrm{V}]$ の直流入力電圧を $5\,[\mathrm{V}]$（最大 $3\,[\mathrm{A}]$）にする降圧形 DC-DC コンバータの外観例を示す．また，図 **9-18** は，およそ $0.7 \sim 5\,[\mathrm{V}]$ の直流入力電圧を $5\,[\mathrm{V}]$（最大 $200\,[\mathrm{mA}]$）にする昇圧形 DC-DC コンバータ用 IC である．

＜例題 9-2＞ 次の説明は，297 ページ図 9-10 に示したシリーズレギュレータ方式の安定化回路において，V_o が増加したときの動作を表している．A～K に，「減少」または，「増加」を当てはめなさい．

① V_o が増加したとする．
② V_2 が ┃ A ┃ する．
③ Q_1 のエミッタ電圧は，ツェナーダイオード ZD によって一定に保たれているため，V_{BE1} が ┃ B ┃ する．
④ Q_1 では，ベース電流が ┃ C ┃ するため，コレクタ電流 I_{C1} は ┃ D ┃ する．
⑤ R_4 による電圧降下 V_4 が ┃ E ┃ する．
⑥ Q_2 の V_{CE2} はほぼ一定であるため，V_4 の ┃ F ┃ によって V_{BE2} が ┃ G ┃ する．
⑦ Q_2 のベース電流が ┃ H ┃ する．
⑧ Q_2 の内部抵抗が ┃ I ┃ し，エミッタ電流 I_{E2} が ┃ J ┃ する．
⑨ V_o が ┃ K ┃ する．つまり，①の変化を抑制する．

＜解答＞ 減少：G, H, J, K
　　　　　増加：A, B, C, D, E, F, I

第9章　電源回路

<演習 9-2>　表 9-1 は，シリーズレギュレータ方式とスイッチングレギュレータ方式の比較である．優れている方に○を記入しなさい．

表 9-1　レギュレータ方式の比較

比較項目	シリーズ	スイッチング
効率		
トランスのサイズ		
回路構成の簡単さ		
雑音		

コラム☆D級増幅回路

　この章では，スイッチング動作を用いた電源の安定回路について説明した．このように，トランジスタを飽和領域で電子スイッチとして使用する場合を考えよう（65ページ図 2-16 参照）．

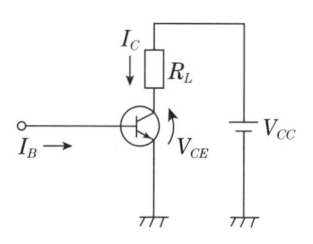

図 9-19　トランジスタによる電子スイッチ

図 9-19 において，ベース電流 I_B = 0 ならば，トランジスタはオフとなり I_C = 0 となる．このときは，電源 V_{CC} の値が大きくてもトランジスタで消費される電力は極めて小さい．また，I_B が大きな値の場合には，トランジスタはオンとなり I_C が流れるが V_{CE} ≒ 0 となる．つまり，トランジスタを飽和領域で使用する場合には，オン・オフにかかわらず，トランジスタでの消費電力は非常に少ないのである．

　この性質を利用して，スイッチング動作によって音声信号などを増幅する回路をD級増幅回路という．電力増幅回路には，動作点の設定位置によって，A，B，C級などがあることを説明し

コラム☆D級増幅回路

た（177ページ図5-27参照）．これらの回路では，アナログ信号の増幅を目的として，トランジスタを比例領域で使用していた．一方，D級では動作点の位置と無関係に，トランジスタを飽和領域で使用するのである．

D級で増幅を行うためには，入力信号がディジタル信号（方形波）であることが必要となる．このため，増幅したい信号の変化が方形波のオン・オフ時間の比（デューティ比）の変化になるように変調する．これを，パルス幅変調（PWM：pulse width modulation）という．

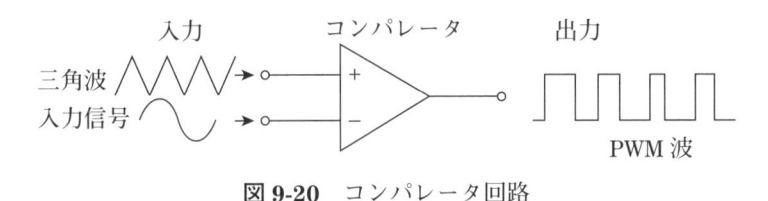

図 9-20 コンパレータ回路

例えば，変調したいアナログ信号が正弦波であるとすれば，図9-20に示すように，コンパレータ回路に三角波とともに入力する．コンパレータは，オペアンプと同様の回路であるが負帰還をかけずに使用するため，この例では三角波の振幅が正弦波よりも小さいときには電源とほぼ等しい電圧を出力し，逆のときにはゼロを出力する．このようにして，正弦波の変化を方形波の変化として取り出すことができる．図9-21に，コンパ

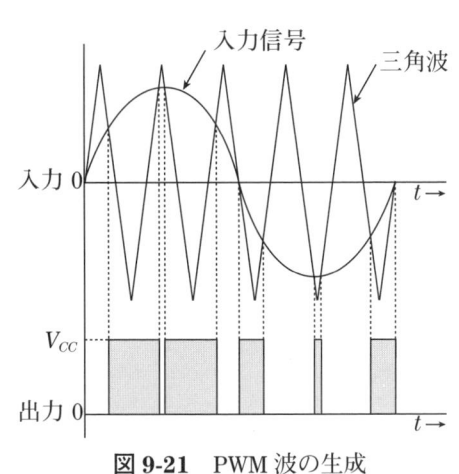

図 9-21 PWM波の生成

第9章 電源回路

レータ回路の入力波形と PWM 出力波形の関係を示す.

　PWM を扱う場合は，トランジスタを飽和領域で使用するために，大きな振幅の入力信号であっても効率良くスイッチング動作させて，さらに大きな振幅の信号へと変換（増幅）することが可能となる．振幅を大きくした PWM 波を積分回路に通せば，パルス幅に比例した出力電圧が得られる．つまり，入力信号を取り出すことができるのである．D 級増幅回路の一般的なスイッチング周波数は，250〔kHz〕〜 1.5〔MHz〕程度である．

　D 級増幅回路は，雑音が多く発生することや直線的な三角波を生成することが困難であることなどの短所があった．しかし，近年では IC 化が進み，小型で効率の良い増幅回路としてオーディオ機器などに採用されている．

　図 9-22 に，1 個で 3〔W〕のステレオ出力が得られる D 級増幅回路 IC の外観例を示す．D 級増幅回路は，方形波を扱うことから，1 ビットアンプと呼ばれることもある．

図 9-22　D 級増幅回路 IC の外観例

章末問題 9

1 一次側と二次側の巻線比 n が $10:3$ の電源トランスがある．このトランスの一次側に 100〔V〕，0.6〔A〕の入力を加えたときの，二次側の出力電圧と最大出力電流，最大電力を計算しなさい．

2 整流回路におけるリプル率 γ とは何か説明しなさい．

3 整流回路には，ブリッジ形全波整流が採用されることが多い．この理由を説明しなさい．

4 平滑回路と安定化回路の目的の相違点を説明しなさい．

5 図 9-23(a)は，シリーズレギュレータ方式の安定化回路の構成例を示している．①〜③に適する語句を答えなさい．

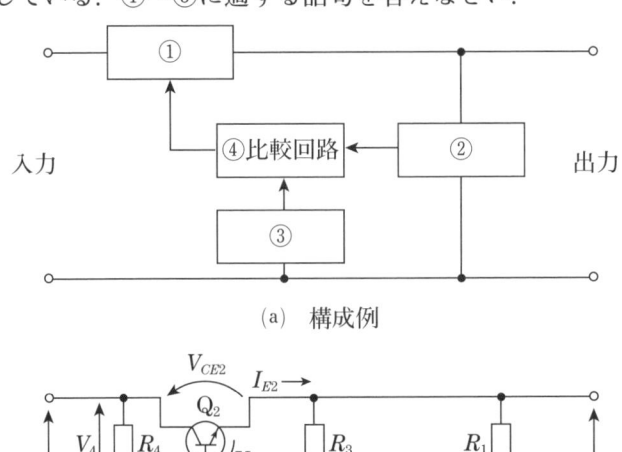

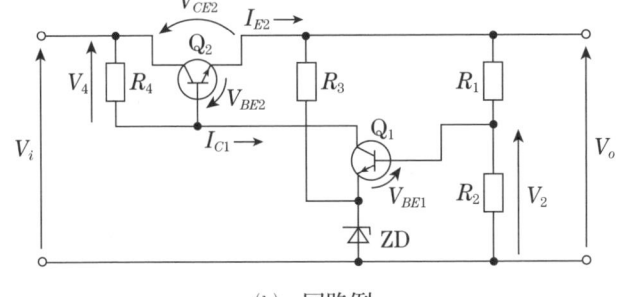

(a) 構成例

(b) 回路例

図 9-23　シリーズレギュレータ方式

6 図9-23(b)は，シリーズレギュレータ方式の安定化回路例である．図(a)の①〜④に対応するおもな部品を答えなさい．

7 スイッチングレギュレータ方式の降圧形と昇圧形について，それぞれの入力電圧と出力電圧の関係を簡単に説明しなさい．

8 シリーズレギュレータ方式の長所と短所をあげなさい．

9 DC-DCコンバータとはどのような目的に使用される装置か説明しなさい．

◎演習問題解答

◆第 1 章◆

＜演習 1-1＞

① $e_1 = 100\sqrt{2} \sin \omega t \,[\text{V}]$

$e_2 = (\sqrt{75^2 + 75^2})\sqrt{2} \sin\left(\omega t + \dfrac{\pi}{4}\right)$

$ = 150 \sin\left(\omega t + \dfrac{\pi}{4}\right) [\text{V}]$

②

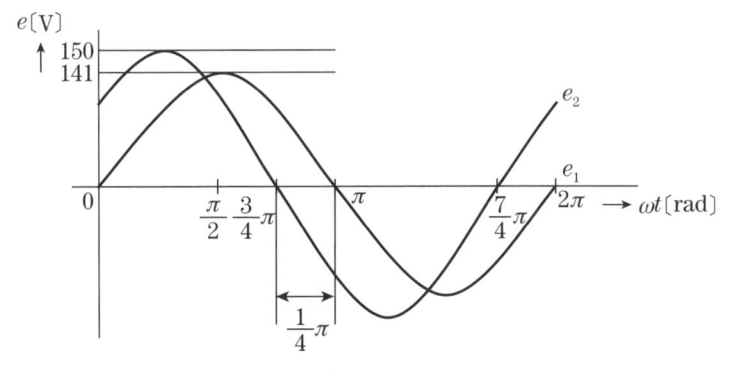

解図 1

③ e_2 の波形は e_1 よりも位相が $\dfrac{1}{4}\pi\,[\text{rad}]$ だけ進んでいる．

④ $E_{2m} = 150\,[\text{V}]$

$E_2 = \dfrac{E_m}{\sqrt{2}} = \dfrac{150}{\sqrt{2}} \fallingdotseq 106.1\,[\text{V}]$

$E_{2a} = \dfrac{2}{\pi} E_m \fallingdotseq 95.5\,[\text{V}]$

＜演習 1-2＞

① $R = \dfrac{1}{\dfrac{1}{R_1}+\dfrac{1}{R_2}+\dfrac{1}{R_3}} = \dfrac{1}{\dfrac{1}{10}+\dfrac{1}{20}+\dfrac{1}{30}} \fallingdotseq 5.45\,[\text{k}\Omega]$

② $L = L_1 + L_2 + 2M = 100 + 200 + 2\sqrt{100\times 200} \fallingdotseq 582.84\,[\text{mH}]$

＜演習 1-3＞

① $Z = 5 + j2\,[\Omega]$

$Y = \dfrac{1}{5+j2} = \dfrac{5-j2}{(5+j2)(5-j2)} = \dfrac{5-j2}{25+4} \fallingdotseq 0.17 - j0.07\,[\text{S}]$

② $Z = j3 + \dfrac{4\times(-j4)}{4-j4} = j3 + \dfrac{-j16}{4-j4} = j3 + \dfrac{-j4(1+j)}{(1-j)(1+j)}$

$= j3 + \dfrac{4-j4}{1+1} = j3 + 2 - j2 = 2 + j\,[\Omega]$

$Y = \dfrac{1}{2+j} = \dfrac{2-j}{(2+j)(2-j)} = \dfrac{2-j}{4+1} = 0.4 - j0.2\,[\text{S}]$

＜演習 1-4＞

$R = R_1 + \dfrac{R_2 R_3}{R_2 + R_3} = 50 + \dfrac{100\times 400}{100+400} = 130\,[\Omega]$

$I_1 = \dfrac{E}{R} = \dfrac{50}{130} \fallingdotseq 0.38\,[\text{A}]$

$I_2 = I_1 \dfrac{R_3}{R_2+R_3} = 0.38 \times \dfrac{400}{100+400} \fallingdotseq 0.30\,[\text{A}]$

$I_3 = I_1 \dfrac{R_2}{R_2+R_3} = 0.38 \times \dfrac{100}{100+400} = 0.08\,[\text{A}]$

$V_1 = I_1 R_1 = 0.38 \times 50 = 19\,[\text{V}]$

$V_2 = E - V_1 = 50 - 19 = 31\,[\text{V}]$

＜演習 1-5＞

$Z = 20 - j60\,[\Omega]$

$$i = \frac{e}{Z} = \frac{100}{20-j60} = \frac{5(1+j3)}{(1-j3)(1+j3)} = \frac{5(1+j3)}{1+9} = 0.5+j1.5 \,[\text{A}]$$

$$v_1 = iR = (0.5+j1.5) \times 20 = 10+j30 \,[\text{V}]$$

$$v_2 = iZ_c = (0.5+j1.5)(-j60) = 90-j30 \,[\text{V}]$$

よって，

$$v_1 + v_2 = (10+j30)+(90-j30) = 100\,[\text{V}] = e$$

$$|v_1| = \sqrt{10^2+30^2} \fallingdotseq 31.62\,[\text{V}]$$

$$|v_2| = \sqrt{90^2+30^2} \fallingdotseq 94.87\,[\text{V}]$$

よって，

$$|v_1|+|v_2| = 31.62+94.87 = 126.49\,[\text{V}] \neq e$$

$v_1+v_2 = e$ のように，交流回路においても次節で扱うキルヒホッフの法則は成立する．しかし，電圧や電流の大きさを考えた場合には，$|v_1|+|v_2| \neq e$ のようになることに注意しよう．

<演習 1-6> 解図 2 に示すように閉回路 1 と閉回路 2 を考え，キルヒホッフの法則を適用すると式①〜③が得られる．

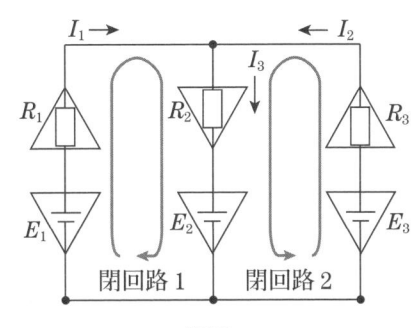

解図 2

$$I_1 + I_2 = I_3 \qquad ①$$
$$E_1 - I_1 R_1 - I_3 R_2 - E_2 = 0 \qquad ②$$
$$E_3 - I_2 R_3 - I_3 R_2 - E_2 = 0 \qquad ③$$

式②より，

$$40 - 20I_1 - 60I_3 - 60 = 0$$
$$I_1 + 3I_3 = -1$$
$$I_1 = -1 - 3I_3 \qquad ④$$

式③より,
$$30 - 50I_2 - 60I_3 - 60 = 0$$
$$5I_2 + 6I_3 = -3$$
$$I_2 = \frac{-3 - 6I_3}{5} \qquad ⑤$$

式④, 式⑤を式①に代入.

$$(-1 - 3I_3) + \left(\frac{-3 - 6I_3}{5}\right) = I_3$$

$$\frac{-5 - 15I_3 - 3 - 6I_3 - 5I_3}{5} = 0$$

$$26I_3 = -8$$

$$I_3 \fallingdotseq -0.31 \,\text{[A]}$$

式④より,
$$I_1 = -1 - 3 \times (-0.31) = -0.07 \,\text{[A]}$$
式⑤より,
$$I_2 = \frac{-3 - 6 \times (-0.31)}{5} \fallingdotseq -0.23 \,\text{[A]}$$

＜演習 1-7＞

$$V_{ab} = \frac{150}{50 + 150} \times 100 = 75 \,\text{[V]}$$

$$R_i = \frac{50 \times 150}{50 + 150} = 37.5 \,\text{[Ω]}$$

$$I = \frac{75}{37.5 + 70} \fallingdotseq 0.70 \,\text{[A]}$$

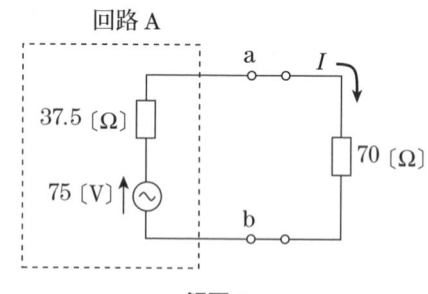

解図 3

＜演習 1-8＞

開放電圧　$e_i = 3 \times 10 = 30 \,[\text{V}]$

$R_i = \dfrac{30}{3} = 10 \,[\Omega]$

$I = \dfrac{30}{10+50} = 0.5 \,[\text{A}]$

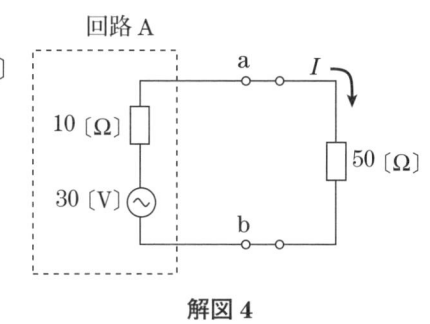

解図 4

＜演習 1-9＞

例えば，人が外部の環境を感じる機能を考えると，音や温度，湿度，明るさの変化など，情報をアナログ信号として扱うことが大半であり，これらを処理する回路はアナログ電子回路である．このために，コンピュータでいかに高速にディジタル信号処理が行えるようになっても，人にとってアナログ電子回路が不要になることはないだろう．

◆第 2 章◆

＜演習 2-1＞

① 「穴」：電子の抜けた穴（正孔）
② 「受け取る者」：正孔をつくり自由電子を受け取るために混入する物質
③ 「提供者」：自由電子を与えるために混入する物質
④ 「運び手」：電流の流れの担い手
⑤ 「半導体」
⑥ 「正（+）」
⑦ 「負（−）」

＜演習 2-2＞

$I_{0.4} = I_s \left\{ \exp\left(\dfrac{|q|V}{kT}\right) - 1 \right\}$

$$= 10^{-15}\left\{\exp\left(\frac{1.6\times10^{-19}\times0.4}{1.38\times10^{-23}\times300}\right)-1\right\}$$

$$\fallingdotseq 0.005 \,[\mu A]$$

$$I_{0.5} \fallingdotseq 0.25 \,[\mu A]$$

$$I_{0.6} \fallingdotseq 11.8 \,[\mu A]$$

$$I_{0.7} \fallingdotseq 561 \,[\mu A]$$

$$I_{0.8} \fallingdotseq 26 \,[mA]$$

＜演習 2-3＞

$$h_{FE} = \frac{I_C}{I_B} = \frac{3\times10^{-3}}{20\times10^{-6}} = 150$$

＜演習 2-4＞

$$g_m = \frac{\Delta I_D}{\Delta V_{GS}} = \frac{17-9}{-600-(-1700)} \fallingdotseq 7.27 \,[mS]$$

＜演習 2-5＞　リソグラフィには，解図 5 に示す①〜⑤のような工程がある．

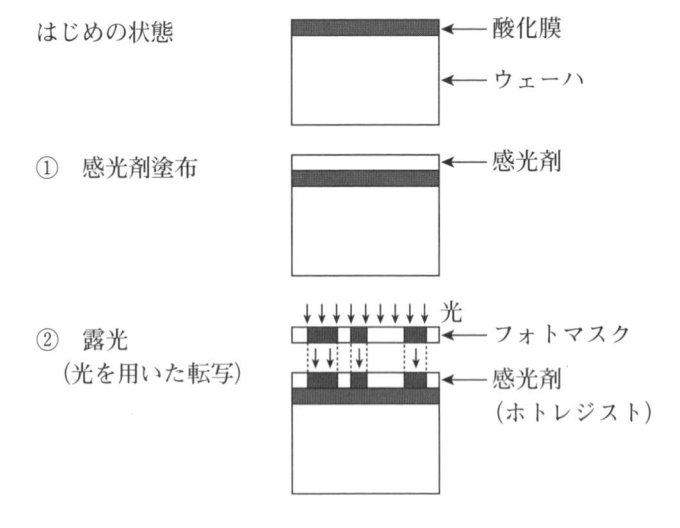

はじめの状態　　　← 酸化膜
　　　　　　　　　← ウェーハ

① 感光剤塗布　　　← 感光剤

② 露光
　（光を用いた転写）　↓↓↓↓↓↓↓ 光
　　　　　　　　　← フォトマスク
　　　　　　　　　← 感光剤
　　　　　　　　　　（ホトレジスト）

③ 現象
（転写部分を除去）　　　　　　　　← 酸化膜

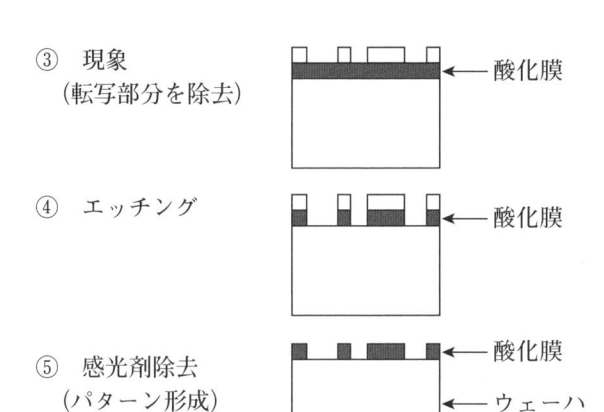

④ エッチング　　　　　　　　　　← 酸化膜

⑤ 感光剤除去
（パターン形成）　　　　　　　　← 酸化膜
　　　　　　　　　　　　　　　　← ウェーハ

解図 5

◆第 3 章◆

＜演習 3-1＞　横軸の点 A は，

$$V_{CE} = E_2 = 6 \text{ [V]}$$

縦軸の点 B は，式 (3-10) より，

$$I_C = \frac{E_2}{R_C} = \frac{6}{1.5 \times 10^3} = 4 \times 10^{-3} \text{ [A]} = 4 \text{ [mA]}$$

これらの点を直線でつないで負荷線を描き，その中央（$V_{CE} = 3$ [V]，$I_C = 2$ [mA]）付近に動作点 P を設定する．

＜演習 3-2＞

①増加

②減少

＜演習 3-3＞

自己バイアス回路．回路が簡単であり，固定バイアス回路よりも安定度が高い．しかし，内部抵抗の小さな負荷を接続した場合には，安定した動作が期待できない．

$$I_B = \frac{I_C}{h_{FE}} = \frac{6 \times 10^{-3}}{200} = 0.03 \times 10^{-3} \text{ [A]} = 30 \text{ [μA]}$$

●313●

式 (3-16) より，

$$R_B = \frac{(V_{CC} - I_C R_C) - V_{BE}}{I_B} = \frac{(15 - 6 \times 10^{-3} \times 2 \times 10^3) - 0.7}{30 \times 10^{-6}}$$

$$\fallingdotseq 76.7 \times 10^3 \,[\Omega] = 76.7 \,[\mathrm{k\Omega}]$$

<演習 3-4>

①増加

②③④減少

<演習 3-5>

ベース接地 $\begin{cases} v_{eb} = h_{ib} i_e + h_{rb} v_{cb} \\ i_c = h_{fb} i_e + h_{ob} v_{cb} \end{cases}$

コレクタ接地 $\begin{cases} v_{bc} = h_{ic} i_b + h_{rc} v_{ec} \\ i_e = h_{fc} i_b + h_{oc} v_{ec} \end{cases}$

<演習 3-6>

式 (3-41) より，

$$f_{C1} = \frac{1}{2\pi C_1 h_{ie}} = \frac{1}{2 \times 3.14 \times (10 \times 10^{-6}) \times 2700} \fallingdotseq 5.9 \,[\mathrm{Hz}]$$

式 (3-48) より，

$$f_{C2} = \frac{1}{2\pi C_2 (R_3 + R_i)} = \frac{1}{2 \times 3.14 \times (10 \times 10^{-6})(2000 + 3000)}$$

$$\fallingdotseq 3.2 \,[\mathrm{Hz}]$$

式 (3-57) より，

$$f_{C3} = \frac{h_{fe}}{2\pi C_3 h_{ie}} = \frac{190}{2 \times 31.4 \times (500 \times 10^{-6}) \times 2700} \fallingdotseq 22.4 \,[\mathrm{Hz}]$$

<演習 3-7>

結合コンデンサ C_1，C_2 は 10 [μF] 程度の小容量であっても，低域遮断周波数は $f_{C1} = 5.9$ [Hz]，$f_{C2} = 3.2$ [Hz] のように低くなる．しかし，

バイパスコンデンサ C_3 については 500〔μF〕の容量であっても f_{C3} = 22.4〔Hz〕となり，f_{C1}, f_{C2} を上回る周波数になってしまう．低域遮断周波数が低いほど，低い周波数の信号まで高利得で増幅できるのだから，C_3 の容量が低域遮断周波数の決定に大きな影響を与えていることがわかる．この例では，可聴周波数（20〔Hz〕〜 20〔kHz〕）の最低付近の信号を増幅する場合には，500〔μF〕以上の大きさの C_3 を用意しなければならない．

＜演習 3-8＞ 図 3-43 に示した交流分の回路から考えよう．入力側ではトランジスタの入力抵抗 h_{ie} と直列に R_4 が挿入されている．また，出力側ではトランジスタの出力抵抗（エミッタ-コレクタ間抵抗）と直列に R_4 が挿入されている．このため，この負帰還増幅回路では，入力インピーダンスと出力インピーダンスともに増加する．

◆第 4 章◆

＜演習 4-1＞

① 自己バイアス回路

② 式 (4-8) より，
$$V_S = -V_{GS}$$
式 (4-11) より，
$$R_S = \frac{V_S}{I_D} = \frac{-V_{GS}}{I_D} = \frac{1.5}{4 \times 10^{-3}} = 375 \,〔\Omega〕$$

③ 式 (4-10) より，
$$R_D = \frac{0.5 \times (V_{DD} - V_S)}{I_D} = \frac{0.5 \times (12 - 1.5)}{4 \times 10^{-3}} \fallingdotseq 1313 \,〔\Omega〕$$

④ ゲート電流が流れないことから，1〔MΩ〕程度の高抵抗を使用すればよい．

＜演習 4-2＞
$$v_i - \mu v_{gs} = -(r_d + R_4)i_d$$

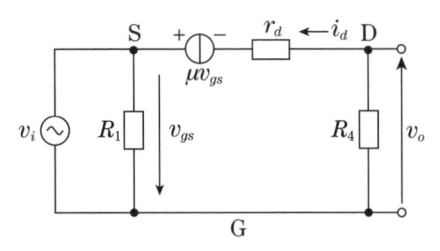

解図6 ゲート接地の等価回路

$v_{gs} = -v_i$ を上式に代入すると，$v_i + \mu v_i = -(r_d + R_4)i_d$

$$v_i = \frac{-(r_d + R_4)i_d}{1+\mu}$$

一方，

$$v_o = -R_4 i_d$$

より，

$$\therefore A_v = \frac{v_o}{v_i} = \frac{R_4(1+\mu)}{r_d + R_4}$$

＜演習 4-3＞ 図 4-18 の等価回路を見ながら考えよう．直列帰還 - 直列注入方式では，ゲートが出力側と絶縁されていると考えれば入力インピーダンスは同じである．ただし，図 3-43 に示したトランジスタ負帰還増幅回路では入力インピーダンスは大きくなる．また，図 4-18 では，負帰還をかけると r_d と直列に接続された R_3 が無視できなくなるため，出力インピーダンスは大きくなる．

図 4-20 の並列帰還 - 並列注入方式では，負帰還をかけるとゲート - ソース間にインピーダンスが並列に加わるため入力インピーダンスは小さくなる．また，出力側から見ても R_1 と R_f が並列に加わるため出力インピーダンスも小さくなる．

◆第5章◆

<演習 5-1>

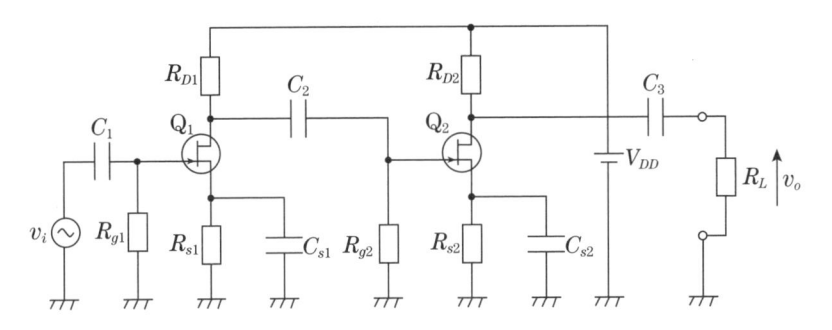

解図 7 RC 結合による FET ソース接地増幅回路

<演習 5-2>

$$|A_v| = \frac{R}{2R_3} = \frac{1400}{2 \times 1000} = 0.7$$

$$|A_{vd}| = \frac{h_{fe}R}{h_{ie}} = \frac{190 \times 1400}{2700} \fallingdotseq 98.5$$

$$\text{CMRR} = \frac{|A_{vd}|}{|A_v|} = \frac{98.5}{0.7} \fallingdotseq 140.7$$

<演習 5-3> 緩衝増幅回路は，2つの回路を結合する際に，各回路が他方の回路の影響を受けないようにすることを目的として回路間に配置する．

<演習 5-4> 解図 8 のように考える．

① i_b, i_c, i_e の電流の向きを考えると，pnp 形になることがわかる．

② X：コレクタ，Y：ベース，Z：エミッタ

③ $h_{fe} = \dfrac{i_c}{i_b} \fallingdotseq \dfrac{i_{c2}}{i_{b1}} = h_{fe1} \cdot h_{fe2}$

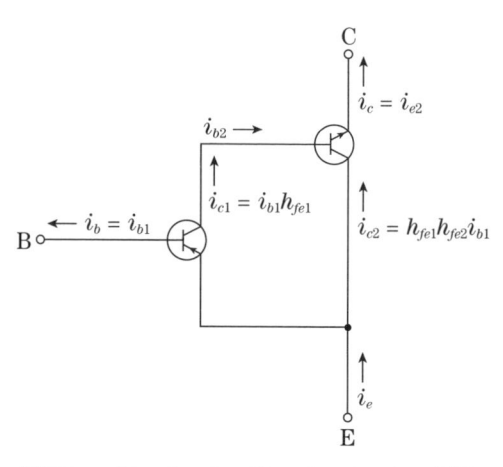

解図 8 インバーテッド・ダーリントン回路

＜演習 5-5 ＞

$$P_O = \frac{P_O{'}}{\eta} = \frac{3.3}{0.66} = 5\,[\text{W}]$$

式 (5-39) より，

$$V_{CC} = \sqrt{2P_O R_L} = \sqrt{2 \times 5 \times 8} \fallingdotseq 9\,[\text{V}]$$

＜演習 5-6 ＞ 帯域幅 B が広く，帯域外の周波数における増幅度の減衰が大きい（周波数選択性がよい）．回路が複雑になり，調整が面倒である．

◆第 6 章◆

＜演習 6-1 ＞ 図 6-14 に示した交流増幅回路は，バイパスコンデンサ C_2 を接続しているために，直流バイアス電流の影響が出力に現れない．したがって，補償抵抗 R_S は不要である．

式 (6-25) に式 (6-26) を代入する．

$$I_B\left(R_2 - \frac{R_2 R_s + R_1 R_s}{R_1}\right) = I_B\left(R_2 - \frac{\dfrac{R_1 R_2{}^2}{R_1 + R_2} + \dfrac{R_1{}^2 R_2}{R_1 + R_2}}{R_1}\right)$$

$$= I_B \left(R_2 - \frac{R_1 R_2{}^2 + R_1{}^2 R_2}{R_1 + R_2} \cdot \frac{1}{R_1} \right)$$

$$= I_B \left(R_2 - \frac{R_2{}^2 + R_1 R_2}{R_1 + R_2} \right)$$

$$= I_B \left(R_2 - \frac{R_2(R_1 + R_2)}{R_1 + R_2} \right)$$

$$= I_B(R_2 - R_2) = 0$$

<演習 6-2> 図 6-20 のダイオード D_1 と D_2 の向きをそれぞれ逆にした回路を描けばよい.

◆第 7 章◆

<演習 7-1> コンデンサのリアクタンスを X として,図 7-8 の帰還回路にキルヒホッフの法則を適用して連立方程式式①を得る.

$$\left. \begin{array}{l} (R-jX)i_1 + jXi_2 = v_o \\ jXi_1 + (R-j2X)i_2 + jXi_3 = 0 \\ jXi_2 + (R-j2X)i_3 = 0 \end{array} \right\} \quad ①$$

クラメールの公式 (224 ページ基礎 7-2 参照) を用いて,式①を i_3 について解くと式②のようになる.

$$|A| = \begin{vmatrix} R-jX & jX & 0 \\ jX & R-j2X & jX \\ 0 & jX & R-j2X \end{vmatrix}$$

$$= R(R^2 - 6X^2) - jX(5R^2 - X^2)$$

$$|Z| = \begin{vmatrix} R-jX & jX & v_o \\ jX & R-j2X & 0 \\ 0 & jX & 0 \end{vmatrix} = -v_o X^2$$

$$i_3 = \frac{|Z|}{|A|} = \frac{-v_o X^2}{R(R^2 - 6X^2) - jX(5R^2 - X^2)} \quad ②$$

$v_1 = -jXi_3$ より,

演習問題解答

$$A_v = \frac{v_o}{v_1} = \frac{R(R^2 - 6X^2) - jX(5R^2 - X^2)}{jX^3} \quad \text{③}$$

$R^2 - 6X^2 = 0$ より,

$$X = \frac{R}{\sqrt{6}} = \frac{1}{\omega C} \quad \text{④}$$

$$f = \frac{\sqrt{6}}{2\pi RC}$$

式④を式③に代入して次式を得る.

$$A_v = -29$$

<演習 7-2> コルピッツ形水晶発振回路. 水晶発振回路では, 水晶振動子が直列共振周波数 f_s と並列共振周波数 f_p の間で誘導性リアクタンスとして働くことを利用している (238 ページ図 7-18 参照). このため, X_1 はコイルの代用としている.

<演習 7-3> 式 (7-59) より,

$$f_s = \frac{n}{m}f_0 = \frac{5}{9} \times 54 = 30 \ \text{[MHz]}$$

◆第 8 章◆

<演習 8-1> 265 ページ式 (8-24) では, 搬送波などを正弦波と定義した. しかし, 正弦波と余弦波は初期位相が $\pi/2$ [rad] ずれているだけであるから, 初期位相 ϕ の設定の仕方を変えることを考えれば, 搬送波などをどちらに定義しても同じことである. 式 (8-27) と同様に次の式を得る.

$$\frac{d\theta}{dt} = \omega_c + \Delta\omega_c \cos\omega_s t$$

この式の両辺を時間 t で積分して, 位相 ϕ をゼロに設定し直せば次式のようになる.

$$\theta = \omega_c t + \frac{\Delta\omega_c}{\omega_s}\sin\omega_s t$$

これより,周波数変調波 v_m は次のようになる.ただし,k は変調指数である.

$$v_m = V_c \cos\left(\omega_c t + \frac{\Delta\omega_c}{\omega_s}\sin\omega_s t\right) = V_c \cos(\omega_c t + k\sin\omega_s t)$$

<演習 8-2> スロープ復調では,同調回路の特性曲線の傾斜部分を使用しているが,曲線の非直線性が原因で歪みが生じる.

◆第 9 章◆

<演習 9-1>

解表 1　整流回路の特性比較

回路	電圧変動率 δ〔%〕	リプル率 γ〔%〕	整流効率 η〔%〕($r_d \ll R_L$)
半波	$\dfrac{r_d}{R_L}\times 100$	121	41
全波	$\dfrac{r_d}{R_L}\times 100$	48	81

<演習 9-2>

解表 2　レギュレータ方式の比較

比較項目	シリーズ	スイッチング
効率		○
トランスのサイズ		○
回路構成の簡単さ	○	
雑音	○	

◎章末問題解答

<第1章>

1 ① $E_m = 100 \text{ [V]}, \quad E = \dfrac{E_m}{\sqrt{2}} = \dfrac{100}{\sqrt{2}} \fallingdotseq 70.92 \text{ [V]}$

$E_a = \dfrac{2}{\pi} E_m \fallingdotseq \dfrac{2}{3.14} 100 \fallingdotseq 63.69 \text{ [V]}$

$T = 40 \text{ [ms]}, \quad f = \dfrac{1}{T} = \dfrac{1}{40 \times 10^{-3}} = 25 \text{ [Hz]}$

$\omega = 2\pi f = 2 \times 3.14 \times 25 = 157 \text{ [rad/s]}$

② e_1 は，e_2 より 10 [ms]（または，$\dfrac{\pi}{2}$ [rad]）位相が遅れている．

③ $e_1 = 100 \sin\left(\omega t + \dfrac{\pi}{2}\right) \text{[V]}$

$e_2 = 50 \sin(\omega t + \pi) \text{[A]}$

④

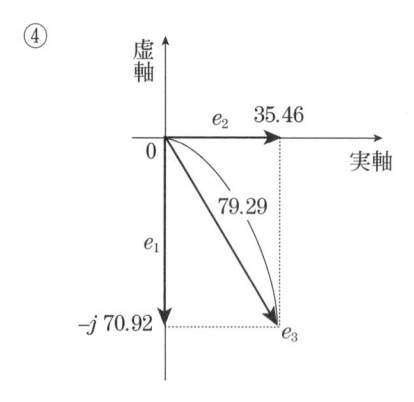

章末解図1

章末問題解答

2 (a) $Z = \dfrac{(X_L + R_1) \times R_2}{(X_L + R_1) + R_2} = \dfrac{(20 + j5)10}{(20 + j5) + 10} = \dfrac{200 + j50}{30 + j5}$

$= \dfrac{40 + j10}{6 + j} = \dfrac{10(4 + j)(6 - j)}{(6 + j)(6 - j)} = \dfrac{10(24 - j4 + j6 + 1)}{36 + 1}$

$= \dfrac{250 + j20}{37} \fallingdotseq 6.76 + j0.54 \,[\Omega]$

$|Z| = \sqrt{6.76^2 + 0.54^2} = 6.78 \,[\Omega]$

(b) $Z = R + j\omega L = 100 + j(2 \times 3.14 \times 100 \times 2) = 100 + j1256 \,[\Omega]$

$|Z| = \sqrt{100^2 + 1256^2} \fallingdotseq 1259.97 \,[\Omega]$

3 (a) $V_1 = E \dfrac{R_1}{R_1 + R_2} = 100 \dfrac{40}{40 + 60} = 40 \,[\mathrm{V}]$

$V_2 = E \dfrac{R_2}{R_1 + R_2} = 100 \dfrac{60}{40 + 60} = 60 \,[\mathrm{V}]$

$I_1 = \dfrac{E}{R_1 + R_2} = \dfrac{100}{40 + 60} = 1 \,[\mathrm{A}]$

$I_2 = \dfrac{E}{R_3} = \dfrac{100}{20} = 5 \,[\mathrm{A}]$

$I_3 = I_1 + I_2 = 1 + 5 = 6 \,[\mathrm{A}]$

(b) $i = \dfrac{e}{Z} = \dfrac{e}{R + j\omega L} = \dfrac{100}{40 + j(2 \times 3.14 \times 50 \times 300 \times 10^{-3})}$

$= \dfrac{100}{40 + j94.2} = \dfrac{100(40 - j94.2)}{(40 + j94.2)(40 - j94.2)}$

$= \dfrac{4000 - j9420}{40^2 + 94.2^2} = \dfrac{4000 - j9420}{10473.64} \fallingdotseq 0.38 - j0.90 \,[\mathrm{A}]$

$v_1 = iZ_L = (0.38 - j0.9) \times (j94.2) \fallingdotseq 84.78 + j35.80 \,[\mathrm{V}]$

$v_2 = iR = (0.38 - j0.9) \times 40 \fallingdotseq 15.2 - j36.0 \,[\mathrm{V}]$

4 (a)

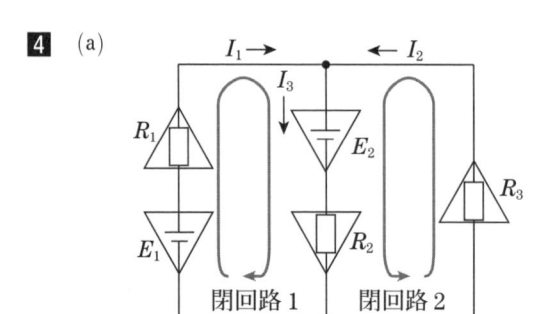

章末解図 2

$$E_1 - I_1 R_1 - E_2 - I_3 R_2 = 0 \quad ①$$
$$-I_2 R_3 - E_2 - I_3 R_2 = 0 \quad ②$$
$$I_3 = I_1 + I_2 \quad ③$$

式①より,

$$50 - 60 I_1 - 40 - 20 I_3 = 0$$
$$6 I_1 + 2 I_3 = 1$$
$$I_1 = \frac{1 - 2 I_3}{6} \quad ④$$

式②より,

$$-40 I_2 - 40 - 20 I_3 = 0$$
$$2 I_2 + I_3 = -2$$
$$I_2 = \frac{-2 - I_3}{2} \quad ⑤$$

式③に,式④,⑤を代入,

$$I_3 = \frac{1 - 2 I_3}{6} + \frac{-2 - I_3}{2}$$
$$6 I_3 = 1 - 2 I_3 - 6 - 3 I_3$$
$$I_3 = \frac{-5}{11} ≒ -0.45 \,[\text{A}] \quad ⑥$$

式④に式⑥を代入，

$$I_1 = \frac{1 - 2\left(\dfrac{-5}{11}\right)}{6} \fallingdotseq 0.32 \,[\mathrm{A}]$$

式⑤に式⑥を代入，

$$I_2 = \frac{-2 - \left(\dfrac{-5}{11}\right)}{2} \fallingdotseq -0.77 \,[\mathrm{A}]$$

(b)

章末解図 3

$$e_1 - i_3 R_1 - e_2 = 0 \qquad ①$$
$$e_3 - i_2(jX_L) - i_3 R_1 - e_2 = 0 \qquad ②$$
$$i_3 = i_1 + i_2 \qquad ③$$

式①より，

$$25 - 50 i_3 - 10 = 0$$
$$i_3 = \frac{15}{50} = 0.3 \,[\mathrm{A}] \qquad ④$$

式②より，

$$40 - j20 i_2 - 50 i_3 - 10 = 0$$
$$i_2 = \frac{-5 i_3 + 3}{j2} \qquad ⑤$$

● 325 ●

式⑤に式④を代入.

$$i_2 = \frac{-5 \times 0.3 + 3}{j2} = \frac{1.5}{j2} = -j0.75 \,[\mathrm{A}] \qquad ⑥$$

式③に，式④，⑥を代入.

$$i_1 = i_3 - i_2 = 0.3 + j0.75 \,[\mathrm{A}]$$

5 端子 a，b を開放したときの端子電圧

$$e_i = e\frac{R_3}{R_1 + R_2 + R_3} = \frac{50 \times 200}{100 + 70 + 200} \fallingdotseq 27.03 \,[\mathrm{V}]$$

端子 a，b 間の内部抵抗

$$R_i = \frac{(R_1 + R_2) \times R_3}{(R_1 + R_2) + R_3} = \frac{(100 + 70) \times 200}{100 + 70 + 200} \fallingdotseq 91.89 \,[\Omega]$$

$$i_o = \frac{e_i}{R_i + R_o} = \frac{27.03}{91.89 + 100} \fallingdotseq 0.14 \,[\mathrm{A}]$$

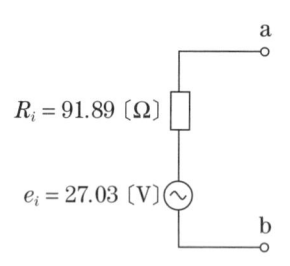

章末解図 4

6 定電流源の図記号である．定電流源は，内部インピーダンスが無限大であり，負荷が変動しても電流が変化しない理想的な電流源である．

<第 2 章>

1 60 ページ図 2-8 に示したように，ツェナー電圧に達すると急に大きな逆方向電流が流れる．

2 ①, ④, ⑤, ⑥, ⑧ ················ ─┤├─
　　②, ③, ⑦ ························· ─┤├─

(a) pnp 形トランジスタ
(b) npn 形トランジスタ
(c) 接合形 n チャネル FET
(d) MOS 形 n チャネル FET（エンハンスメント形）

3 65 ページ図 2-16 に示したように，h_{FE} は I_B-I_C 特性における直線部の 1 点，h_{fe} は変化量を考えた傾きである．

4
$$h_{FE} = \frac{I_C}{I_B} = \frac{5 \times 10^{-3}}{20 \times 10^{-6}} = 250$$

5 $\mu = g_m \cdot r_d$ より，
$$r_d = \frac{\mu}{g_m} = \frac{100}{5 \times 10^{-3}} = 20 \times 10^3 \,[\Omega] = 20\,[\mathrm{k}\Omega]$$

6 A：①④，B：②③

<第 3 章>

1 91 ページ図 3-7 のように，出力信号に歪みを生じてしまう．

2 ① 電流帰還バイアス回路

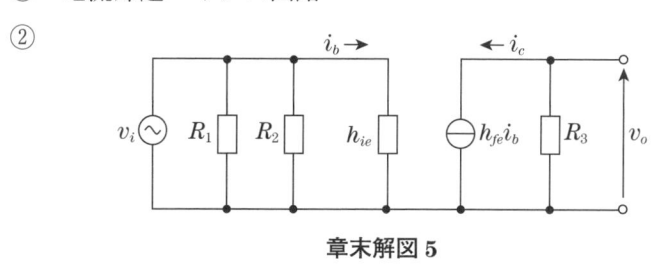

②

章末解図 5

③ $|A_v| = \dfrac{h_{fe}}{h_{ie}} R_3 = 50$ より，

$$R_3 = \frac{2700}{190} \times 50 \fallingdotseq 710 \,[\Omega]$$

$$I_C = \frac{0.5 \times (V_{CC} - V_E)}{R_3} = \frac{0.5 \times (5 - 0.5)}{710} \,[\text{A}] \fallingdotseq 3 \,[\text{mA}]$$

$$R_4 = \frac{V_E}{I_E} \fallingdotseq \frac{0.5}{3 \times 10^{-3}} \fallingdotseq 170 \,[\Omega]$$

$$I_B = \frac{I_C}{h_{FE}} = \frac{3 \times 10^{-3}}{180} \,[\text{A}] \fallingdotseq 17 \,[\mu\text{A}]$$

$$V_B = V_{BE} + V_E = 0.7 + 0.5 = 1.2 \,[\text{V}]$$

$$R_1 = \frac{V_{CC} - V_B}{20 I_B + I_B} = \frac{5 - 1.2}{(20 \times 17 + 17) \times 10^{-6}} \fallingdotseq 11 \,[\text{k}\Omega]$$

$$R_2 = \frac{V_B}{I_A} = \frac{1.2}{20 \times 17 \times 10^{-6}} \,[\Omega] \fallingdotseq 3.5 \,[\text{k}\Omega]$$

④ $f_{CE} = \dfrac{h_{fe}}{2\pi C_E h_{ie}}$ より,

$$C_E = \frac{h_{fe}}{2\pi f_{CE} h_{ie}} = \frac{190}{2 \times 3.14 \times 100 \times 10^3 \times 2700} \,[\text{F}] \fallingdotseq 0.11 \,[\mu\text{F}]$$

⑤ $C_i = C_{ob}(1 + |A_v|) = 2 \times 10^{-12} \times (1 + 50) \,[\text{F}] = 102 \,[\text{pF}]$

$R' = R_i // R_1 // R_2 // h_{ie} = 20 // 11 \,[\text{k}\Omega] // 3.5 \,[\text{k}\Omega] // 2.7 \,[\text{k}\Omega]$

$\fallingdotseq 20 \,[\Omega]$

$$f_{ci} = \frac{1}{2\pi C_i R'} = \frac{1}{2 \times 3.14 \times 102 \times 10^{-12} \times 20} \,[\text{Hz}]$$

$\fallingdotseq 78 \,[\text{MHz}]$

⑥ $A_{vf} \fallingdotseq -\dfrac{R_3}{R_4} = \dfrac{-710}{170} \fallingdotseq -4.2$

$G_{vf} = 20 \log_{10} |A_{vf}| \fallingdotseq 12.5 \,[\text{dB}]$

3 高周波では，次のことが無視できなくなる．

・トランジスタの電流増幅率 h_{fe} の低下

- トランジスタのコレクタ - ベース間の接合容量 C_{ob} の影響
- 配線などの浮遊容量（配線間に生じる静電容量）
- 表皮効果（高周波では電線の中心付近には電流が流れなくなる現象）による配線抵抗の増加

<第4章>

1
$$v_{gs} = v_i - v_o$$

$$v_o = \frac{R_3}{r_d + R_3} \mu v_{gs}$$

この2式より，

$$A_v = \frac{v_o}{v_i} = \frac{\mu R_3}{r_d + R_3(1 + \mu)}$$

2 式(4-10)より，

$$R_2 = \frac{0.5 \times (V_{DD} - V_s)}{I_D} = \frac{0.5(9 - 0.87)}{6 \times 10^{-3}} \fallingdotseq 678 \,[\Omega]$$

式(4-11)より，

$$R_3 = \frac{V_s}{I_D} = \frac{0.87}{6 \times 10^{-3}} = 145 \,[\Omega]$$

R_1 は，高抵抗 1 [MΩ] 程度．

式(4-26)より，

$$A_v = -g_m R_2 = -5 \times 10^{-3} \times 678 = -3.4$$

$$G_v = 20 \log_{10} |A_v| = 20 \log_{10} 3.4 \fallingdotseq 10.6 \,[\text{dB}]$$

式(4-20)より，

$$C_3 = \frac{g_m}{2\pi f} = \frac{5 \times 10^{-3}}{2 \times 3.14 \times 20} \,[\text{F}] \fallingdotseq 40 \,[\mu\text{F}]$$

3 式(4-33)より，

$$A_{vf} = \frac{-g_m R_2}{1 + g_m R_3} = \frac{-5 \times 10^{-3} \times 678}{1 + 5 \times 10^{-3} \times 145} \fallingdotseq -2$$

$$G_{vf} = 20 \log_{10} |A_{vf}| = 20 \log_{10} 2 \fallingdotseq 6 \,[\text{dB}]$$

帰還方式：直列帰還 - 直列注入方式

<第5章>

1 次段のベース電圧 V_{B2} が前段のコレクタ電圧 V_{C1} と同じ大きさになってしまい，適切なバイアス電圧がかけられない（156 ページ図 5-6 参照）．

2 入力の変動，雑音などに強い．また，温度ドリフトの影響を打ち消すので直流増幅が行える．

3 ① ドレーン接地方式，ソースホロワ回路

② 式 (5-26) より，

$$A_{vf} \fallingdotseq \frac{g_m}{g_m} = 1$$

式 (5-29) より，

$$Z_o \fallingdotseq \frac{1}{g_m} = \frac{1}{5 \times 10^{-3}} = 200 \,[\Omega]$$

4 3 個のトランジスタを用いたダーリントン回路である．

$$h_{FE}' = h_{FE} \times h_{FE} \times h_{FE} = 40^3 = 64000$$
$$V_{BE}' = 3 \times V_{BE} = 3 \times 0.6 = 1.8 \,[\text{V}]$$

5 クロスオーバ歪みは，入力電圧 v_i がトランジスタのベース - エミッタ間の順方向電圧より小さい場合に，ベース電流が流れないために発生する．クロスオーバ歪みを防ぐためには, 例えば, 182 ページ図 5-32 のようにダイオードを接続して，ベースに直流バイアス電圧を加えてやればよい．

6 電流増幅率 h_{fe} (h_{FE}) やトランジェント周波数 f_T が大きく，コ

レクタ出力容量 C_{ob} など寄生素子の影響が小さいこと．

7 共振回路の鋭さとは，周波数選択性の度合いのことである．例えば，並列共振回路では，Q の値が大きいほど共振時のインピーダンス Z が大きくなり周波数選択性が良く（鋭く）なる．

<第6章>

1 ①演算増幅　②差動増幅　③高（大き）　④低（小さ）　⑤高（大き）　⑥いる　⑦高　⑧いない　⑨負　⑩イマジナリショート　⑪電位

2 $SR = \dfrac{\Delta V}{\Delta t} = \dfrac{2}{2 \, [\mu s]} = 1 \, [V/\mu s]$ （201 ページ②参照）

3 ① $A_{vf} = -\dfrac{R_2}{R_1} = -\dfrac{30}{5} = -6$

② 式 (6-11) より，

$$C_1 = \dfrac{1}{2\pi f_{C1} R_1} = \dfrac{1}{2 \times 3.14 \times 20 \times 5 \times 10^3} \, [F] \fallingdotseq 1.6 \, [\mu F]$$

式 (6-18) より，

$$C_2 = \dfrac{1}{2\pi f_{C2} R_L} = \dfrac{1}{2 \times 3.14 \times 20 \times 60 \times 10^3} \, [F] \fallingdotseq 0.13 \, [\mu F]$$

4 直流バイアス電流 I_B をオペアンプの非反転入力端子（+）に流すための経路としての役割がある．R_x は，回路の入力インピーダンスの大きさに影響を及ぼす．

5 式 (6-40) より，低域遮断周波数 f_{CL} は，

$$f_{CL} = \dfrac{1}{2\pi C_2 R_1} = \dfrac{1}{2 \times 3.14 \times 1 \times 10^{-6} \times 3 \times 10^3} \fallingdotseq 53.1 \, [Hz]$$

式 (6-35) より，高域遮断周波数 f_{CH} は，

$$f_{CH} = \dfrac{1}{2\pi C_1 R_2} = \dfrac{1}{2 \times 3.14 \times 0.1 \times 10^{-6} \times 5 \times 10^3} \fallingdotseq 318.5 \, [Hz]$$

章末問題解答

<第 7 章>

1 1 段の RC 移相回路を用いれば，入力と出力の位相をずらすことができる．しかし，位相差は $90°$ 未満になるために，$180°$ の位相差を得るためには 3 段の移相回路が必要となる．

2 遅相形の RC 位相発振回路である．

演習 7-1 より，

$$f = \frac{\sqrt{6}}{2\pi RC}$$

$$\therefore\ C = \frac{\sqrt{6}}{2\pi Rf} = \frac{\sqrt{6}}{2 \times 3.14 \times 51 \times 10^3 \times 1 \times 10^3} \text{[F]} \fallingdotseq 0.008\,\text{[μF]}$$

3 コルピッツ発振回路である．

式 (7-47) より，

$$f = \frac{1}{2\pi\sqrt{L\dfrac{C_1 C_2}{C_1 + C_2}}}$$

$$= \frac{1}{2 \times 3.14\sqrt{100 \times 10^{-6} \times \dfrac{0.1 \times 0.4}{0.1 + 0.4} \times 10^{-6}}}\text{[Hz]}$$

$$\fallingdotseq 56.3\,\text{[kHz]}$$

4 上から順に，-29，-29，3 となる．

5 位相比較回路は，入力 $v_s(t)$ と $v_o(t)$ の積に比例した電圧 $v_m(t)$ を出力する（式 (7-50) 参照）．

6 1 種類の基準周波数 f_s から，高精度かつ安定した多くの周波数 f_o を得ることが可能である．

<第 8 章>

1　　　振幅変調波　$v_m = V_c(1 + m\sin\omega_s t) \cdot \sin\omega_c t$　　　(8-13)

　　　　周波数変調波　$v_m = V_c \sin(\omega_c t - k\cos\omega_s t)$　　　(8-31)

位相変調波　　$v_m = V_c \sin(\omega_c t + \Delta\phi \sin \omega_s t)$ 　　　(8-38)

2 式 (8-17) より，

$$\left(\frac{V_c}{\sqrt{2}}\right)^2 : 2\left(\frac{0.5 V_c}{2\sqrt{2}}\right)^2 = 8 : 1$$

3 ベース変調回路は，小さな振幅の信号波でも変調できるのが長所であるが，歪みが生じるのが短所である．一方，コレクタ変調回路は，歪みが少ないのが長所であるが，大きな電力を必要とするのが短所である．

4 搬送波から離れる側波ほど振幅の最大値が小さくなっていく．また，側波の位相は偶数番目と奇数番目で $\pi/2$〔rad〕ずれている（式 (8-34) 参照）．

5 　　周波数変調波　　$v_m = V_c \sin(\omega_c t - k \cos \omega_s t)$ 　　　(8-31)

　　位相変調波　　$v_m = V_c \sin(\omega_c t + \Delta\phi \sin \omega_s t)$ 　　　(8-38)

　　余角の公式　　$\cos\theta = \sin\left(\dfrac{\pi}{2} - \theta\right)$

　　負角の公式　　$-\sin\theta = \sin(-\theta)$

上記の三角関数の公式から，次の式が得られる．

$$-\cos\theta = \sin\left(\theta - \frac{\pi}{2}\right)$$

この式を，周波数変調波の式 (8-31) に代入すると次式になる．

$$v_m = V_c \sin\left\{\omega_c t + k \sin\left(\omega_s t - \frac{\pi}{2}\right)\right\}$$

式 (8-38) と上式を比べると，位相変調波の位相偏移が $\pi/2$〔rad〕進んでいることがわかる．

6 位相変調回路では，搬送波の周波数を直接的に変化させることなく，位相偏移によって周波数を変化させるために，搬送波の生成に水晶発振回路を用いて周波数安定度を高めることができる．

7 信号波を反映させた余弦的に変化する位相偏移 $\Delta\phi\cos\omega_s t$ を考えると，位相変調波 v_m は，次式のようになる．

$$v_m = V_c \cos(\omega_c t + \phi + \Delta\phi\cos\omega_s t)$$

この式において，初期位相 ϕ をゼロに設定すれば，v_m は，次のようになる．

$$v_m = V_c \cos(\omega_c t + \Delta\phi\cos\omega_s t)$$

8 変調波の振幅が小さい場合には，ダイオード特性の曲線部によって非線形復調が行われる．一方，変調波の振幅が大きい場合には，ダイオード特性の直線部によって線形復調が行われる．

9 時定数の設定が不適切であるために，包絡線をきれいに取り出すことができなくなる現象である（図 8-29 参照）．

10 振幅変調回路の同調周波数を，周波数変調波の搬送波から少しずらせば，図 8-25 に示したスロープ復調の原理で復調を行うことができる．ただし，歪みの発生は避けられない．

＜第 9 章＞

1 式 (9-5) より，

$$v_2 = v_1 \frac{n_2}{n_1} = 100\frac{3}{10} = 30 \text{ (V)}$$

$$i_2 = i_1 \frac{n_1}{n_2} = 0.6\frac{10}{3} = 2 \text{ (A)}$$

式 (9-6) より，

$$P = v_1 i_1 = v_2 i_2 = 60 \text{ (W)}$$

2 出力に含まれる脈動分の割合を示す（式 (9-2) 参照）．

3 全波整流回路は，半波整流回路に比べてリプル率 γ や整流効率 η がよい．また，ブリッジ形全波整流は，電源トランスに中間タップが不要である．

4 平滑回路はリプルを除去すること，安定化回路は出力電圧を安定させることが目的である．

5 ①制御回路，②検出回路，③基準電圧

6 ① Q_2，② R_1 と R_2，③ ZD，④ Q_1

7 降圧形は，入力電圧よりも低い電圧を出力する．昇圧形は，入力電圧よりも高い電圧を出力する．

8 長所：リプルや雑音が少なく回路が簡単である．
短所：効率が悪い．電源トランスが大型になる．

9 直流電圧を任意の値に変換して出力する装置である．

付　録

＜三角関数の公式＞

$$\begin{cases} \sin(\alpha \pm \beta) = \sin\alpha\cos\beta \pm \cos\alpha\sin\beta \\ \cos(\alpha \pm \beta) = \cos\alpha\cos\beta \mp \sin\alpha\sin\beta \end{cases}$$

$$\begin{cases} \sin\alpha\sin\beta = \dfrac{1}{2}\{\cos(\alpha-\beta)-\cos(\alpha+\beta)\} \\ \cos\alpha\cos\beta = \dfrac{1}{2}\{\cos(\alpha+\beta)+\cos(\alpha-\beta)\} \\ \sin\alpha\cos\beta = \dfrac{1}{2}\{\sin(\alpha+\beta)+\sin(\alpha-\beta)\} \end{cases}$$

$$\begin{cases} \sin(-\theta) = -\sin\theta \\ \cos(-\theta) = \cos\theta \end{cases}$$

$$\begin{cases} \sin\left(\dfrac{\pi}{2}-\theta\right) = \cos\theta \\ \cos\left(\dfrac{\pi}{2}-\theta\right) = \sin\theta \end{cases}$$

$$\begin{cases} \sin(\pi-\theta) = \sin\theta \\ \cos(\pi-\theta) = -\cos\theta \end{cases}$$

＜三角関数の微分と積分＞

$$\begin{cases} (\sin x)' = \cos x \\ (\cos x)' = -\sin x \end{cases}$$

$$\begin{cases} \int \sin x dx = -\cos x + C \\ \int \cos x dx = \sin x + C \end{cases}$$

$$\begin{cases} \int \sin \omega t dt = -\dfrac{1}{\omega} \cos \omega t + C \\ \int \cos \omega t dt = \dfrac{1}{\omega} \sin \omega t + C \end{cases}$$

（C は積分定数，$\omega \neq 0$）

＜抵抗器の値＞

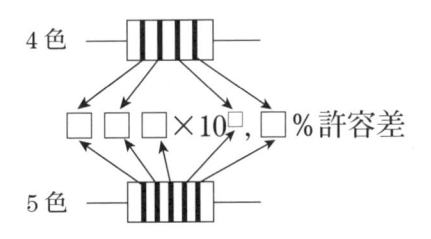

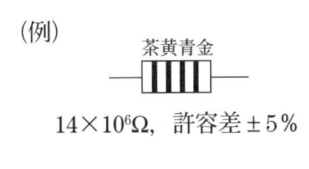

4色

$\square\square\square \times 10^{\square}, \square\%$ 許容差

5色

（例）

茶黄青金

$14 \times 10^6 \Omega$，許容差 ± 5 %

赤黒黄緑銀

$204 \times 10^5 \Omega$，許容差 ± 10 %

色に対応する数値

色	数字	10の べき数	許容差 [%]
黒	0	1	—
茶	1	10	± 1
赤	2	10^2	± 2
橙	3	10^3	± 0.05
黄	4	10^4	—
緑	5	10^5	± 0.5
青	6	10^6	± 0.25
紫	7	10^7	± 0.1
灰	8	10^8	—
白	9	10^9	—
銀	—	10^{-2}	± 10
金	—	10^{-1}	± 5
色なし	—	—	± 20

付　録

<コンデンサの値>

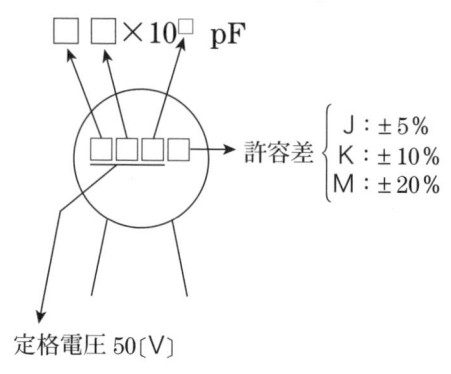

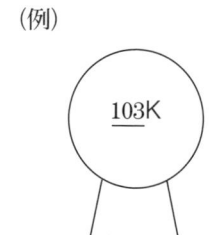

□□×10□ pF

許容差 { J：±5%
K：±10%
M：±20% }

定格電圧 50〔V〕

（例）

103K

10×10^3〔pF〕
許容差 ±10%
定格電圧 50〔V〕

<ギリシア文字>

大文字	小文字	読み	大文字	小文字	読み
A	α	アルファ	N	ν	ニュー
B	β	ベータ	Ξ	ξ	クサイ
Γ	γ	ガンマ	O	o	オミクロン
Δ	δ	デルタ	Π	π	パイ
E	ε	イプシロン	P	ρ	ロー
Z	ζ	ゼータ	Σ	σ	シグマ
H	η	イータ	T	τ	タウ
Θ	θ	シータ	Υ	υ	ユプシロン
I	ι	イオタ	Φ	ϕ	ファイ
K	κ	カッパ	X	χ	カイ
Λ	λ	ラムダ	Ψ	ψ	プサイ
M	μ	ミュー	Ω	ω	オメガ

付　録

＜SI 基本単位＞

量	単位の名称	単位記号	定義
長さ	メートル	m	
時間	秒	s	
電流	アンペア	A	
温度	ケルビン	K	
平面角	ラジアン	rad	$1° = \left(\dfrac{\pi}{180}\right)$ rad
周波数（振動数）	ヘルツ	Hz	$1Hz = 1s^{-1}$
インダクタンス	ヘンリー	H	$1H = 1V \cdot s/A$
エネルギー，仕事，熱量	ジュール	J	$1J = 1N \cdot m$
電力，仕事率，工率	ワット	W	$1W = 1J/s$
電荷，電気量	クーロン	C	$1C = 1A \cdot s$
電位，電圧	ボルト	V	$1V = 1J/C$
静電容量	ファラド	F	$1F = 1C/V$
電気抵抗	オーム	Ω	$1Ω = 1V/A$

＜SI 接頭語＞

単位に乗じる倍数	読み	国際表示記号	単位に乗じる倍数	読み	国際表示記号
10^{18}	エクサ	E	10^{-1}	デシ	d
10^{15}	ペタ	P	10^{-2}	センチ	c
10^{12}	テラ	T	10^{-3}	ミリ	m
10^{9}	ギガ	G	10^{-6}	マイクロ	μ
10^{6}	メガ	M	10^{-9}	ナノ	n
10^{3}	キロ	k	10^{-12}	ピコ	p
10^{2}	ヘクト	h	10^{-15}	フェムト	f
10	デカ	da	10^{-18}	アト	a

付録

＜おもな量記号と単位(1)＞

量	量記号	単位記号	単位の名称	関係する式
電流	I	A	アンペア	$I = \dfrac{Q}{t}$, $I = \dfrac{V}{R}$
電圧	V	V	ボルト	$V = RI$
電気抵抗	R	W	オーム	$R = \dfrac{V}{I}$
電力	P	J/s, W	ジュール毎秒, ワット	$P = VI$
電力量	W	W・s, J	ワット秒, ジュール	$W = Pt = VIt$
電荷	Q	C	クーロン	$Q = CV$
静電容量	C	F	ファラド	$C = \dfrac{Q}{V}$
交流電圧	v	V	ボルト	$v = V_m \sin(\omega t + \theta)$
交流電流	i	A	アンペア	$i = I_m \sin(\omega t + \theta)$
周期	T	s	秒	$T = \dfrac{1}{f}$
位相	θ, ϕ	rad	ラジアン	$2\pi \,[\text{rad}] = 360°$

＜おもな量記号と単位(2)＞

量	量記号	単位記号	単位の名称	関係する式
周波数	f	Hz	ヘルツ	$f = \dfrac{1}{T}$
リアクタンス	X	Ω	オーム	$Z = R + jX$
インピーダンス	Z	Ω	オーム	$Z = \dfrac{V}{I} = R + jX$
電源電圧	E	V	ボルト	
アドミタンス	Y	S	ジーメンス	$Y = \dfrac{1}{Z}$
コンダクタンス	G	S	ジーメンス	$G = \dfrac{1}{R}$
インダクタンス	L	H	ヘンリー	$v = L \dfrac{di}{dt}$
相互インダクタンス	M	H	ヘンリー	
角周波数	ω	rad/s	ラジアン毎秒	$\omega = 2\pi f$

＜参考文献＞

1. 雨宮好文：現代電子回路（I）　オーム社
2. 押本愛之助，小林博夫：トランジスタ回路計算法　工学図書
3. 押山保常，相川孝作，辻井重男，久保田一：改訂電子回路　コロナ社
4. 藤井信生：アナログ電子回路　昭晃堂
5. 丹野頼元：電子回路，森北出版
6. 伊東規之：電子回路計算法　日本理工出版会
7. 山本外史：電子回路 I, II：朝倉書店
8. 小柴典居，植田佳典：変調・復調回路の考え方（改訂 2 版）　オーム社
9. 立野　敏：初心者のための FM 入門，オーム社
10. 菅原鼎山編：FM 無線工学，日刊工業新聞社
11. 堀桂太郎：アナログ電子回路の基礎　東京電機大学出版局
12. 堀桂太郎：オペアンプの基礎マスター　電気書院
13. 伊東規之：増幅回路と負帰還増幅　東京電機大学出版局

索　引

A
AB 級電力増幅回路 177
AC アダプタ 300
AM モノラルラジオ放送 268
A 級電力増幅回路 176, 178

B
BPF 214
BSB 264
B 級電力増幅回路 177
B 級プッシュプル電力増幅回路 ... 179

C
CMOS 76
CMRR 163
CW 281
C 級電力増幅回路 177

D
DC-DC コンバータ 300
DEPP 180
D 級増幅回路 302

E
exp 54

F
FET 68, 128
FM ステレオラジオ放送 268
FM ラジオ 279

G
GB 積 200
Ge ダイオード 220

H
h_{fe} 66

h_{FE} 65
HPF 214
h パラメータ 67, 100, 139

I
IC 74
IFT 193

L
LC 発振回路 233
LPF 214
LSI 75

M
MOS 71
MOS 形 FET 71

N
npn 形 62
n 形半導体 57
n チャネル 69

O
OP アンプ 198
OTL 180

P
PLL 発振回路 242, 278
pnp 形 62
pn 接合 58
PSpice 81
PWM 303
p 形半導体 56
p チャネル 70

Q
Q 187

索　引

R
RC 移相発振回路 ················ 227, 247
RC 結合増幅回路 ······················ 154

S
SEPP ······································· 180
sin 波 ··· 5
Si ダイオード ··························· 220
SSB ··· 264

T
TTL ··· 75

U
ULSI ······································· 75

V
VHF ······································· 268
VLSI ······································· 75
VSB ·· 264

あ
アームストロング変調回路 ······· 260
アクセプタ ······························ 57
アクティブ形 ·························· 214
アドミタンス ···························· 16
アナログ IC ······························ 75
アナログ電子回路 ····················· 43
アノード ·································· 58
安定抵抗 ·································· 96
安定化回路 ······················ 287, 296

い
ε ··· 54
1 ビットアンプ ······················· 304
イオン結合 ······························ 53
イマジナリショート ········ 202, 206
インバーテッド・ダーリントン回路
 ··· 173
インピーダンス ························ 16

位
位相 ································· 9, 16
位相同期ループ発振回路 ········· 242
位相偏移 ···························· 268, 276
位相変調 ···························· 254, 268
位相変調波 ······························ 260
位相補償コンデンサ ················ 199

う
ウィーンブリッジ発振回路 ······ 230
ウェーハ ·································· 78

え
エミッタ ·································· 62
エミッタ接地回路 ··················· 100
エミッタ接地増幅回路 ············ 104
エミッタ接地方式 ····················· 88
エミッタホロワ ························ 88
エミッタホロワ回路 ················ 165
エンハンスメント形 ················· 72
演算増幅回路 ·························· 198

お
ω ··· 6
オーディオ用増幅回路 ············ 295
オームの法則 ···························· 20
オペアンプ ······················ 160, 198
温度係数 ·································· 53
温度変化 ································ 183
温度補償回路 ··························· 97

か
カソード ···························· 58, 148
カレントミラー回路 ········ 171, 199
回路の良さ ···························· 187
角周波数 ·································· 6
角速度 ····································· 6
角度変調 ···························· 256, 265
仮想短絡 ································ 203

343

索 引

下側波 ·· 258
価電子 ·· 52
過渡現象 ·· 47
過渡状態 ·· 47
過変調 ·· 257
可変抵抗器 ·· 11
可変容量ダイオード ···· 225, 241, 270
簡易等価回路 ···································· 100
緩衝増幅回路 ···································· 164
間接変調 ·· 269
間接変調方式 ···································· 271

き

キャパシタンス ································ 13
キャリヤ ·· 56
キルヒホッフの法則 ······················ 27
帰還率 ·· 120, 227
基準電圧 ·· 296
寄生素子 ·· 185
逆圧電効果 ·· 238
逆方向電圧 ·· 59
逆方向電流 ·· 59, 60
逆方向飽和電流 ································ 59
共振周波数 ·· 153
共有結合 ·· 53, 125
切出し ·· 80
金属結合 ·· 53

く

クラメールの公式 ···························· 224
クロスオーバ歪み ···························· 183
空乏層 ·· 58, 69

け

ゲート ·· 68
ゲート接地 ·· 135
ゲルマニウムダイオード ················ 59

結合コンデンサ ······· 102, 108, 138
原子 ·· 52
検出回路 ·· 296
検波 ·· 273

こ

コイル ·· 12
コルピッツ形 ···································· 239
コルピッツ発振回路 ······················ 237
コレクタ ·· 63
コレクタ出力容量 ···························· 189
コレクタ接地等価回路 ···················· 102
コレクタ変調回路 ···························· 263
コンデンサ ·· 13
コンデンサマイクロホン ················ 270
コンパレータ ···································· 303
コンプリメンタリ回路 ······· 181, 200
降圧形 ·· 299
高域遮断周波数 ······················ 108, 216
高周波 ·· 184
合成接続 ·· 13
高調波 ······································ 261, 276
交流 ·· 5, 288
交流信号 ·· 252
交流ブリッジ回路 ···························· 153
固定抵抗器 ·· 11
固定バイアス回路 ···················· 94, 130

さ

3点接続発振回路 ···························· 234
サーミスタ ·· 97
最大周波数偏移 ································ 267
最大値 ·· 7
雑音 ·· 160
差動接続 ·· 16

● 344 ●

索　引

差動増幅回路 ……………… 157, 198
差動利得 …………………………… 163
三角関数の公式 ………………… 252
三角関数の積分 ………………… 253
三角波 ……………………………… 303
三端子レギュレータ IC ……… 219
残留側波帯変調 ………………… 264

し

θ …………………………………………… 6
シリーズレギュレータ方式 …… 296
シリコンダイオード …………… 59
自己バイアス回路 ………… 95, 131
指数 ………………………………………… 2
実効値 ……………………………………… 7
時定数 ……………………………… 276
周期 ………………………………………… 6
集積回路 …………………………… 74
自由電子 ……………………… 52, 55
周波数 ……………………………………… 6
周波数条件 ……………………… 227
周波数シンセサイザ回路 …… 244
周波数選択性 …………………… 189
周波数偏移 ………………… 269, 276
周波数変調 …………… 254, 265, 270
周波数変調回路 ………………… 270
受動素子 …………………………… 10
瞬時値 ……………………………………… 6
昇圧形 ……………………………… 299
小信号電流増幅率 ……………… 66
少数キャリヤ ……………………… 56
上側波 ……………………………… 258
真空管 ……………………………… 147
信号波 ……………………………… 254
真性トランジスタ ……………… 185

真性半導体 ………………………… 55
振幅条件 ………………………… 227
振幅制限 ………………………… 279
振幅変調 ………………… 254, 256
振幅変調回路 …………………… 269
振幅変調の電力 ……………… 260

す

スイッチングレギュレータ方式 …… 298
スーパヘテロダイン方式 ……… 192
ストレート方式 ………………… 192
スルーレート …………………… 201
スロープ復調 …………………… 277
水晶振動子 ……………………… 238
水晶発振回路 …………… 238, 271

せ

セラミック振動子 ……………… 239
セルシウス温度 ………………… 54
正帰還 …………………………… 119
正帰還増幅回路 ………………… 226
制御回路 ………………………… 296
正弦波 ……………………………………… 5
正弦波交流 ………………………………… 5
正孔 ………………………………… 55
静電容量 ………………… 13, 184
成膜 ………………………………… 79
整流回路 ………………… 287, 288
整流効率 ………………………… 286
整流作用 ………………………… 61
整流方程式 ……………………… 59
積分回路 …………… 253, 276, 304
絶縁体 ……………………………… 53
接合形 FET ……………………… 69
接合形 FET の静特性 ………… 70
接合容量 ………………………… 114

345

索 引

絶対温度 ……………………… 54
線形復調 ……………………… 275
線形変調 ……………………… 263
線形変調回路 ………………… 263
洗浄 …………………………… 79
尖頭値 ………………………… 280
全波整流回路 ………………… 291
占有周波数帯域幅 …… 259, 267, 268

そ

ソース ………………………… 68
ソース接地 …………………… 135
ソース接地方式 ……………… 135
ソースホロワ ………………… 135
ソースホロワ回路 …………… 167
相互インダクタンス ………… 16
相互コンダクタンス … 73, 128, 139
増幅作用 …………………… 64, 86
増幅度 …………………… 162, 202
増幅率 ……………………… 73, 128

た

ダーリントン回路 ……… 170, 199
ダイアゴナルクリッピング … 280
ダイオード …………………… 58
ダイオード回路 ……………… 211
帯域幅 ………………………… 188
第1種ベッセル関数 …… 253, 266
対数 …………………………… 2
多数キャリヤ ………………… 56
単側波帯変調 ………………… 264
単電源 …………………… 182, 200
単同調増幅 …………………… 188

ち

チャネル ……………………… 70
中間周波数 …………………… 192

中和回路 ……………………… 190
中和コンデンサ ……………… 190
直接結合増幅回路 …………… 155
直接変調方式 ………………… 271
直流 …………………………… 4
直流増幅 ……………………… 160
直流増幅回路 ………………… 207
直流電流増幅率 ……………… 65
直流の増幅 …………………… 155
直流バイアス電流 …………… 207
直列帰還 - 直列注入方式 …… 141
直列共振回路 ………………… 152
直列接続 ……………………… 16

つ

ツェナー現象 ………………… 60
ツェナーダイオード ……… 60, 296
ツェナー電圧 ………………… 60

て

ディジタルIC ………………… 75
ディジタル電子回路 ………… 44
デエンファシス ……………… 279
テブナンの定理 …………… 35, 40
デプレション形 ……………… 72
デューティ比 ………………… 303
低域遮断周波数 …… 108, 139, 204
低域フィルタ ………………… 274
抵抗器 ………………………… 11
抵抗率 ………………………… 53
定常状態 ……………………… 47
定電圧 ………………………… 60
定電圧源 ……………………… 41
定電圧ダイオード …………… 60
定電流源 …………………… 42, 87
電圧源 …………………… 36, 41

索 引

電圧降下法 ·················· 220
電圧制御発振器 VCO 回路 ······· 241
電圧増幅度 ···················· 87
電圧変動率 ·················· 286
電圧ホロア回路 ·········· 164, 210
電圧利得 ······················ 87
電界効果トランジスタ ··········· 68
電気回路 ······················ 43
電鍵 ························· 282
電源電圧変動除去比 ············ 201
電子 ·························· 20
電子回路 ······················ 43
電子回路シミュレータ ······ 81, 247
電子スイッチ ·················· 66
電子なだれ現象 ················ 60
電子の電荷量 ·················· 54
電流帰還バイアス回路 ··········· 96
電流源 ························ 42
電流増幅度 ···················· 87
電流利得 ······················ 87
電力 ························· 260
電力効率 ····················· 179
電力増幅回路 ················· 175
電力増幅度 ···················· 87
電力利得 ······················ 87

と

トランジェント周波数 ···· 108, 184, 216
トランジスタ ·················· 62
トランジスタの静特性 ··········· 64
トランス ················ 152, 287
トランス結合増幅回路 ·········· 154
ドナー ························ 57
ドレーン ······················ 68
ドレーン接地 ················· 135

ドレーン接地増幅回路 ·········· 167
ドレーン抵抗 ············· 72, 128
ドレーン電流 ·················· 69
動作点 ················ 90, 105, 130
同相信号除去比 ··············· 163
同相利得 ····················· 162
導体 ·························· 53
同調回路 ····················· 186
動特性 ························ 89

に

2乗特性 ······················ 273
2乗復調 ······················ 273
2乗変調 ······················ 262
入力オフセット電圧 ············ 201

ね

熱暴走 ······················· 133

の

ノートンの定理 ················ 39
能動素子 ······················ 11

は

ハートレー形 ················· 239
ハートレー発振回路 ············ 235
ハイパスフィルタ ············· 214
ハイブリッド IC ················ 78
バイアス回路 ············· 92, 102
バイアス電圧 ·················· 93
バイアス電流 ·················· 93
バイパスコンデンサ
 ·············· 103, 108, 138, 200
バイポーラトランジスタ ········· 64
バッファ ····················· 164
バンドパスフィルタ ············ 214
パッシブ形 ··················· 214
パルス幅変調 ················· 303

索引

倍電圧整流回路 …………………… 294
発振 ………………………… 185, 227
半固定抵抗器 ………………………… 11
搬送波 ……………………………… 254
搬送波抑制変調 …………………… 264
反転増幅回路 ……………………… 202
半導体 ……………………………… 53
半波整流回路 ……………………… 288

ひ

ピアス BE 発振回路 ……………… 239
ピアス CB 発振回路 ……………… 239
ピンチオフ電圧 …………………… 70
比較回路 …………………………… 296
歪み率 ……………………………… 274
非線形素子 ………………… 260, 262
非線形復調 ………………………… 273
非線形変調 ………………………… 261
非線形変調回路 …………… 260, 262
非反転増幅回路 …………………… 206
比例領域 …………………………… 64
広がり抵抗 ………………………… 185

ふ

フィルタ回路 ……………………… 214
フーリエ級数展開 ………………… 244
フレミング右手の法則 ……………… 5
ブリーダ抵抗 ……………………… 96
ブリーダ電流 ……………………… 96
ブリッジダイオード ……………… 294
ブリッジ形全波整流回路 ………… 293
プリエンファシス ………………… 279
プレート …………………………… 148
負荷線 ……………………… 90, 130
負帰還 …………………… 119, 141
負帰還増幅回路 …………………… 121

複素数 ……………………………… 3
復調 ………………………………… 273
復調回路 …………………………… 276
複同調周波数弁別 ………………… 277
複同調増幅 ………………………… 188
不純物拡散 ………………………… 80
不純物半導体 ……………………… 56
負の温度係数 ……………………… 131
部分分数 …………………………… 286
不感領域 …………………… 212, 219
分圧 ………………………………… 22
分周回路 …………………………… 244
分布容量 …………………………… 186
分流 ………………………………… 22

へ

ベース ……………………………… 62
ベース接地等価回路 ……………… 101
ベース変調回路 …………………… 262
平滑回路 …………………… 287, 294
平均値 ……………………………… 7
平衡条件 …………………………… 153
並列帰還 - 並列注入方式 ………… 143
並列共振回路 ……………… 152, 186
並列接続 …………………………… 16
変圧回路 …………………………… 287
偏移 ………………………………… 256
変調指数 …………………………… 266
変調度 ……………………………… 257
変調波 ……………………………… 254
変調率 ……………………………… 274

ほ

ホール ……………………………… 55
ボルツマン定数 …………………… 54
鳳・テブナンの定理 ……………… 37

放熱板 ……………………………… 175
包絡線 ……………………………… 256
包絡線復調 ………………………… 275
補償抵抗 …………………………… 209
ま
巻数比 ……………………………… 152
み
ミラー効果 …………………… 115, 199
脈流 …………………………… 61, 288
も
モールス符号 ……………………… 282
モノリシックIC …………………… 78
ゆ
ユニポーラトランジスタ ……… 64, 70
誘導性リアクタンス ………… 16, 239
よ
容量性リアクタンス ……………… 16

り
リアクタンス ……………………… 16
リソグラフィ ……………………… 80
リプル ………………………… 295, 297
リプル率 …………………………… 286
利得 …………………………… 162, 202
利得帯域幅積 ……………………… 200
両側波帯変調 ……………………… 264
れ
レベルシフト ……………………… 155
レンツの法則 ……………………… 179
ろ
ローパスフィルタ ………………… 214
ロック ……………………………… 244
わ
和動接続 …………………………… 16

―― 著 者 略 歴 ――

堀　桂太郎（ほり　けいたろう）

●学歴
千葉工業大学工学部電子工学科卒業
日本大学大学院理工学研究科博士前期課程電子工学専攻修了
日本大学大学院理工学研究科博士後期課程情報科学専攻修了
博士（工学）

現在，国立明石工業高等専門学校電気情報工学科教授
第1級アマチュア無線技士

©Keitaro Hori 2009

よくわかる電子回路の基礎

2009年10月30日　第1版第1刷発行
2021年 2月 1日　第1版第6刷発行

著　者　堀　　桂　太　郎
発行者　田　中　　聡

発　行　所
株式会社　電　気　書　院
ホームページ　www.denkishoin.co.jp
（振替口座　00190-5-18837）
〒101-0051　東京都千代田区神田神保町1-3 ミヤタビル2F
電話(03)5259-9160／FAX(03)5259-9162

印刷　創栄図書印刷株式会社
Printed in Japan／ISBN978-4-485-30054-1

- 落丁・乱丁の際は，送料弊社負担にてお取り替えいたします。
- 正誤のお問合せにつきましては，書名・版刷を明記の上，編集部宛に郵送・FAX (03-5259-9162) いただくか，当社ホームページの「お問い合わせ」をご利用ください。電話での質問はお受けできません。

JCOPY 〈出版者著作権管理機構　委託出版物〉

本書の無断複写（電子化含む）は著作権法上での例外を除き禁じられています。複写される場合は，そのつど事前に，出版者著作権管理機構（電話：03-5244-5088, FAX：03-5244-5089, e-mail：info@jcopy.or.jp）の許諾を得てください。また本書を代行業者等の第三者に依頼してスキャンやデジタル化することは，たとえ個人や家庭内での利用であっても一切認められません。